高等学校核工程与核技术专业系列教材

核爆炸效应及防护

蔡星会　吴宇际　王　涛　卢江仁　编著

西安电子科技大学出版社

内 容 简 介

本书系统地阐述了核武器的基本原理、爆炸后产生的外观景象、主要杀伤破坏作用及其防护措施。全书共分六章,其中第一章为核武器概述,总述了核武器涉及的物理基础,典型核武器的结构原理、爆炸过程、爆炸威力、杀伤破坏因素,以及不同爆炸方式所产生的外观景象,是本书后续章节的基础。第二、三、四、五、六章分别对核爆炸的五种主要破坏因素(光辐射、冲击波、早期核辐射、核电磁脉冲及放射性沾染)的形成机理、传播特性、描述参数、杀伤破坏作用、影响破坏作用的因素、防护措施等进行了阐述,可使读者更加深入地认识核武器效应及其防护的原理。

本书可作为高等院校"核爆炸效应及防护"课程的教材,也可供从事核防护的军事学术研究人员以及对此有兴趣的读者参考。

图书在版编目(CIP)数据

核爆炸效应及防护 / 蔡星会等编著. —西安:西安电子科技大学出版社,2022.7
ISBN 978 - 7 - 5606 - 6472 - 9

Ⅰ. ①核… Ⅱ. ①蔡… Ⅲ. ①核爆炸效应 ②核防护 Ⅳ.①TJ91 ②TL7

中国版本图书馆 CIP 数据核字(2022)第 073534 号

策划编辑 明政珠
责任编辑 明政珠 孟秋黎
出版发行 西安电子科技大学出版社(西安市太白南路 2 号)
电 话 (029)88202421 88201467   邮 编 710071
网 址 www. xduph. com   电子邮箱 xdupfxb001@163.com
经 销 新华书店
印刷单位 陕西天意印务有限责任公司
版 次 2022 年 7 月第 1 版   2022 年 7 月第 1 次印刷
开 本 787 毫米×1092 毫米 1/16 印 张 14.5
字 数 339 千字
印 数 1～1000 册
定 价 45.00 元

ISBN 978 - 7 - 5606 - 6472 - 9/TJ

XDUP 6774001 - 1

＊＊＊如有印装问题可调换＊＊＊

前　言

20世纪40年代，闻名于世的"曼哈顿工程"将核武器呈现在人类面前。核武器的研制成功，使人类对核能的认识达到了前所未有的高度，同时也使人类站到了深重灾难的边缘。众所周知，核武器爆炸能释放出巨大能量，那这种能量是以何种形式释放，又是如何形成毁伤的呢？核武器爆炸过程涉及力学、热学、光学、核物理学和电磁学等多个学科，其能量以热能、光能、冲击波能、电磁能、辐射能等形式释放，从而产生光辐射、冲击波、早期核辐射、核电磁脉冲及放射性沾染等多种杀伤破坏效应。

核爆炸毁伤效应的研究是个复杂、系统、长期的工程，大量研究还在进行中。本书仅仅立足于现有的研究成果，参阅了大量文献、著作，在作者已有工作基础上，对核爆炸主要的毁伤效应及防护措施进行了介绍。本书具有一定的理论深度，为兼顾普通读者的需求，本书首先介绍了核武器相关的基础知识，使读者对核武器有大概的了解。对于书中一些难以理解的公式、图表及理论推导部分，普通读者可以略过，不会影响对书中主要内容的理解。

本书为读者全面展现了核武器各种杀伤破坏效应的形成、特性、对不同目标的杀伤作用及相应的防护措施等知识。全书共六章，第一章为核武器概述，主要介绍核武器物理基础、核武器结构原理及爆炸过程、核爆炸威力和杀伤破坏因素、核爆炸方式及现象等内容；第二章为光辐射，主要介绍光辐射的形成、传播理论、杀伤破坏作用及防护等内容；第三章为冲击波，主要介绍核爆炸冲击波的特性、参数计算、杀伤破坏作用，影响冲击波杀伤破坏作用的因素以及防冲击波的措施等；第四章为早期核辐射，主要介绍早期核辐射的来源、主要特性、主要参数、杀伤破坏作用，影响早期核辐射杀伤破坏作用的因素及对早期核辐射的防护等；第五章为核电磁脉冲，主要介绍核电磁脉冲的形成与耦合、主要特性、杀伤破坏作用，高空核爆电磁脉冲的波形、核电磁脉冲的防护及利用等；第六章为放射性沾染，主要介绍放射性沾染的形成、影响放射性沾染的因素、放射性沾染的杀伤作用及防护等。

本书由蔡星会、吴宇际、王涛、卢江仁共同编写。其中，第一章由王涛编写，第二章和第四章由吴宇际编写，第三章、第五章由蔡星会编写，第六章由卢江仁编写；蔡星会负责统稿，吴宇际进行了校对。

由于作者水平有限，虽然在编写过程中花费了大量心血和时间，但书中难免会出现各种疏漏和问题，不足之处敬请大家谅解。书中还引用了一些公开出版资料和文献，对所有资料的作者在此一并致谢！感谢西安电子科技大学出版社为本书的出版付出的辛苦劳动！

编　者

2022 年 4 月

目 录

第一章　核武器概述

核武器是利用自持进行的核裂变或聚变反应瞬间释放巨大能量，产生爆炸作用，并具有大规模杀伤破坏效应的武器总称。核武器一般由核战斗部（核弹头）、携载工具和指挥控制系统等部分构成，按照核战斗部不同可分为原子弹、氢弹、中子弹等，按照携载工具不同又可分为核导弹、核航弹、核地雷或核炮弹等。与普通高能炸药爆炸不同，核武器爆炸有明显的特点：一是爆炸威力特别巨大，要比常规炸药爆炸威力大几千到几百万倍；二是在产生同样能量的情况下，装药量要比常规炸药少得多；三是爆炸瞬间温度远高于常规炸药爆炸；四是爆炸毁伤效应具有多样性，包括光辐射、冲击波、早期核辐射、核电磁脉冲、放射性沾染等。

第一节　核武器物理基础

核武器的研制是以近代物理学对物质基本结构的探索成果和核物理学对原子核一系列性质的研究成果为基础的。

一、原子和原子核

物质是由原子和分子组成的。分子是能够保持物质化学性质的最小单元，分子由原子组成。例如，水分子是由两个氢原子和一个氧原子组成的，其化学式为 H_2O。水分子再分下去，就成为氢原子和氧原子，也就不再具有水的性质了。原子是物质进行化学反应的基本单元，化学反应就是原子的化分与化合。原子可以构成分子，也可以直接构成物质，如金属单质铁和一些非金属单质碳、硅等。

原子由原子核和围绕原子核运动的电子构成。电子是带单位负电荷 e 的微粒，数值为 $e=1.602\times10^{-19}$ C；原子核带正电荷，其数值是 e 的整数倍。围绕原子核运动的电子数等于原子核的正电荷数，所以整体上看原子是电中性的。原子核外的电子不能任意地绕核运动，它们只能沿一些特定的轨道（或能级）运动，这些能级是不连续的。由于给定的能级能够占据的电子数是一定的，所以当这个能级填满以后，其余电子就要占据能量较高的外层轨道。电子在各个能级上的实际排列方式叫做原子的电子组态。一个电子组态对应一个原子系统的能量，其中能量最低的态叫作基态，能量比它高的态叫作激发态。原子在一定条件下从一个能量状态过渡到另一个能量状态的过程叫作跃迁。原子跃迁伴随辐射的发射或吸收，原子从较高能态向较低能态跃迁时发射辐射，从较低能态向较高能态跃迁时吸收辐射。

　　氢原子是最简单的原子，它只有一个核外电子，氢原子核只带一个单位正电荷。从图
1-1-1可以看出，原子外围电子状态的变化引起原子系统能量的变化不过是电子伏量级。
电子伏(eV)是核物理学中常用的能量单位，1 eV表示在电场电势变化1 V后电子的能量
变化，即

$$1 \text{ eV} = 1.602\ 19 \times 10^{-19} \text{ C} \times 1 \text{ V} = 1.602\ 19 \times 10^{-19} \text{ J}$$

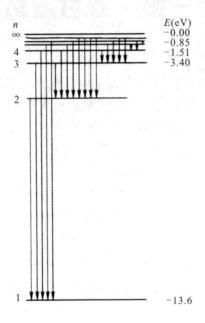

图 1-1-1　氢原子能级图

　　　原子中电子壳层的大小决定了原子的大小，但电子具有波动性，其分布没有明确的边
界，故把分子或晶体中距离最小的两个相同原子中心间距的一半作为原子半径。这样，以
不同的化学键结合，或用不同方法测得的原子半径也就略有不同。不同原子的大小相差并
不大，因为核外电子较多的原子，原子核的电荷数较大，对电子的吸引力较大，使得电子轨
道半径减小。根据泡利不相容原理，原子中不可能有两个或两个以上电子处在同一个状态，
随着核外电子的增多，轨道的层次也会增加，最后原子大小随核外电子数变化很小。大多
数原子的半径都在$(1 \sim 2) \times 10^{-8}$ cm之间。比如，如果把苹果放大到地球那么大，这时苹果
中的原子差不多与原来的苹果一样大。

　　　原子核由质子和中子组成，处在原子的中心部位。质子和中子统称核子。质子带正电
荷$+e$，有Z个质子的原子核所带的电荷为$+Ze$。中子为电中性粒子，不带电。就原子而言，
原子核中的质子数Z与它外围的电子数相等。原子与外界场或粒子相互作用，可能丢失部
分或全部外围电子。电子不足的原子称正离子，正离子带正电。原子也可以吸附电子，形成
负离子。任何原子核都可用两个数来表征：核子数（又称质量数）A与质子数（又称电荷数）
Z，相应的，中子数$N = A - Z$。Z相同的原子称为元素，它们在元素周期表中占同一个位
置，化学性质基本相同。Z也称为原子序数。

　　　如果元素符号用X表示，那么原子核可用符号$^A_Z X_N$表示，例如：$^4_2 He_2$、$^{14}_7 N_7$、$^{16}_8 O_8$等。
由于元素符号已经包含了质子数Z，而中子数可以从核子数A与质子数Z之差求出，因此，

原子核符号写成 ^AX 就足够了，例如 $^4_2He_2$ 可写成 ^4He，$^{16}_8O_8$ 可写成 ^{16}O。

　　原子的质量有两种表示方法：一种为绝对质量，另一种为相对质量。由于原子的绝对质量非常小，比如一个氢原子的质量是 1.673 421 395 8×10^{-27} kg，因而使用起来非常不方便。为了方便，引入了相对质量的概念。相对质量是原子与原子之间互相比较的一种质量表示方法。1960 年的国际物理学会议和 1961 年的国际化学会议通过决议，用碳-12 原子质量的 1/12 作为原子质量单位，以符号 u(unit)来表示。碳-12 原子的绝对质量是 1.992 678×10^{-26} kg，所以有：

$$1u=1.992\ 678×10^{-26}×1/12=1.660\ 565\ 5×10^{-27}\quad(kg)$$

　　电子的质量非常小，为 5.4858×10^{-4}u。^{238}U 原子的质量为 238.050 786u，它的 92 个电子总质量为 5.0469×10^{-2}u，约占 ^{238}U 原子质量的 2.12×10^{-4}。

　　一般的核数据表中只标明原子质量。原子质量等于原子核的质量加上核外全部电子的质量，再减去电子在原子中结合能相当的质量。所以原子核的质量可以表示为

$$m = m_N + Zm_e - \sum_{n=1}^{z} \frac{\varepsilon_n}{c^2} \qquad (1-1-1)$$

式中：m、m_N 和 m_e 分别表示原子、原子核和电子的质量；c 为光速（$c=2.9979×10^8$ m·s^{-1}）；ε_n 为第 n 个电子的结合能。电子的结合能非常小，如果忽略电子的结合能，原子核的质量近似为

$$m_N \approx m - Zm_e \qquad (1-1-2)$$

　　原子核的半径只有 10^{-13}～10^{-12} cm。原子核的半径 R 与质量数 A 近似，有如下关系：

$$R = r_0 A^{1/3} \qquad (1-1-3)$$

式中：r_0 表示单位核半径，通常取 $r_0=(1.1～1.5)×10^{-13}$ cm。

　　原子核的体积很小，其密度却极大。如果把原子质量 m 近似为原子核的质量，而原子核的体积为 $V=4/3(\pi R^3)$，那么原子核的平均密度为

$$\rho = \frac{m}{V} = \frac{m}{\frac{4}{3}\pi R^3} = \frac{3}{4\pi r_0^3 \frac{A}{m}} = \frac{3}{4\pi r_0^3 N_A} \qquad (1-1-4)$$

式中：N_A 为阿伏伽德罗常数，m 为原子质量，单位为 g。

　　对不同的原子核，它们的 r_0 都近似为常数，可见各种原子核的密度大致相等。进一步计算可得 $\rho=2.3×10^{14}$ g·cm^{-3}。

二、核素

　　具有特定质子数 Z 和中子数 N 的原子核称为核素。目前，已知的核素约有 2000 种，其中天然存在的只有 300 多种（包括 280 多种稳定核素和 30 多种放射性核素），人工制造的放射性核素有 1600 多种。把不同的核素画在 $N-Z$ 图上，可得图 1-1-2 所示的核素图。在该图中深色区表示稳定核素，浅色区表示不稳定的放射性核素。由图可见，在稳定的轻核中，中子数与质子数相同，但重核的中子数超过质子数（$N>Z$）。因为随着质子数的增多，使核趋向飞散的库仑排斥作用增大，必须用超额的中子产生一种稳定作用（通过核力相互作用），以抵消质子之间静电相斥的破坏作用。

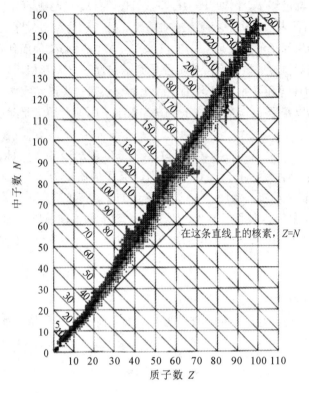

图 1-1-2　核素图

核素可以分为稳定核素和放射性核素,某些性质相近的核素还可以归纳为以下几类。

1. 同位素

具有相同原子序数 Z,但质量数 A 不同(因而中子数不同)的一类核素叫做同位素。同位素在元素周期表中占同一位置,例如:$_1^1H$、$_1^2H$、$_1^3H$ 都是氢的同位素,$_2^3He$、$_2^4He$ 都是氦的同位素,$_{92}^{234}U$、$_{92}^{235}U$、$_{92}^{238}U$ 都是铀的同位素。同位素的化学性质基本相同,但核性质不同。对于较轻的同位素,物理性质也有小的差别,比如氚水(^3H_2O)和重水(^2H_2O)的沸点都比普通水(^1H_2O)高。

自然界中某特定核素占对应元素的摩尔分数(即原子百分数)称作该核素的天然丰度。如在自然界存在的天然铀元素中,^{238}U 核素的天然丰度为 99.274×10^{-2},^{235}U 的天然丰度为 0.720×10^{-2},另有 ^{234}U 核素的天然丰度为 0.0055×10^{-2}。

2. 同中子异位素

同中子异位素是指具有相同的中子数 N,但质子数 Z 不同的一类核素。

3. 同量异位素

同量异位素是指质量数 A 相同,但 Z 和 N 不同的核素。

4. 同质异能素

原子核可以处在不同的能量状态。处于激发态的原子核一般寿命都很短(典型值为 10^{-14} s),但某种情况下激发态的寿命比较长,足以被观察到,这些能态称为亚稳态。质子数、中子数均相同，而能量状态不同的核素，称为同质异能素，用质量数后加一个 m 表示，如 ^{85m}Kr、^{91m}Nb、^{113m}In 等。

三、衰变

图 1-1-2 的核素图上用深色区表示的稳定核素形成了一条窄带，在这稳定带两侧，中子数或质子数过多或偏少的核素都是不稳定核素，不稳定核素会自发地蜕变，变为另一种核素，同时放出各种射线，这种现象叫做放射性衰变。放射性衰变的类型主要包括 α 衰变、β 衰变与 γ 衰变三种。通常把衰变前的原子核称为母体，衰变后生成的原子核称为子体，如果子体仍然可以发生放射性衰变，那么依次称各代子体为第 1 代、第 2 代、…、第 n 代子体。

1. α 衰变

α 衰变是指放出 α 粒子即氦核($^4_2$He)的衰变，反应式为

$$^A_Z X \rightarrow {}^{A-4}_{Z-2} Y + {}^4_2 He \tag{1-1-5}$$

2. β 衰变

β 衰变又分为 β$^-$、β$^+$ 和轨道电子俘获三种。

1) β$^-$ 衰变

β$^-$ 衰变过程放出电子，同时放出反中微子，即

$$^A_Z X \rightarrow {}^A_{Z+1} Y + e^- + \bar{v}_e \tag{1-1-6}$$

其中，e^- 表示电子，$\bar{v}_e$ 表示反中微子。核武器中的聚变材料氚(^{3}H)就是 β$^-$ 放射性的，即

$$^3H \rightarrow {}^3He + e^- + \bar{v}_e \tag{1-1-7}$$

中子也通过 β$^-$ 衰变转变成质子(p)：

$$n \rightarrow p + e^- + \bar{v}_e \tag{1-1-8}$$

2) β$^+$ 衰变

β$^+$ 衰变放出正电子，同时放出中微子，即

$$^A_Z X \rightarrow {}^A_{Z-1} Y + e^+ + v_e \tag{1-1-9}$$

其中，e^+ 表示正电子，v_e 表示中微子。中微子与反中微子符号中的右下角标 e 表示它们是伴随着电子产生的。

3) 轨道电子俘获

轨道电子俘获是指原子核俘获一个核外电子，即

$$^A_Z X + e_i^- \rightarrow {}^A_{Z-1} Y + v_e \tag{1-1-10}$$

其中，e_i^- 表示 i 壳层电子。

天然放射性核素的 β 衰变主要是 β$^-$ 衰变。另外，要注意的是原子核 β 衰变时放出的正、负电子不是核内所固有的，而是在质子与中子相互转变过程中产生的。

3. γ 衰变(γ 跃迁)

γ 衰变是指原子核从激发态通过发射 γ 光子跃迁到较低能态的过程。在 γ 跃迁中原子

核的质量数和电荷数不变,只是能量状态发生变化。

放射性衰变除了以上这三种主要衰变形式外,还有原子核的自发裂变、缓发质子、缓发中子等衰变形式。

原子核放射性衰变规律是放射性原子核的数目随时间指数下降。如初始时刻 $t=0$ 时有放射性原子核 N_0 个,则在 t 时刻成为 N 个,N 由下式决定:

$$N = N_0 e^{-\lambda t} \tag{1-1-11}$$

式中:λ 称为衰变常数。衰变常数的物理意义:单位时间内原子核的衰变概率,单位是 s^{-1}。

放射性原子核数目减少到原来的一半所需的时间称为半衰期,记为 $T_{1/2}$,与衰变常数有关,即

$$T_{1/2} = \frac{0.693}{\lambda} \tag{1-1-12}$$

在几种重要的核材料中,^{235}U 的半衰期为 7.18×10^8 年,^{238}U 的半衰期为 4.49×10^9 年,^{239}Pu 的半衰期为 2.44×10^4 年,它们均为 α 放射性。

四、核能

原子核是靠什么力量把核子紧紧结合在一起的呢?从库仑力的观点是无法得到解释的。因为质子带正电荷,它们之间有巨大的库仑斥力,这种作用力将使原子核飞散。原子核存在的事实说明,除电磁相互作用外,必定存在另一种相互作用力,它比电磁相互作用力要强得多。这种相互作用力就是核力,正是核力把众多的核子维持在一起构成了原子核。

核力是短程力,即当核子间相距约 10^{-13} cm 或更近时,核力才起作用。在较大距离处,核力可以忽略。核力是一种很强的引力,但它有一个排斥核心,当核子距离小于 0.8×10^{-13} cm 时就互相排斥;当核子距离大于 10^{-12} cm 时,核力完全消失。另外,核力与电荷无关,质子与质子之间的核力 F_{pp} 和中子与中子之间的核力 F_{nn},以及质子与中子之间的核力 F_{np} 都相等。质子与质子间除了核力相互作用外,还存在着库仑力的相互作用。

原子核由质子和中子组成,但原子核的质量并不等于组成原子核的每个核子质量之和。以氘(D)核为例,它由 1 个中子和 1 个质子组成。其中,中子质量 $m_n = 1.008\ 665\ \text{u}$(其中 u 为原子质量单位,其数值等于 ^{12}C 原子质量的 1/12),质子质量 $m_p = 1.007\ 276\ \text{u}$,两者之和 $m_n + m_p = 2.015\ 941\ \text{u}$,而氘核质量 $m_D = 2.013\ 552\ \text{u}$,中子质量和质子质量与氘核质量之差 $\Delta m = (m_n + m_p) - m_D = 0.002\ 389\ \text{u}$。分离的 Z 个质子和 $A - Z$ 个中子总质量与对应原子核质量之差称为该核的质量亏损。按照著名的爱因斯坦质能关系式:

$$E = mc^2 \tag{1-1-13}$$

式中,E 为物体的总能量,c 为光在真空中的传播速度,m 为物体的质量,则 1 g 物质的静质量能为

$$E = 10^{-3}\ \text{kg} \times (2.9979 \times 10^8\ \text{m} \cdot \text{s}^{-1})^2 \tag{1-1-14}$$
$$= 8.9874 \times 10^{13}\ \text{J} \approx 9 \times 10^{13}\ \text{J}$$

1 u 物质的静质量能为

$$E = \frac{1.6606 \times 10^{-27}\ \text{kg} \times (2.9979 \times 10^8\ \text{m} \cdot \text{s}^{-1})^2}{1.6022 \times 10^{-13}\ \text{J}} \tag{1-1-15}$$
$$= 931.5\ (\text{MeV})$$

核子结合成原子核时质量减少了 Δm，按照质能关系相当于能量减少：

$$\Delta E = \Delta m c^2 \qquad (1-1-16)$$

这表明核子结合成原子核时会释放出能量，这个能量称为原子核的结合能，通常用 E_B 表示。因此，氘核的结合能为 $E_B = \Delta E = \Delta m c^2 = 931.5 \times 0.002\,389 \approx 2.225\ \text{MeV}$。一个质子与一个中子组成一个氘核时释放出了这么大的能量，因此要把氘核分开成质子和中子时，必须至少给予同样大小的能量。例如要用能量大于 2.225 MeV 的 γ 光子同氘核反应，才能使氘核分离。

结合能 E_B 表示的是由分离的核子结合成原子核时放出的总能量。平均每个核子放出的能量就是平均结合能，又称为比结合能。比结合能用 ε 表示，$\varepsilon = E_B/A$。图 1-1-3 所示为原子核的比结合能曲线，其中 $A < 20$ 的部分用局部放大的形式单独画了出来。

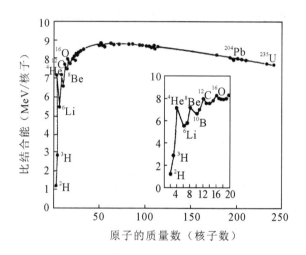

图 1-1-3　原子核的比结合能曲线

由比结合能曲线不难看出，天然元素的比结合能 ε 有下列重要特点.

（1）质量数 A 在 30 以下的轻核，比结合能总的趋势是随 A 的增加而增加，但当原子核的中子与质子数都为偶数时（称为偶—偶核，如 ^4_2He、^8_4Be、$^{12}_6\text{C}$、$^{16}_8\text{O}$、$^{20}_{10}\text{Ne}$），ε 有极大值，这说明偶—偶核特别稳定，特别是两个 ^2_1H 结合成 ^4_2He 时会放出大量能量，这就是轻核聚变获得核能的依据。^6_3Li、$^{10}_5\text{B}$、$^{14}_7\text{N}$ 等核的比结合能极小，它们的质子数和中子数都是奇数，称为奇奇核。

（2）中等质量数（A 为 40~120）的核比结合能近似相等，约在 8.6 MeV，核一般比较稳定。当 $A = 60$ 附近时 ε 达到极大，但当质量数 A 再增大时，比结合能又逐渐下降，如 ^{238}U 的比结合能下降为 7.5 MeV 左右。可见，中等质量数核结合得较紧，而重核（$A > 200$）结合得较松。这样当一个重核分裂为两个中等质量数核时，比结合能由小变大，就会有核能释放出来，这就是可以从重核裂变获得核能的原因。

（3）质量数 $A = 10$ 以上的所有原子核，比结合能几乎相等，差别只在 10% 的范围。这表明每个核子只与它紧邻的核子相互作用，而与核子总数无关，这种性质说明核力具有饱和性。

（4）^4_2He 的比结合能陡然从 ^2_1H 核的 1.112 MeV 上升到 7.074 MeV，是因为 ^2_1H 核中只有一对 p—n 作用，而在 ^4_2He 核中有一对 p—p、一对 n—n 和四对 p—n 作用，即每个核子均

与其他三个核子作用(如图 1-1-4 所示),所以 $^4_2$He 核要比 $^2_1$H 核结合得紧得多,因此当两个氘核结合成为一个氦核时就会放出很大的能量。

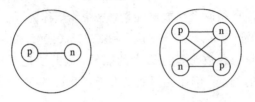

图 1-1-4　$^2_1$H 和 $^4_2$He 中核子间相互作用的比较

五、核反应截面

原子核与原子核,或原子核与粒子(如中子、γ 光子等)相互作用而导致原子核变化的现象叫核反应。核反应一般可表示为

$$A+a\rightarrow B+b \tag{1-1-17}$$

式中:A 表示靶核,a 表示入射粒子;B 为生成核,b 为出射粒子。上述反应式也可简写成:

$$A(a,b)B \tag{1-1-18}$$

例如,中子是中性粒子,与核之间不存在所谓"库仑势垒"。能量很低的慢中子就能引起核反应,如

$$^{238}U(n,\gamma)^{239}U \xrightarrow{\beta^-} {}^{239}Np \xrightarrow{\beta^-} {}^{239}Pu$$

这就是在核反应堆中从 ^{238}U 制造 ^{239}P$_u$ 的反应。

还有带电粒子核反应,如

$$D(D,n)^3He,\ Q=3.25\ MeV$$
$$D(D,p)^3H,\ Q=4.00\ MeV$$
$$^3H(D,n)^4He,\ Q=17.6\ MeV$$
$$^3He(D,p)^4He,\ Q=18.3\ MeV$$

式中:Q 为反应能,正值表示放能反应,负值表示吸能反应。

核与核或核与粒子间发生核反应的概率用"反应截面"表示。反应截面表示一个入射粒子打在单位面积内只含一个靶核的靶体上发生核反应的概率。反应截面与入射粒子的能量有关。反应截面的常用单位是靶(b),较小的单位是毫靶(mb):

$$1\ b=10^{-24}\ cm^2,\quad 1\ mb=10^{-3}\ b$$

反应截面和单位体积中原子核数目的乘积称为宏观截面,即

$$\Sigma = N\sigma \tag{1-1-19}$$

式中:N 为单位体积中的原子核数(单位:cm^{-3}),σ 为反应截面(单位:cm²),宏观截面的单位为 cm^{-1}。可见,宏观截面本质上就是一个入射粒子通过单位长度物质时发生核反应的概率。宏观截面的倒数叫作平均自由程,它是粒子在介质中发生反应之前移动的平均距离:

$$l = \frac{1}{\Sigma} \tag{1-1-20}$$

实际中对于一定的入射粒子和靶核,可以有几个反应道,各个反应道的截面总和为总截面。

六、核裂变

重原子核分裂成两个(在少数情况下,可分裂成三个或更多)质量相近碎片的现象称为核裂变。

原子核在中子作用下发生裂变后一般形成两个碎片,这些碎片及其衰变子体称为裂变产物。原子核刚一断裂形成的碎片都是丰中子核(稳定重核分裂成中等质量核后,原来为了平衡质子库仑斥力的中子就过剩了,这种核称为丰中子核),有很高的激发能,能直接发射 $1\sim3$ 个中子。发射中子后的碎片主要以 γ 辐射的方式退激发。发射 γ 辐射后的裂变产物仍是丰中子核,它们相继进行 β 衰变,发射 β 粒子、中微子,并伴有 γ 辐射,最后生成稳定核。在 β 衰变过程中偶尔形成一些激发能大于中子结合能的核,可以直接发射中子。

以 ^{235}U 核裂变为例,它刚一分裂时形成的两个碎片核,可以是 ^{146}Ba 与 ^{90}Kn,即

$$^{235}U + n \rightarrow ^{236}U^* \rightarrow ^{146}Ba + ^{90}Kr$$

^{146}Ba 与 ^{90}Kr 都是非常不稳定的丰中子核,由于核内的中子太多,在瞬间(10^{-14} s)就放出中子来,过程如下:

$$^{146}Ba \rightarrow ^{145}Ba + n$$
$$^{145}Ba \rightarrow ^{144}Ba + n$$
$$^{90}Kr \rightarrow ^{89}Kr + n$$

这些生成核中的中子数还是太多,它们将继续通过 β^- 衰变转变到稳定核:

$$^{144}Ba \xrightarrow{\beta^-} ^{144}La \xrightarrow{\beta^-} ^{144}Ce \xrightarrow{\beta^-} ^{144}Pr \xrightarrow{\beta^-} ^{144}Nd$$

$$^{89}Kr \xrightarrow{\beta^-} ^{89}Rb \xrightarrow{\beta^-} ^{89}Sr \xrightarrow{\beta^-} ^{89}Y$$

复合核也可以另一种方式裂变:

$$^{235}U + n \rightarrow ^{236}U^* \rightarrow ^{140}Xe + ^{94}Sr + 2n$$

然后 ^{140}Xe 与 ^{94}Sr 核继续衰变:

$$^{140}Xe \xrightarrow{\beta} ^{140}Cs \xrightarrow{\beta^-} ^{140}Ba \xrightarrow{\beta^-} ^{140}La \xrightarrow{\beta^-} ^{140}Ce$$

$$^{94}Sr \xrightarrow{\beta^-} ^{94}Y \xrightarrow{\beta^-} ^{94}Br$$

一般可以把复合核省略不写,生成的两个裂变碎片以 X、Y 来表示,例如 ^{235}U 在中子诱发下的裂变方程式可写为

$$^{235}U + n \rightarrow X + Y + \bar{\nu}n + 200 \text{ MeV} \tag{1-1-21}$$

式中: $\bar{\nu}$ 是每次裂变平均放出的中子数。每次裂变发射的中子数并不一样,有一些不发射中子,多数发射 $2\sim3$ 个中子,最多可有 $7\sim8$ 个。

由此可见,裂变产物是多种多样核素的复杂混合物。以 ^{235}U 为例,它在热中子引起裂变的产物中包括 36 种元素的 160 多种核素($A=72\sim161$)。裂变中产生某一给定种类裂变产物的份额叫做裂变产额(Y)。通常用每百个重核裂变所产生的裂变产物原子核个数表示。

裂变产额 Y 随质量数 A 的分布曲线呈双峰结构(如图 $1-1-5$ 所示),它与入射中子的能量略有关系。不同裂变产物的裂变产额差别很大,对于热中子引起的 ^{235}U 裂变来说,最大的为 $6\%\sim7\%$,最小的仅 $1.5\times10^{-5}\%$,在 $A=96$ 和 $A=140$ 附近时出现两个极大值,在

$A=118$ 处出现深谷(此时产额只有 0.01%),这表示对称性分裂的概率很小。

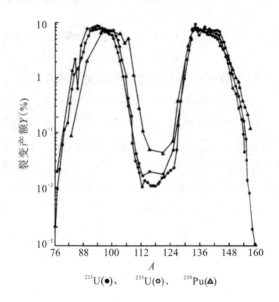

图 1-1-5 ^{233}U、^{235}U、^{239}Pu 的热中子裂变碎片的质量分布

易裂变原子核一次裂变放出 200 MeV 左右的能量和 2.5～3 个中子,这为核能的利用提供了必要条件。但要使核能的大规模释放成为可能,还要看宏观条件下这样的裂变反应能否持续进行。

如果每次裂变反应产生的次级中子,平均有一个能引起下一级的核裂变反应,则反应可以自行维持下去,这种情况称自持链式裂变反应,与此对应的裂变系统状态称为临界状态。临界状态是核反应堆的工作状态。如果每次裂变反应产生的次级中子,平均有一个以上能引起下一级的核裂变反应,则裂变反应的规模将越来越大,这就叫做发散型链式裂变反应,与其对应的裂变系统状态称为超临界状态。超临界状态是裂变武器的工作状态。如果每次裂变反应产生的次级中子平均不到一个能引起下一级的核裂变反应,裂变反应的规模就越来越小,直到反应终止,这样的链式裂变反应称为收敛型链式裂变反应,与其对应的裂变系统状态称为次临界状态。

七、核聚变

轻的原子核在一定条件下可以聚合成较重的原子核,这种核反应称为聚变反应。由图 1-1-3 原子核的比结合能曲线可以看出,轻核聚变会放出巨大的能量。

轻核的聚变反应有很多种,但从地球上的资源来说,最有意义的是氘(D)核的聚变反应,即

$$D+D \rightarrow n+{}^3He+3.25\ MeV$$
$$D+D \rightarrow T+p+4.00\ MeV$$
$$D+{}^3He \rightarrow {}^4He+p+18.30\ MeV$$
$$+\quad D+T \rightarrow n+{}^4He+17.60\ MeV$$
$$\overline{6D \rightarrow 2n+2p+2\ {}^4He+43.15\ MeV}$$

6 个 D 核参加聚变反应，共放出 43.15MeV 的能量，平均每个 D 核放出 7.2MeV 的能量，平均每个核子放出 3.6MeV 的能量，相当于 ^{235}U 裂变时平均每核子放能（$200/235 \approx 0.85$ MeV）的 4 倍。

海水中 D 与 H 原子数之比为 1.49×10^{-4}，1 L 海水中含有 3.35×10^{25} 个水分子，含有 9.97×10^{21} 个 D 原子。若 1 L 海水中的 D 全部聚变，则放出的聚变能为 7.18×10^{22} MeV（等于 1.15×10^{10} J），相当于 275 L 汽油的燃烧热。地球上海水总量约为 10^{18} t，约含 10^{14} tD，若全部聚变所能释放的能量约为 10^{31} J，按 2000 年全球消耗能量 10^{21} J 估计，可供人类利用上百亿年。

聚变反应的实质是两个带正电荷的原子核相互接近到核力的作用范围内从而聚合成一个新的较大的原子核。当两个原子核相互接近时，库仑斥力将阻碍它们的继续接近。根据库仑定律，两个带正电原子核之间的库仑斥力为

$$F = \frac{1}{4\pi\varepsilon_0} \cdot \frac{Z_1 Z_2 e^2}{r^2} \qquad (1-1-22)$$

式中：ε_0 为真空中的介电常数，$\varepsilon_0 = 8.85 \times 10^{-12}$ C$^2 \cdot$ N$^{-1} \cdot$ m^{-2}；Z_1、Z_2 为两个原子核的电荷数；e 为基本电荷，$e = 1.602 \times 10^{-19}$ C；r 为两核之间的距离。可见，库仑斥力与距离的平方成反比。两个带正电的原子核越接近，所受的库仑斥力就越大，当它们相互接近到核力的作用范围（约 10^{-13} cm）时，受到的库仑斥力也达到最大值。由物理知识可知，两个带正电的原子核组成的带电系统所具有的相互作用能量（即库仑势能）为

$$V_c = \frac{1}{4\pi\varepsilon_0} \cdot \frac{Z_1 Z_2 e^2}{r} \qquad (1-1-23)$$

这样，两个带正电的原子核相互接近到核力的作用范围时，它们之间的库仑势能也达到最大，其值称为库仑势垒高度。此时两核之间的距离为各自半径之和。两个原子核之间的库仑势垒高度为

$$V_c = \frac{Z_1 Z_2 e^2}{4\pi\varepsilon_0 r_0 (A_1^{1/3} + A_2^{1/3})} \qquad (1-1-24)$$

式中：两核之间的距离 r 取为两核半径之和，原子核的半径公式 $R = r_0 A^{1/3}$，$r_0 = (1.1 \sim 1.5) \times 10^{-15}$ m。

例如两个氘核之间的库仑势垒高度为

$$V_c = \frac{e^2}{8\pi\varepsilon_0 r_0 2^{1/3}} = \frac{(1.6 \times 10^{-19})^2}{8 \times 3.14 \times 8.85 \times 10^{-12} \times 1.5 \times 10^{-15} \times 2^{1/3}}$$
$$= 0.609 \times 10^{-13} \text{(J)} \approx 0.4 \text{ (MeV)}$$

由于粒子的穿透势垒效应，D 核的能量比 0.4 MeV 低一些就可以发生聚变反应。由图 1-1-6 可见，当 D 核的能量为 0.1 MeV 时，D-D、D-T 和 D-^{3}He 的反应截面已经有一定的数值了。如果把 0.1 MeV 作为 D 核的平均动能代入粒子的热运动能公式 $3/2kT$（T 为绝对温度；$k = 0.8617 \times 10^{-10}$ MeV $\cdot$ K^{-1}，是玻耳兹曼常数），即得 $T = 10^9$ K，这个温度是很高的，迄今在实验室条件下还无法得到。

D 核热运动的能量是服从麦克斯韦分布的，当 D 的温度为 10^8 K 时，处于麦克斯韦分布的高能部分的粒子，就具有 0.1 MeV 以上的能量。可见，如有 10^8 K 左右的高温，D 核的聚变反应就可以发生。在高温下发生的聚变反应，称为热核反应。这样的高温条件只有在

原子弹出现之后才成为可能。人们利用原子弹爆炸释放的巨大能量，去压缩和加热聚变材料，使其发生大规模的聚变反应，放出更多的能量，这就是氢弹，这也是为什么氢弹必须用原子弹引爆的原因。

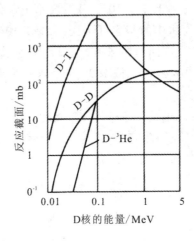

图 1-1-6　D-D、D-T、D-³He 的反应截面

综上所述，要使轻核聚变所释放出来的能量得以利用，必须满足以下两个条件：

（1）要把 D 的温度提高至 10^8 K 左右，使聚变反应触发；

（2）要使聚变反应能够持续进行。

热核反应率的研究表明：① D-T 反应的速率比 D-D 反应大得多，在 $7×10^7$ K～$1.7×10^8$ K 温度范围内，大约要大 100 倍；② 热核反应率对温度很敏感，在 $7×10^7$ K～$1.2×10^8$ K 之间，D-T 与 D-D 反应的速率正比于 T^3；③ 温度超过约 $2.3×10^8$ K 时，D-³He 反应的速率将超过 D-D 反应的速率。热核装置中，热核材料的总反应数 $N∝ρT^nΔt$，在我们感兴趣的温度范围内，$n=3～4$。式中的反应物密度 $ρ$、温度 T 和反应持续时间 $Δt$，称为热核反应的三要素。应当指出，热核反应率并非随温度升高而一直上升，当温度很高时，指数 n 也可能是负值。由此可见，制造氢弹的关键就在于如何利用裂变爆炸所能创造的条件，使聚变材料达到高温、高密度，同时又能维持足够长的反应时间。

第二节　核武器结构原理及爆炸过程

20 世纪 40 年代，"原子弹"是"核弹""裂变弹"的通常称呼。因为当时核物理知识还不普及，这一名称更容易为公众所理解。即使在现在，"原子"与"核"往往也不加以严格区分，但早期对利用原子核裂变反应的"原子弹"和利用原子核聚变反应的"氢弹"还是加以区分的。氢弹由于其威力巨大，超乎寻常，最早也叫做"超级弹"。所以，"原子弹"一词与更严格的"裂变弹"是通用的，而不与"核弹"相对应，因为"核弹"既包括裂变弹也包括聚变弹（氢弹）。

核武器一般通过特定的起爆结构实现核装料点火，核装料在极短的时间内发生裂变或聚变，这一过程会产生质量亏损，从而以不同形式瞬间向外释放巨大能量，并携带一定放射性，最终实现对目标的毁伤。

一、第一代核武器

前面已提到一些重核元素在中子(n)轰击下，会分裂成两个中等质量数的核(称裂变碎片)，并放出中子和能量。第一代核武器——原子弹，就是利用重原子核裂变反应瞬间释放出巨大能量，威力通常为几百至几万吨级 TNT 当量，也称作裂变弹。原子弹中的重核材料主要是^{235}U 和^{239}Pu。其裂变方程式如下：

$$^{235}\text{U}(^{239}\text{Pu})+\text{n} \rightarrow \text{X}+\text{Y}+(2\sim3)\text{n}+200\text{MeV}$$

按照核材料由次临界状态向超临界状态转换的机制，原子弹可分为枪式和内爆式两种基本构型。

1. 枪式原子弹

枪式原子弹亦称压拢型原子弹。美国和苏联的核炮弹大多是枪式原子弹。近年发展的核钻地弹，也曾采用枪式原子弹的设计。枪式原子弹的内部结构如图 1-2-1 所示，两块(或数块)裂变材料分开放置，各自处于次临界状态，并且就整个系统来说也是处于次临界状态的。起爆时依靠炸药的推动作用，使两块(或数块)核材料迅速地拼合在一起，整个系统达到超临界状态，同时中子源放出大量的中子引发链式反应，在短时间内释放出巨大的能量，造成核爆炸。

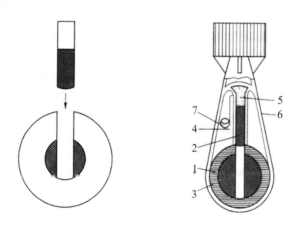

1—铀靶；2—"炮弹"铀块；3—中子反射层；4—导向槽；5—炸药；6—弹壳；7—雷管。

图 1-2-1　枪式原子弹结构示意图

枪式原子弹结构比较简单，利用发射炮弹的内弹道技术就能实现核爆炸，甚至无需经过核试验就能制造出比较可靠的原子弹。美国于 1945 年 8 月 6 日投在广岛的代号为"小男孩"的原子弹(如图 1-2-2 所示)，就是未经核试验的枪式原子弹。"小男孩"原子弹长为 3.2 m，直径为 0.71 m，重约 4 t，装有 64 kg ^{235}U，中子反射层的材料是碳化钨。碳化钨外面是钢惰层，采用钋—铍中子源，"小男孩"原子弹的"炮弹"是直径为 10 cm、长为 16 cm 的圆柱，占核材料装量的 40%(25.6 kg)，靶块为长为 16 cm、直径为 16 cm 的中空圆柱，重 38.4 kg。在炮弹与靶相距 25 cm 时就达到临界状态。爆炸时，炮弹速度约为 300 m/s，所以总拼合时间约为 1.36 ms。裂变装料利用率约为 1.3%，威力约为 1.5×10^7 kg TNT 当量。

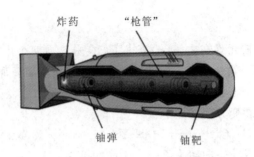

图 1-2-2 "小男孩"原子弹结构示意图

枪式原子弹的优点：（1）技术简单，设计制造容易；（2）原子弹的直径可以做得较小，适合制造核炮弹。

枪式原子弹的缺点：（1）裂变装料未经压缩，需要大量裂变材料。由其原理可知，裂变材料的装量一定大于它在合拢状态下的临界质量，因此这种武器很重，而且效率很低；（2）拼合时间长，过早点火问题严重，且不宜使用自发裂变率高的 Pu 做裂变材料。

2. 内爆式原子弹

内爆式原子弹又称为压紧型原子弹。内爆式原子弹是靠炸药的爆炸作用强烈压缩核材料，使其密度升高从而达到超临界状态的。如图 1-2-3 所示，内爆式原子弹的核材料装量比较少（核材料装量小于初始密度下的临界质量），一般做成球形，平时处于次临界状态。核材料的外面包有一层球形的高能炸药，在球形炸药的外表面是一种特殊设计的球面起爆系统，使球形炸药能够发生聚心爆轰（称为内爆），从而对称地压缩核材料。压缩的结果是几微秒时间内核材料密度急剧升高，核材料就由次临界状态转变为超临界状态，同时启动中子源放出点火中子，引发链式裂变反应。

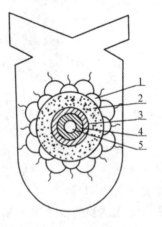

1—雷管和传爆药；
2—炸药；
3—中子反射层；
4—裂变材料；
5—中子源。

图 1-2-3 内爆式原子弹结构示意图

1945 年 8 月 9 日，美国投到日本长崎的代号为"胖子"的原子弹，就是内爆式原子弹（如图 1-2-4 所示）。"胖子"原子弹长为 3.66 m，直径为 1.52 m，重约 4.67×10^3 kg，威力为 2.1×10^7 kg TNT 当量；裂变装料为 ^{239}Pu，装量为 6.2 kg，用 ^{238}U 做惰层/反射层，采用钋－铍中子源；设计了十分复杂的炸药内爆系统，炸药装量高达 2500 kg，裂变装料利用率达到 16%。

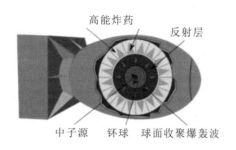

图1-2-4 "胖子"原子弹结构示意图

内爆式原子弹的优点：（1）内爆时间短，一般从临界状态到最高超临界状态的时间为 $2\sim3\ \mu s$，"胖子"原子弹是 $4.7\ \mu s$，这就减少了杂散中子进入的机会，因而允许使用高自发裂变率的 Pu；（2）裂变材料装量少，而且设计良好的内爆系统不难做到将核材料的密度压缩到 2 倍以上，从而使裂变装料利用率比枪式原子弹高 1 个量级；（3）如果进一步提高炸药利用率，就可以设计出小而轻的原子弹。

内爆式原子弹的缺点：（1）技术要求高，必须研制有效的内爆系统；（2）加工、装配的精度要求很高，否则会影响内爆的对称性，从而影响压缩效果和武器效率。当然在现代科学技术条件下，这些是不难做到的，因此内爆式原子弹被普遍地采用。

二、第二代核武器

第二代核武器——氢弹中最主要的放能反应是氘氚（DT）聚变。DT 聚变相对其他种类的聚变反应温度条件相对低一些，但反应截面大，单位质量放能也较多。而且氚要靠人工生产，一座 10 万 kW 的重水天然铀反应堆一年只能生产 100 g 氚，价格十分昂贵。氚是纯 β 放射性核素，半衰期只有 12.26 年，也就是说经过 12.26 年就会有一半的氚衰变为氦-3。因为氘、氚在常态下都是气体，密度太小，因此无法将大量的氘、氚直接装到氢弹中。当然，也可以将氘、氚气体液化以提高密度，但其液化点是 $-253\ ^\circ\text{C}$，需要十分复杂的制冷和保温设备。美国在 1952 年 11 月 1 日进行的一次氢弹原理试验（即"迈克"氢弹，如图1-2-5所示），使用液态氘、氚作为聚变材料，贮存在一个高为 6.19 m、直径为 1.83 m 的大保温瓶里，整个装置（连同试验仪器）重达 74.4 t，所以它是一个实验性装置，根本不能作为武器。

图1-2-5 "迈克"氢弹装置

实际上，氢弹虽然靠氘、氚聚变释放核能，但可以事先不装氚，爆炸时需要的氚可以在弹内临时产生出来。我们知道，^{6}Li 吸收中子可以生成氚：^{6}Li＋n→^{3}H＋^{4}He＋4.78MeV，而氢弹必须用原子弹来引爆，原子弹爆炸时不但为氢弹的聚变反应提供高温条件，而且裂变中子还可以与 ^{6}Li 反应生成氚，因此，氢弹可以用氘化 ^{6}Li 作聚变装料。引爆用的原子弹爆炸时，一方面为聚变反应提供高温条件，另一方面放出的大量中子可与 ^{6}Li 反应产生氚，而氚一经产生又立即与氘发生聚变。氘、氚聚变放出的中子经慢化后又可以与 ^{6}Li 反应造氚，这样就形成循环反应，在极短的时间内发生大规模的聚变反应，释放出巨大的能量。

氘化 ^{6}Li 是固态材料，又是稳定的化合物，可以安全地长期存放，价格也比较便宜，因此是实用的氢弹装料。

1. 氢弹的基本原理

图 1-2-6 是氢弹结构示意图，主要的部件包括初级(扳机)、次级(被扳机)、辐射屏蔽壳、中子反射层、蜂窝状纤维板、聚苯乙烯泡沫、火花塞。其中：

(1) 初级是一个纯裂变或助爆型的原子弹，作用是引发次级的热核反应。一般为减少初级的裂变材料用量，初级外层会包裹一定厚度的中子反射层。

(2) 次级是一个与初级分开放置的、含聚变材料的氢弹主体。次级一般由推进层(惰层)、聚变材料和裂变弹芯(火花塞)组成。

(3) 辐射屏蔽壳包在初级与次级外面，用光辐射穿不透的重材料制成的外壳。其作用是把初级放出的光辐射包在里面。

(4) 辐射通道。在辐射屏蔽壳和次级的推进层(惰层)之间是辐射通道。初级放出的光辐射通过这里到达次级。辐射通道中一般包括低密度材料，如聚苯乙烯泡沫、蜂窝状纤维板。

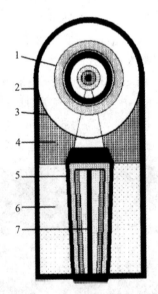

1—初级；2—辐射屏蔽壳；3—中子反射层；4—蜂窝状纤维板；
5—次级；6—聚苯乙烯泡沫；7—火花塞。

图 1-2-6　氢弹结构示意图

初级裂变释放的大部分能量以光能(X 射线)形式经辐射通道到达次级,使辐射通道内的温度急剧升高,产生极高的压力向内推动推进层/惰层,聚变材料和裂变弹芯受到强烈压缩,从而使聚变材料达到很高的温度和密度,裂变弹芯处于超临界状态。一方面,初级裂变放出的能量提高了聚变材料的温度和密度,初级裂变放出的中子还会在氘化^{6}Li 材料中造氚,为 DT 聚变提供原料氚;另一方面,DT 聚变放出的中子也会加速裂变和参与造氚。这几种反应互相促进,系统的温度和压力越来越高,反应速度越来越快,在极短的时间内释放出巨大能量,形成热核爆炸。

2. 氢弹的特点

氢弹有以下特点:

(1)比较便宜。氢弹主要以聚变材料为燃料,同样质量的聚变材料不但放能比裂变材料多 3 倍以上,生产成本也比裂变材料低。因为单个^{235}U 原子与^{238}U 原子的质量相差1.3%,而单个^{6}Li 原子与单个^{7}Li 原子的质量相差达 14%,所以后两种同位素的分离要容易得多。

(2)比较干净。聚变产物中,^{4}He 是稳定核素,所生成的氚虽然是放射性的,但因为反应速率大,爆炸残留物极少。

(3)威力不受临界质量限制。裂变武器的威力受到临界质量的限制,世界上爆炸过的原子弹中,威力最大的为 50×10^7 kg TNT 当量;而氢弹的威力理论上没有限制,在爆炸过的氢弹中,威力最大可超过 5000×10^7 kg TNT 当量。

(4)可制成特殊性能核武器。通过改变氢弹次级的设计,可以增强或削弱某种杀伤破坏因素,使核武器更适合实际作战需要。

三、第三代核武器

对氢弹或原子弹的核装药组成、结构等进行调整,可以增强或削弱某种杀伤破坏因素,使核武器更适合实际作战需要。将"增强"效应型弹头的核武器,如中子弹、冲击波弹、核电磁脉冲弹、感生放射性弹增强 X 射线弹、核激励 X 射线激光器等称为第三代核武器。

1. 中子弹

中子弹是以高能中子辐射为主要杀伤因素、相对削弱冲击波和光辐射效应的一种特殊设计的小型氢弹。中子弹在结构设计上采取了减少中子损失的措施,实际释放的中子数大约是相同当量原子弹的 10 倍。中子弹是以中子辐射来杀伤人员的,而中子在稠密空气中的射程有限,增加中子弹的当量并不能使中子的杀伤半径明显增大,但增大当量却能使冲击波和光辐射的杀伤范围迅速增大。当量大于 10×10^3 kg 时,中子辐射的杀伤范围小于冲击波和光辐射的杀伤范围,中子弹的强辐射优势将不再保持。所以一般中子弹的当量不大于3 kt TNT 当量。

虽然聚变反应没有放射性产物,但是聚变反应是由裂变反应来引爆,裂变反应的产物具有很强的放射性,所以中子弹仍有一些裂变产物存在,只是造成的放射性沾染较轻。为了有利于中子弹的小型化设计,中子弹的初级一般不使用^{235}U,而采用高纯度^{239}Pu,用^{9}Be 作中子反射层而不用^{238}U,这样可使中子弹小而轻,另外也增大了中子弹的中子产额。^{9}Be 的慢中子吸收截面约为天然 U 的千分之一,不但不易吸收中子,而且还能增殖中子。^{239}Pu 裂变和 T

聚变时产生的中子、γ 光子、α 粒子、质子、D 核等都能与 ^{9}Be 反应产生更多的中子，其中 ^{9}Be(p，n)^{9}B 是吸热反应，可使核爆炸火球的温度下降，从而减少冲击波、光辐射效应，提高中子效应，反应方程式如下所示：

$$^9\text{Be} + n \rightarrow {}^8\text{Be} + 2n$$
$$^9\text{Be} + \gamma \rightarrow {}^8\text{Be} + n$$
$$^8\text{Be} \rightarrow 2{}^4\text{He}$$
$$^9\text{Be} + {}^4\text{He} \rightarrow {}^{12}\text{C} + n$$
$$^9\text{Be} + p \rightarrow {}^9\text{B} + n（吸热反应）$$
$$^9\text{Be} + D \rightarrow {}^{10}\text{B} + n$$

与一般的氢弹不同，中子弹没有使用 ^{6}LiD 作为热核装料，而采用 DT 混合物，这是因为 ^{6}Li 造 T 过程中要吸收中子，而中子弹却没有造 T 过程，可以提高中子产额。

2. 冲击波弹

冲击波弹是以冲击波效应为主要杀伤破坏因素的特殊性能氢弹，其显著特点是降低了放射性物质的生成量，减轻放射性沾染的效应。它尽量降低裂变材料份额，并在弹体内用轻材料慢化中子，以便提高核反应效率，使之有更多的能量转化为冲击波、光辐射效应，从而减弱感生放射性的强度。冲击波弹的杀伤破坏作用与常规武器相近，其在地面或接近地面产生的核爆炸不仅能摧毁敌方坚固的军事目标，且产生的放射性沾染较轻，爆后不久，即可进入爆区，因此比较适合在战场上使用。

3. 核电磁脉冲弹

核电磁脉冲弹是利用在大气层以上核爆炸产生大量定向或不定向的强电磁脉冲，从而毁坏敌方的通信系统等的核武器，简称 EMP 弹。它具有以下特点：(1)核电磁脉冲效应要比普通氢弹强得多；(2)电磁脉冲频谱中的主频较高，由于电磁脉冲通过穿入目标的缝隙、天线孔等耦合方式，损伤目标内部的电子元件、电路、设备，因此电磁脉冲必须是厘米波至毫米波，其主频在 $10^{10} \sim 10^{11}$ Hz；(3)若定向发射电磁脉冲，可以更有效地利用电磁辐射能量并减少对己方的影响。这些性能是普通氢弹的高空核爆炸所不能达到的。

4. 感生放射性弹

感生放射性弹是利用核爆炸释放的中子照射某些添加的核素(如 Co、Zn)，生成大量半衰期较长的放射性同位素，从而增强放射性沾染的核武器。

5. 增强 X 射线弹

增强 X 射线弹是一种以增强 X 射线破坏效应为主要特征的特殊氢弹。从原理上看，增强 X 射线的含义有两个方面：一是增大 X 射线在核爆炸释放能量中的份额；二是使释放的 X 射线的能谱变硬。它通过改变核战斗部设计，将核弹爆炸时的表面温度提高到 10^9 K 量级，使发射出的 X 射线能谱变硬。这样 X 射线可以穿透来袭导弹壳体，对内部电子器件、电路等产生辐照效应。由于变硬的 X 射线在空气中穿透能力较强，增强 X 射线弹即使在 $60 \sim 70$ km 高度上爆炸，X 射线仍然是重要的破坏因素。

6. 核激励 X 射线激光器

核激励 X 射线激光器是用核爆炸产生的 X 射线激励激光工作物质，使其产生 X 射线激光的装置。X 射线激光的特点是波长短、亮度高、脉冲窄和方向性强，能在特定方向上大大增强核爆炸 X 射线的能量。核激励 X 射线激光是一种等离子体激光，通常是原子或离子内壳层电子在受激辐射过程中产生相干辐射，因此需要很强的泵浦源。核爆炸产生的高温辐射，经过适当的波谱变换可成为理想的泵浦源。如果把 X 射线激光工作物质做成细长的丝（即激光棒）放在核装置周围，核爆炸时激光棒在短时间内吸收足够多的光辐射能量，变成高温等离子体状态，形成粒子数反转，且增益达到一定程度时，便发射沿激光棒轴向传播的 X 射线激光。美国利弗莫尔研究所设想将很多根激光棒排放在核装置周围，在识别跟踪系统（战略防御系统）控制下，使每根激光棒都对准各自的目标，一次核爆炸释放的光辐射能量，可同时转化为多路 X 射线激光束，照射到多个导弹壳体上，用于摧毁来袭的大规模齐射核导弹或打击天基平台。

四、第四代核武器

第一、二、三代核武器的研制都需要大量核爆炸试验，因此受到《全面禁止核试验条约》的限制。第四代核武器利用了不受《全面禁止核试验条约》限制的原子反应或核反应，武器的研制完全依赖于科学技术的进步。根据所含超高能量密度物质种类和点火方式的不同，第四代核武器分为反物质武器、金属氢武器、核同质异能素武器等。

1. 反物质武器

反物质是由反粒子构成的物质。比如，电子带负电、质子带正电，而带正电的电子和带负电的质子就是反粒子，前者称为反电子，后者称为反质子。反质子质量和质子质量完全相等，都是 938 MeV，带有一个单位的负电荷。当一个低能反质子和一个质子反应时，湮灭反应将占主导地位，一个反质子同一个质子的反应能产生大约 2000 MeV 的能量。1 kg 反质子完全湮灭产生的能量高达 9.0×10^{16} J，相当于 4000 多万吨 TNT 当量，这个能量和世界上最大的氢弹爆炸所放出的能量差不多。

反物质被视为能量密度最高的含能材料，利用反物质制造的核武器具有正常物质制造的核武器所不具有的特性：一是威力巨大，比原子弹、氢弹的威力大得多；二是反物质武器易于引爆，它不像原子弹那样有临界质量的限制，也无需要求到达某个点火温度，利用物质与反物质相遇时的湮没反应就可以很容易引发核反应，即使微量的反物质也能造成爆炸，因此反物质武器可以做得很小，同时其威力也可以设计得连续可调，这是其他核武器所不具备的；三是反物质武器爆炸后全部转化为能量，不残留放射性物质，对环境不造成污染；四是不受《全面禁止核试验条约》的限制，反物质武器从性质上讲属于核武器，但国际社会现在并没有把它列为核武器，所以不受《全面禁止核试验条约》的限制。但是，反物质武器制造和利用的技术难度高、耗资大，一般国家不易掌握和实现。

2. 金属氢武器

氢的金属相有两种：一种是分子金属氢，它在高压作用下，仍保持分子态，分子键未解体，但由于能带发生重叠而具有金属相，它的转变压力至少需达到 300 GPa；另一种是原子金属氢，也就是分子拆键组成的原子晶体，它的转变压力为 495 GPa。金属氢是一种能量密度超高的含能材料，其爆炸威力相当于相同质量 TNT 炸药的 25～85 倍，是目前可以想象到的威力最强大的化学爆炸物。若金属氢中存储的化学能在短时间内全部释放出来，就会产生爆炸性的效果，可以作为大规模杀伤性武器使用。因此，利用金属氢制作的武器被称为金属氢武器。

3. 核同质异能素武器

核同质异能素是原子受质子或中子激发而形成的一种亚稳态。它与基态有明显的不同，即自旋角动量很大。核的同质异能素状态一般都不稳定，会自发跃迁到较低能级，这个过程要以 γ 射线的形式释放多余的能量。核同质异能素储存的能量存在于同质异能态的激发能中。同质异能素可以利用的能量从几个 $kJ \cdot g^{-1}$ 到 $1 \times 10^7 \ kJ \cdot g^{-1}$，与核裂变反应释放的能量接近 $8 \times 10^7 \ kJ \cdot g^{-1}$，而一般炸药的能量只有 $5 \ kJ \cdot g^{-1}$。所以如果能够找到诱发并控制能量释放的方法，核同质异能素就可能成为一种独立的能源。

核同质异能素在军事上的应用主要有三方面：一是研制 γ 射线弹，核同质异能素在衰变时可以释放高达近 10 MeV 的 γ 射线，能直接对敌人造成杀伤；二是提供了开发 γ 射线激光器的途径，可用来研制高能激光武器；三是可以用作燃料、超级炸药和生产武器，由于核同质异能素蕴涵的能量大大超过常规炸药，因此，用其制造的爆炸性武器可以做得体积很小但威力巨大。

第四代核武器在军事上和政治上有显著的优势。首先，这些核武器不产生或者很少产生核辐射；其次是可实现小型化、低当量，其当量在 $1 \times 10^3 \ kg \sim 1 \times 10^6 \ kg$ TNT 范围，这些低当量的核武器不被认为是大规模杀伤性武器；最后，这些核武器的研究并不在《全面禁止核试验条约》限制范围内。

第三节　核爆炸威力和杀伤破坏因素

一、核爆炸威力

核武器的爆炸威力是衡量它所能产生爆炸能量的尺度，常用 TNT 当量或比威力来表示。

1. TNT 当量

TNT 当量是指核武器爆炸时释放出的能量相当于多少质量 TNT 炸药爆炸时所放出的能量。例如，中子弹的 TNT 当量（简称"当量"）1×10^6 kg，是指中子弹爆炸时放出的总能量是 4.19×10^{12} J，与 1 kt TNT 炸药爆炸时放出的能量相当。核武器爆炸时释放的能量，比只装化学炸药的常规武器大得多。例如，$1kg \ ^{235}U$ 全部裂变释放的能量约 8.4×10^{13} J，是 1 kg TNT 炸药爆炸释放能量 4.19×10^6 J 的 2000 万倍。

2. 比威力

比威力指核弹头的威力（TNT 当量）与其投掷质量之比，单位为 kt/kg。所谓投掷质量包含导弹的末助推装置、末制导系统、核弹头和突防装置的质量，单位为 kg。例如美国轰炸日本广岛用的枪式原子弹"小男孩"，其比威力约为 0.003 kt/kg，而美国"大力神"Ⅱ洲际弹道核导弹的比威力达到了 2.4 kt/kg。比威力是衡量核弹头设计水平的一个概略指标。随着核武器的小型化、多弹头技术的发展，对威力较大的单弹头与威力较小的多弹头母舱中的子弹头的设计水平进行比较时，用比威力衡量就存在较大缺陷。例如美国"民兵"Ⅲ洲际弹道导弹的核弹头能携带 3 个弹头，每个子弹头质量为 180 kg 左右，威力为 335×10^6 kg TNT 当量，其比威力约为 1.9 kt/kg，比"大力神"Ⅱ的比威力低得多，但实际上"民兵"Ⅲ弹头的设计水平高，破坏效果更大。为了更合理地衡量核武器的破坏效果，引入"比等效百万吨数"的概念。比等效百万吨数等于"威力"除以"百万吨 TNT 当量"商的 2/3 次方。如果以此来衡量"大力神Ⅱ"导弹和"民兵Ⅲ"导弹，则它们的"等效百万吨数"分别为 1.17×10^{-3}/kg 和 2.68×10^{-3}/kg，反映出了后者比前者设计水平高得多。

3. 威力等级分类

如果按 TNT 当量的吨位分，核武器的威力可分为百吨级、千吨级(kt)、万吨级、十万吨级、百万吨级和千万吨级等几种，通常按表 1-3-1 的方式分类。

表 1-3-1　核武器威力等级的分类

国别	中 国	苏 联	美 国
类别	小型：20 kt 以下	小型：15 kt 以下	超低当量型：1 kt 以下
	中型：20～100 kt	中型：15～100 kt	低当量型：1～10 kt
	大型：100～500 kt	大型：100～500 kt	中当量型：10～50 kt
			高当量型：50～500 kt
	特大型：500 kt 以上	特大型：500 kt 以上	超高当量型：500 kt 以上

二、核爆炸杀伤破坏因素

核武器爆炸时，不仅释放的能量巨大，而且反应过程非常迅速，在微秒级的时间内即可完成。巨大能量集中在瞬间释放，并与周围大气作用，产生了冲击波、光辐射、早期核辐射、核电磁脉冲等多种瞬时杀伤、破坏因素。核爆炸时重核裂变产生的放射性裂变产物和中子流作用于地面产生的感生放射性核素又构成了核爆炸特有的杀伤破坏因素——放射性沾染。这些杀伤、破坏因素能在较大范围内杀伤人员、破坏武器、装备和工程设施等。

上述杀伤破坏因素中，冲击波、光辐射、早期核辐射和核电磁脉冲都是在爆炸后几秒到几十秒时间内起作用，故又称为瞬时杀伤破坏因素。尽管其杀伤破坏范围与当量有关，但一般最大不会超过一二十千米。剩余核辐射是以放射性沾染的形式起杀伤作用的，只有在地面爆炸条件下它的作用才比较突出，持续的时间比较长，作用的范围比较大。

大气层核爆炸各杀伤破坏因素所占的能量比例，主要取决于核武器的性质和爆炸高度。原子弹在空中爆炸时，冲击波约占爆炸总能量的 50%，光辐射约占 35%，早期核辐射约占 5%，核电磁脉冲约占 0.1%，放射性沾染约占 10%。氢弹在空中爆炸时，冲击波和光辐射的总份额增加，约占 90%，而放射性沾染的份额则减少，其增减份额随聚变—裂变比的不同而异。

当核爆炸发生在稠密空气层以外时，由于空气稀薄，各杀伤破坏因素的能量分配将发生很大变化：冲击波约占 5%，光辐射约占 75%(其中软 X 射线占 70%)，早期核辐射增大到 10%，放射性沾染和核电磁脉冲的份额不变，但核电磁脉冲的作用范围增大。

对于中子弹、冲击波弹、电磁脉冲弹、增强剩余辐射弹等特种战术核武器来说，由于采取了针对各种核武器效应的"剪裁"技术——通过各种新颖独特、巧妙合理的核弹头设计，改变核爆炸杀伤破坏因素在核爆炸中所占的能量份额及其相互之间的主、次关系，尽可能最大限度地增强其中某些杀伤破坏因素的作用，而将其余杀伤破坏因素降至最低。

第四节　核爆炸方式及现象

一、爆炸方式

核爆炸方式是指核武器在不同介质和不同高度（或深度）爆炸的类型。核武器当量相同，爆炸方式不同，其外观景象和杀伤破坏效应差别也很大。根据作战任务、目标性质和地形、气象条件等因素，正确地选择爆炸方式，可以取得较好的效果。

核爆炸方式一般分为高空核爆炸、大气层核爆炸和地（水）下核爆炸三种类型。高空核爆炸一般指爆炸高度在 80 km 以上的核爆炸。大气层核爆炸按"比高"分为地面核爆炸和空中核爆炸。

比高（h_B）即比例爆高，表达式为

$$h_B = \frac{H}{\sqrt[3]{Q}} \ (\mathrm{m \cdot kt^{-1/3}}) \tag{1-4-1}$$

式中，H 为爆心离地面的垂直高度（m）；Q 为核爆炸当量（kt）。

根据式（1-4-1）可以看出：比高就是核爆炸爆高与核爆炸 TNT 当量之间的比例关系。核试验数据表明：冲击波超压的杀伤破坏作用基本上与核爆炸当量的立方根成比例，火球的大小也近似地与 TNT 当量的立方根成比例。表 1-4-1 展示了用比高来区分的大气层核爆炸方式。

表 1-4-1　大气层核爆炸方式

区　分		$h_B/(\mathrm{m \cdot kt^{-1/3}})$
地面核爆炸	触地核爆炸	0
	有坑地面核爆炸	0~15
	无坑地面核爆炸	15~(40~60)
空中核爆炸	小比高空中核爆炸	(40~60)~120
	中比高空中核爆炸	120~250
	大比高空中核爆炸	>250

对于地（水）下核爆炸则用"比深"（Z_B）描述。比深可用下式表达

$$Z_B = \frac{Z}{\sqrt[3]{Q}} \ (\mathrm{m \cdot kt^{-1/3}}) \tag{1-4-2}$$

即爆炸深度（Z）与核爆炸 TNT 当量（Q）立方根的比值。表 1-4-2 展示了用比深来区分的地（水）下核爆炸方式。

表 1 - 4 - 2　地下爆炸方式

区　　分	$Z_{\mathrm{B}}/(\mathrm{m \cdot kt^{-1/3}})$
浅层地下核爆炸（形成弹坑）	<80
封闭式地下核爆炸（不形成弹坑）	>120

二、爆炸外观景象

不同方式的核爆炸有其独特的外观景象，可以通过核爆炸外观景象来判断其爆炸方式，进而估计杀伤破坏的情况。

1. 空中核爆炸的外观景象

空中核爆炸时，首先出现强烈的闪光，闪光是核爆炸最早见到的信号。在离爆心不远处，可以看到爆区周围被一团喷射的浅蓝色光焰所照亮，这是因为闪光的光谱中紫外线和短光谱成分极为丰富。闪光时，未遭破坏的房屋和树木的阴影形成稀奇古怪的形状，而且线条异常清晰。闪光可以在几十千米甚至几百千米的范围内看到。闪光持续的时间很短，只有千分之几到十分之几秒。核爆炸当量越大，观察到闪光的距离越远，闪光的持续时间也相应增长。

闪光过后，在爆炸处立即出现一个明亮的高温高压火球。火球迅速膨胀、上升，并逐渐变暗。火球最初为球形（这个时间很短，仅十分之几秒到两三秒钟，一般情况下观察不到），后因地面反射冲击波的作用，接近地面的一侧很快被挤扁，变成扁球形（见图 1 - 4 - 1）。根据爆炸当量的不同，火球发光时间为十分之几秒到两三十秒，火球的直径为几十米到几千米。核爆炸当量越大，火球发光时间越长，火球的直径也越大。

图 1 - 4 - 1　空中核爆炸的外观景象

火球冷却后，变成灰白色或棕褐色的烟云，烟云继续上升，体积不断扩大，在烟云上升的同时，从地面吸起一股尘柱。烟云和尘柱最初未连接，后来尘柱迅速追上烟云，形成核爆炸所特有的高大蘑菇状烟云（见图 1-4-1）。核爆炸后几分钟内，烟云可上升至几千米至二三十千米的高空。当气象条件相同的情况下，核爆炸当量越大，烟云上升速度就越快，烟云上升的最大高度也越高。烟云能够到达的最大高度，称为稳定烟云顶高，它与核爆炸当量有密切关系：当量越大，释放出的热量就越多，烟云膨胀得越大，密度就越小，由于空气浮力的作用，往上冲的力量也就越大，使得烟云顶部到达的高度也就越高。烟云到达最大高度以后，便不再上升，被高空风吹向下风方向，并逐渐地扩散和沉降。这种烟云在一个小时或更长的时间内仍可看见，直至被风吹散到与天然云混为一体。

2. 地面核爆炸的外观景象

地面核爆炸的外观景象与低空核爆炸相类似。地面核爆炸最基本的特征是核爆炸后产生的火球接触地面，火球呈半球形（触地核爆炸）或球缺形（离地面一定高度的爆炸）。

地面核爆炸时，灼热的火球接触地面，使地面的岩石、泥土和其他物质都被汽化并卷进火球中，离火球稍远处的地面物质被火球烘烤，有的完全被熔化，有的表面被熔化。当火球上升并形成猛烈飓风后，又有大量的尘埃、泥土和其他颗粒被卷起。因此，地面核爆炸产生的烟云与尘柱基本上同时升起，而且尘柱特别粗大。由于烟云中有大量地面物质混入，所以烟云的颜色比较深暗。

触地核爆炸和爆高很低的核爆炸发生时，在火球触地的范围内，土壤和其他地面物质被汽化，随之而来的冲击波和飓风将其抛掷卷走，形成弹坑。弹坑的大小与核武器的威力、爆炸高度和土壤性质有关。

3. 海面核爆炸的外观景象

核武器在接触水面或离水面一定高度上爆炸时，其外观景象基本上和地面核爆炸类似，也是首先出现核爆炸闪光，接着出现半球形（或球缺形）火球。由于核爆炸发生在海上，所以随火球升起的不是尘柱，而是由掀起的大量海水形成的高度较低的水柱和水雾。当水柱回降后，海面形成巨大的海浪和带放射性的雾，迅速向四周扩散。烟云冷却时，可能形成放射性降雨。

4. 地下核爆炸的外观景象

地下核爆炸通常可以分成深层地下核爆炸和浅层地下核爆炸。两者的区别在于：深层地下核爆炸是指爆炸效应基本上被封闭在地下的那种爆炸，爆炸点上方的地面可能受扰动（比如：土丘或浅沉陷坑的出现，以及在地表处觉察到的大地的颤动）。可能有些未冷凝的气体会从地表面慢慢地渗漏出来，但不会有大量的爆炸残骸进入大气层。浅层地下核爆炸指的是能把大量的土、石卷入空气中从而形成一个大弹坑的爆炸。在军事上具有实用价值的是浅地下核爆炸。

当核武器在浅层地下爆炸时，由于释放的核能全封闭在地层下面，使爆点周围的土壤、岩石全部熔化、汽化，与爆炸残骸一起形成一个灼热的高压气团，它相当于空中和地面核爆炸时形成的火球。由于气团的迅速膨胀便产生了地下冲击波，地下冲击波从爆点向各个方向传播。当向上的冲击波（压缩波）到达地表面时，被反射回去形成稀疏波（张力波）。假如张力超过地面物质的抗拉强度，地面上层就会剥落，即分离成或多或少的水平层，然后由于入射冲击波传递的动量，这些分离的层以约 45 m/s(或更大些)的速度向上运动。

当稀疏波从地面反射回来后，朝着爆炸产生的正在膨胀的空腔运动，使土壤对空腔向上膨胀的阻力减小，致使空腔迅速向上膨胀，在地面拱起圆顶形。圆顶继续升高，出现裂缝，空腔中的气体泄入大气层。当圆顶完全解体后，岩石碎片则被向上、向外抛掷(见图1-4-2)。然后，大量被抛的物体遭到破碎后落到地面。弹坑的大小取决于核爆炸威力和介质性质。

图 1-4-2　浅层地下核爆炸

5. 水下核爆炸的外观景象

核武器在浅层水下爆炸也会形成火球，它是一个高温高压气团，体积比空爆时小，主要成分是水蒸气。核爆炸离水面一定深度后，水面上就看不到通常的火球景象了，但从远处可以看到爆心附近水域被照亮的短暂发光现象。在深层水下核爆炸时，由于海水对光辐射的吸收，所以爆心附近水面看不到发光现象。水下核爆炸发展过程的外观景象，因爆炸威力、爆炸深度及水底深度等条件不同而异，但也有共同特征。浅层水下核爆炸开始时，高温、高压气团急剧膨胀，在水中产生冲击波。冲击波传到水面时，使爆心投影点附近表层的水高速冲向上空形成水幕。当水下气团上升到水面进入大气时，气团因膨胀而冷却，使大量水蒸气凝成水珠，屏蔽了光辐射，因而看不到火球的发光。气团膨胀和水蒸气凝结引起气团中压力下降，把大量海水抽吸到空中形成空心水柱；气团中的大部分放射性物质从水柱的中心排出，在水柱顶部形成菜花状烟云(见图1-4-3)。威力为20×10^6 kg TNT 的核

图 1-4-3　浅层水下核爆炸

爆炸，空心水柱高度为 2000 m，稳定烟云高度达 3000 m。随后水柱回落，在水面激起巨浪，同时在柱外沿底部形成由细微水珠组成的巨大的环状云雾，迅速向外运动并翻滚上升，称为基浪。几分钟后基浪脱离水面缓慢上升，与空中放射性烟云相混，随风飘移，这时烟云中出现一个较大的降雨过程，造成附近的水面放射性沾染。深层水下核爆炸的外观景象与浅层水下核爆炸相似，但在火球冲出水面时并不形成空心水柱。灼热气体和蒸气水泡冲出水墩时，形成向四面喷发的羽毛状水花，水花最高可达 500 m，下落的水柱产生可见基浪。

6. 高空核爆炸的外观景象

由于大气密度随高度上升基本上按指数规律衰减，30 km 以上的大气稀薄，核爆炸外观景象与在稠密大气层的空中爆炸有较大差异。高空大气密度很小，光子的平均自由程很长，故火球的膨胀速度快，而且火球上部发展速度大于下部，火球呈倒梨形。1958 年美国在 77 km 的高空，爆炸了一枚当量为 4000 kt TNT 的核弹，爆后 0.3 s，火球半径即达 9 km，爆后 3.5 s 时，即扩大到 14.5 km，而且火球以极快的速度上升，最初的上升速率为 1600 m/s。由于冲击波穿过稀薄空气产生电子激化的氧原子，因此火球周围形成了半径达几百千米的巨大的红色球形波。由于冲击波阵面的温度不高，故不能把火球屏蔽住，爆后 2 s 内，在火球的底部可以看见一种辉煌极光，这种美丽而明亮的"人造极光"如同许多非常华丽的飘带向北方扩散。这种极光是由于放射性裂变碎片所发射出的粒子(电子)沿地球磁场磁力线运动而产生的，因此有的地方尽管看不到火球，却能看见这种极光。在这么高的空中，核爆炸产生的烟云颜色十分浅淡，而且会很快消失，地面上也没有尘柱出现。

如果核爆炸高度在 80 km 以上时，空气密度只有低层大气密度的十万分之一以下，软 X 射线的平均自由程也会增十万倍以上，因此武器碎片与大气的相互作用成为形成火球的主要机制。由于武器碎片是高度电离的，因此地磁场将影响后期火球的位置和分布。碎片形成的早期火球释放出软 X 射线，向上发射的 X 射线实际上不会被空气吸收，而是射向宇宙空间；向下运动的 X 射线大部分被 80 km 高度附近的空气所吸收。因而 80 km 附近的空气剧烈升温，形成一个 10～15 km 厚的圆盘状发光的空气层，称为"圆射线饼"，其半径为爆高减去 80 km，如图 1-4-4 所示。

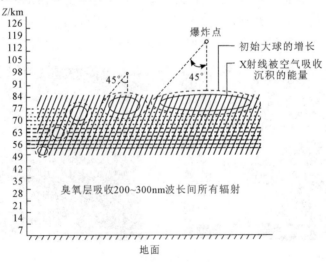

图 1-4-4　49～119 km 的 5 个任意高度大当量核爆炸的火球近似形状和位置

本 章 习 题

1-1 名词解释：① 核武器；② 原子核；③ 核素；④ 放射性衰变；⑤ 链式反应；⑥ 原子弹；⑦ 氢弹；⑧ 中子弹。

1-2 简述原子核放射性衰变规律与衰变常数。

1-3 简述原子核反应截面与平均自由程。

1-4 什么是"临界质量"？临界质量的大小与哪些因素有关？

1-5 试简述聚变反应的条件。

1-6 比较枪式原子弹与内爆式原子弹优缺点。

1-7 根据氢弹结构示意图，简述氢弹基本结构和原理。

1-8 中子弹爆炸为什么能够放出比原子弹多得多的高能中子？

1-9 什么是 TNT 当量？1 kt 原子弹的破坏力与 1 kt TNT 炸药爆炸时产生的破坏力是一样的吗？为什么？

1-10 核武器爆炸通常会产生哪几种杀伤破坏因素？爆炸方式可以分为哪几类？

1-11 "比高"是怎样定义的？试写出核武器大气层爆炸方式的比高值范围。

1-12 简述空中核爆炸外观景象。

1-13 简述地面核爆炸外观景象。

1-14 简述海面核爆炸外观景象。

1-15 简述地下核爆炸外观景象。

1-16 简述水下核爆炸外观景象。

1-17 简述高空核爆炸外观景象。

第二章　光　辐　射

相比化学炸药爆炸温度最高只有数千度，而核爆炸早期温度高达几千万度，气压达数百亿帕，从而导致高温高压等离子体火球的产生。火球在膨胀、冷却、熄灭过程中，不断向外发出光辐射，是核爆炸产生杀伤破坏作用的原因之一。

第一节　光辐射的形成

一、核爆炸火球中的物理过程

核爆炸时火球的产生、发展和熄灭过程中都包含着丰富的物理现象，对这些现象进行定量分析是理解核爆炸光辐射杀伤破坏作用的基础。

核爆炸释放出巨大的能量，使反应区附近温度瞬间达到千万度以上，构成弹体的物质被加热到极高的温度，形成炽热的等离子体，周围空气也被加热到极高温度而发光，形成明亮的火球。这一阶段持续 $1 \sim 2~\mu s$，也称为 X 射线火球阶段。

火球表观温度 T_c 表示从外部观测到的火球表面平均温度，可以用于描述火球向外辐射的能力。当 X 射线火球进一步发展时，表观温度 T_c 随时间 t 的变化出现两个极大值和一个极小值，呈现两个脉冲阶段，分别称为第一脉冲阶段和第二脉冲阶段，如图 2-1-1 所示。

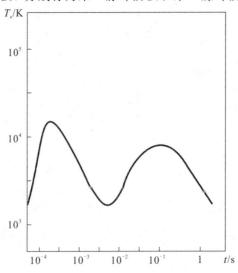

图 2-1-1　火球表观温度随爆后时间的变化

1. 第一脉冲阶段

该阶段包含辐射扩张和冲击波扩张两个过程。该阶段火球温度很高,但持续时间很短,辐射出来的能量只占光辐射总能量的 $1\%\sim2\%$,对应的外观景象为核爆炸闪光。

1) 辐射扩张过程

由热辐射知识可知,对于任何物体,当其温度大于绝对零度时,就会自发地向外界辐射能量,其辐射本领可用斯忒藩-玻耳兹曼定律来表示

$$J=\sigma T^4 \quad (W/m^2) \tag{2-1-1}$$

式中:J 为黑体的辐射本领,也称作黑体的面辐射度,是指黑体单位面积上单位时间内辐射出来的能量;σ 为斯忒藩-玻耳兹曼常数,数值为 5.67×10^{-8} W/$(m^2 K^4)$;T 为绝对温度。当辐射本领最大时,其辐射波长与温度之间的关系可用维恩定律来表示

$$\lambda_{max}=\frac{b}{T} \text{ (m)} \tag{2-1-2}$$

式中:b 为常数,其数值为 2.90×10^{-3}(m·K)。

核爆炸反应区的温度高达几千万度,根据斯忒藩-玻耳兹曼定律和维恩定律,它将向外猛烈地辐射 X 射线。反应区临近的空气很快被加热到极高温度,成为发光空气层,并融合为火球的一部分,形成辐射波阵面。

由于冷空气对 X 射线是强吸收的,而高温空气等离子体对 X 射线是弱吸收的,因此 X 射线对空气是逐层加热,加热后的空气基本处于等温状态。火球以这种层层加热的方式使其体积迅速扩大,这个阶段称为火球的辐射扩张阶段。

2) 冲击波扩张过程

核爆炸早期,反应区放出的 X 射线使弹壳迅速升温,同时弹壳向外膨胀,高速向外飞散的高密度弹体蒸气在等温状态下压缩周围空气形成冲击波。冲击波形成于早期火球之内,其扩张速度与辐射波扩张速度相比是先慢后快。随着火球的扩大,火球的温度迅速降低,辐射波扩张速度逐渐变慢。在冲击波阵面超过辐射波阵面之后,火球的扩大便由冲击波阵面决定。由于冲击波阵面猛烈压缩尚未扰动的空气,使其温度升得很高,所以形成发光的空气层,成为火球的一部分,火球随着发光的冲击波阵面扩张而不断扩大,这个阶段称为冲击波扩张阶段。此时火球由两个同心球组成(见图 2-1-2),内部是温度极高的等温球,外面是发光的冲击波阵面。

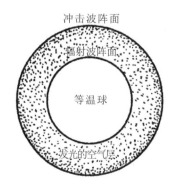

图 2-1-2 冲击波阵面脱离等温球时的火球

　　一方面，发光空气层强烈吸收等温球辐射的能量，虽然火球内部温度很高，但由于发光空气层的屏蔽作用，外部无法观测到内部情况。另一方面，核爆炸初期从等温球发射的核辐射、光辐射与冲击波阵面前的大气相互作用，产生大量的臭氧、二氧化氮和硝酸等，这些物质又强烈吸收从发光空气层中辐射出来的能量，这时从远处观测到火球表观温度已经很低，至此火球形成的第一脉冲阶段结束。

　　以 20 kt 空中核爆炸为例，这一现象大约发生在爆后 15 ms，当时火球的半径约 100 m，火球表观温度约 2000 K。

2. 第二脉冲阶段

　　火球表观温度经过极小值后，发光空气层对等温球的辐射屏蔽作用越来越弱，从外面可以观测到火球的温度在逐渐回升，好像火球又重新燃烧起来，在这个过程中，火球的温度慢慢回升到极大值，温度约 8000 K；由于火球进一步辐射和绝热膨胀，温度又渐渐下降，直到火球熄灭。这段过程也称为火球的复燃冷却阶段，是火球的主要放能阶段，放出的能量占光辐射总能量的 98%～99%。至此，火球第二脉冲阶段结束，以 20 kt TNT 当量的核爆炸为例，这阶段的时间为 2～3 s。

　　在复燃冷却阶段，由于绝热膨胀，火球在不断增长的过程中，有明显的上升运动，上升速度可达 200 m/s 左右；同时由于受到地面反射冲击波的影响，火球由球形逐渐变为“馒头形”。在末期冷却过程中，火球发光微弱，尺寸反而有收缩的趋势，随后由于火球上升运动和大气的湍流混合，成为炽热的烟云。

　　对于地面爆炸，火球发展过程和空中爆炸的情况基本相同，但爆点附近地形、地物对整个火球发展过程影响都比较明显：早期火球的图像很不规则，当火球发展得比较大的时候，呈椭球形，水平半径略大于垂直半径。

二、核爆炸火球的光辐射参量

1. 火球辐射光谱

　　若把火球近似看作黑体，其辐射光谱强度 $U_{\lambda T}$ 可以用普朗克公式描述

$$U_{\lambda T} = \frac{C_1}{\lambda^5} \frac{1}{e^{C_2/\lambda T} - 1} \qquad (2-1-3)$$

式中：C_1 为 3.74×10^{-16} J·m²/s；C_2 为 1.44×10^{-2} m·K；T 为火球的表观温度（K）；λ 为火球辐射的波长（m）；e 为自然指数。

　　根据普朗克公式的计算结果可知，X 射线火球阶段主要辐射软 X 射线，X 射线在冷空气中射程很短，很容易被附近空气吸收；火球在第一脉冲阶段主要辐射紫外线和波长较短的可见光；第一脉冲阶段结束时，即在温度极小值附近，波长较长的可见光和红外线极为丰富；在整个第二脉冲阶段，火球温度在 2000～8000 K 之间，光谱成分见表 2-1-1。

　　如果把火球整个发光时间内的辐射光谱与太阳辐射光谱成分比较，可以看出两者有一定的相似性，见表 2-1-2。

表 2-1-1 火球第二脉冲阶段光辐射的光谱成分

火球表观温度 T/K	分布在不同光谱段上的能量百分数(%)		
	紫外线区<4×10^{-7} m	可见光区($4\times10^{-7}\sim8\times10^{-7}$) m	红外线区>8×10^{-7} m
8000	31	48	21
7900	30	48	22
7400	27	48	25
7000	22	48	30
6800	21	48	31
6300	17	48	35
5800	12	46	42
5400	9	44	47
5000	7	41	52
4900	6	40	54
4200	3	34	63
3800	2	27	71
3400	1	20	79
3100	—	13	87
2700	—	5	91
2300	—	5	95
2000	—	3	97
1850	—	1	99
1700	—	<1	99~100

表 2-1-2 光辐射、太阳辐射光谱成分比较表

测量条件	分布在不同光谱段上的能量百分数(%)		
	紫外线区<4×10^{-7} m	可见光区($4\times10^{-7}\sim8\times10^{-7}$) m	红外线区>8×10^{-7} m
距爆点很近距离上的光辐射	19	43	38
大气层外的太阳辐射	10.1	65.2	24.7
距爆点 8 km 的光辐射	9	43	48
太阳当顶时的太阳辐射	6.7	46.8	46.5

2. 火球辐射功率

根据黑体辐射的斯忒藩-玻耳兹曼定律，如果某一时刻火球的半径为 r_B，则火球的辐射功率为

$$P = 4\pi r_B^2 J = 7.125 \times 10^{-7} T^4 r_B^2 \quad (J/s) \tag{2-1-4}$$

可以看出，火球的辐射功率与火球表观温度的四次方和火球半径的平方成正比。为了消除爆炸当量、距离和大气能见度等因素的影响，通常把火球的辐射功率作为时间的函数进行无量纲处理。其具体做法是将比例辐射功率（即 P/P_{max2}）作为比例时间（即 t/t_{max2}）的函数来表达。P 是爆后某一时刻 t 的辐射功率；P_{max2} 是第二个亮度极大值时刻 t_{max2} 对应的火球辐射功率，即辐射功率的极大值。图 2-1-3 为比例辐射功率（P/P_{max2}）、能量份额与比例时间（t/t_{max2}）的关系曲线，采用这种处理方法获得的无量纲功率曲线应用十分广泛。图 2-1-4 为四种当量空爆时不同时间 t 的光辐射能量份额（ξ）。

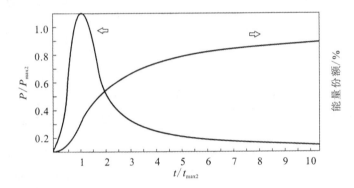

图 2-1-3　空爆比例功率、能量份额与比例时间的关系曲线

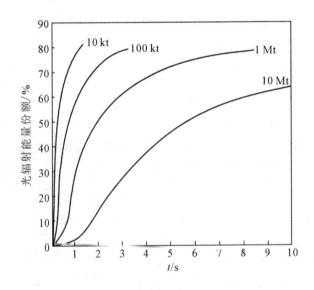

图 2-1-4　四种爆炸当量空爆时，不同时间的光辐射能量份额

图 2-1-4 中的能量份额与爆后时间的关系曲线表明，光辐射的能量释放率在 $2t_{max2}$ 时间内已达到 50%，这点对人员防护具有重要的指导意义。

3. 火球光辐射能量

通过火球辐射功率 P 的时间积分,可以得到火球光辐射能量 E_G 为

$$E_G = \int_0^t P \mathrm{d}t \ (\mathrm{J}) \tag{2-1-5}$$

每 kt TNT 当量相当于 4.19×10^{12} J,故光辐射当量(简称光当量或热当量)Q_G 为

$$Q_G = E_G / 4.19 \times 10^{12} \tag{2-1-6}$$

光当量与核爆炸当量之比(Q_G/Q)称为光当量系数 f_G,即光辐射能量占核爆炸当量的份额。通常说光辐射占核爆炸释放总能量的 35%,即光当量系数 $f_G = 0.35$。实际上,并非所有核爆炸的光当量系数都等于 0.35,它与爆炸方式、核爆炸当量均有关。对于空中爆炸,光当量系数 f_G 与核爆炸当量 Q 的关系为

$$f_G = 0.38 Q^{-0.03} \tag{2-1-7}$$

从式(2-1-7)可以求出空中爆炸时,不同当量的光当量系数,见表 2-1-3。

表 2-1-3 空爆时不同当量的光当量系数

核爆炸当量 Q/kt	1	5	20	50	100
光当量系数 f_G	0.38	0.36	0.35	0.34	0.33
核爆炸当量 Q/kt	200	500	1000	2000	3000
光当量系数 f_G	0.33	0.32	0.31	0.30	0.30

对于触地爆炸和地面核爆炸,由于核武器触地或爆高较低,尘土、水蒸气等对光辐射有极严重的遮蔽作用,加上低层大气中光的透射性也较差,对于比高为 $(0 \sim 60)$ m·kt$^{-1/3}$ 的地面核爆炸,光当量系数用 f_d 表示

$$f_d = 0.14 + 0.0041 h_B \tag{2-1-8}$$

地爆光当量系数比空爆光当量系数小得多。20×10^6 kg 的触地爆炸,f_d 只有 0.15;比高为 30 m/kt$^{1/3}$ 的地爆,f_d 为 0.28。

4. 火球的表观温度

在图 2-1-1 中,T_c 出现两个极大值,一个极小值。极小值以前对应于辐射扩张和冲击波扩张阶段,在这个极小值附近冲击波脱离火球。由极小值到第二极大值对应火球复燃阶段,由第二极大值向下为火球冷却阶段。

T_c 的极值也就是火球光辐射亮度的极值,又称为最大亮度和最小亮度,其数值与爆炸当量有关。一般 T_c 的第一极大值在 2×10^4 K 左右,第二极大值略低于 10^4 K,极小值在 3×10^3 K 左右,并随当量增大略有减小。由于 T_c 的测量与仪器敏感的辐射波段有关,因此经验公式中的常数只有在确定了波段宽度后才能唯一确定。对于可见光波段,空爆火球特征参量可以用下列公式计算。

火球亮度出现第一个极大值对应的时间与爆炸当量的关系为

$$t_{Bmax1} = 0.08 Q^{0.42} \quad (\mathrm{ms}) \tag{2-1-9}$$

火球亮度极小值出现时间与爆炸当量的关系为

$$t_{Bmin} = 3.84Q^{0.44} \quad (ms) \tag{2-1-10}$$

冲击波面脱离火球时间与爆炸当量的关系为

$$t_{脱} = 5.76Q^{0.44} \quad (ms) \tag{2-1-11}$$

火球亮度出现第二个极大值对应的时间与爆炸当量的关系为

$$t_{Bmax2} = 37.9Q^{0.44} \quad (ms) \tag{2-1-12}$$

亮度极小时火球半径为

$$r_{Bmin} = 32Q^{0.38} \quad (m) \tag{2-1-13}$$

冲击波脱离火球时火球半径为

$$r_{脱} = 38Q^{0.38} \quad (m) \tag{2-1-14}$$

亮度第二个极大时火球半径为

$$r_{Bmax2} = 54.2Q^{0.37} \quad (m) \tag{2-1-15}$$

火球最大半径为

$$r_{Bmax} = 74Q^{0.36} \quad (m) \tag{2-1-16}$$

火球最大半径对应的时间 t_{Bmax} 约为亮度第二个极大值对应时间的五倍。上述各公式中的爆炸当量单位均为 kt。利用上述公式的计算值列于表 2-1-4。

表 2-1-4　空中核爆炸火球特征参量数据表

核爆炸当量 Q/kt	1	5	10	20	50	200	500	1000	2500	5000	10 000
亮度第一极大值时间 t_{Bmax1} / ms	0.08	0.16	0.21	0.28	0.41	0.74	1.09	1.46	2.14	2.88	3.84
亮度极小值时间 t_{Bmin} / ms	3.84	7.80	10.6	14.3	21.5	39.5	59.1	80.3	120	163	221
冲击波脱离火球时间 $t_{脱}$ / ms	5.8	12	16	22	32	59	89	120	180	244	331
亮度第二极大值时间 t_{Bmax2} / ms	38	77	104	142	212	390	584	792	1185	1600	2180
火球最大半径对应时间 t_{Bmax}/s	0.19	0.38	0.52	0.71	1.06	1.95	2.92	3.96	5.92	8.00	10.9
亮度极小值时火球半径 r_{Bmin}/m	32	59	77	100	142	240	340	442	626	815	1060
冲击波脱离火球时半径 $r_{脱}$/m	38	70	91	119	168	285	403	525	743	967	1260
亮度第二极大值时半径 r_{Bmax2} / m	54	98	127	164	230	385	540	698	980	1270	1640
火球最大半径 r_{Bmax}/m	74	132	170	218	303	498	693	889	1240	1590	2040

三、核爆炸火球的运动参量

1. 火球半径

1）空爆火球半径

空爆火球的半径，以冲击波脱离火球为时间节点，可以分两个阶段给出计算公式。由于空爆火球半径随时间的变化基本符合爆炸相似定理，因此，对于不同当量的空爆，火球半径随时间的变化可以用同一条曲线来表示，如图 2-1-5 所示。

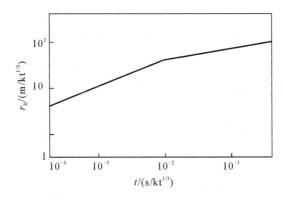

图 2-1-5　空爆火球半径随时间的变化

在冲击波扩张阶段火球半径表示如下：

$$r_B = 250 \left(Q \frac{\rho_0}{\rho} \right)^{0.208} t^{0.376} \quad (\text{m}) \tag{2-1-17}$$

式中：t 为爆后时间（s）；Q 为爆炸当量（kt）；$\rho_0 = 1.226 \ \text{kg/m}^3$，为 15 ℃时海平面空气密度；$\rho$ 为爆心处的空气密度，具体数值见表 2-1-5。

表 2-1-5　空气密度随海拔高度的分布

海拔高度 Z/ km	密度 ρ /(kg/m³)	海拔高度 Z/ km	密度 ρ /(kg/m³)	海拔高度 Z/ km	密度 ρ /(kg/m³)
0	1.2250	4.5	7.7704×10^{-1}	15	1.9475×10^{-1}
0.5	1.1673	5.0	7.3643×10^{-1}	20	8.8910×10^{-2}
1	1.1117	6.0	6.6011×10^{-1}	25	4.0084×10^{-2}
1.5	1.0687	7.0	5.9002×10^{-1}	30	1.8410×10^{-2}
2.0	1.0066	8.0	5.2579×10^{-1}	35	8.4634×10^{-3}
2.5	9.5695×10^{-1}	9.0	4.6706×10^{-1}	40	3.9957×10^{-3}
3.0	9.0925×10^{-1}	10.0	4.1351×10^{-1}	45	1.9663×10^{-3}
3.5	8.6340×10^{-1}	11	3.6480×10^{-1}	50	1.0249×10^{-3}
4.0	8.1935×10^{-1}	12	3.1194×10^{-1}	55	5.6075×10^{-4}

在复燃冷却阶段，用水平半径和垂直半径的平均值作为等效火球半径，其公式为

$$r_B = 96 \left(Q \frac{\rho_0}{\rho} \right)^{0.28} t^{0.154} \quad (\text{m}) \tag{2-1-18}$$

2) 地爆火球半径

地爆火球半径随时间的变化规律与空爆的情况基本相似。但由于地面对火球能量的反射作用,火球呈半球形,火球的水平尺寸比相同当量的空爆要大(两者发光区的总体积基本相同)。地面反射的影响与比高有关,当比高为零时(即地表爆炸),能量反射系数近似等于1,其火球半径约为 2 倍当量的空爆火球半径。当比高逐渐增加到火球不接触地面时,可不考虑地面反射影响,按空爆情况处理火球半径。对于比高在上述两者之间的情况,可引入比高系数 K 加以处理。

2. 火球发展速度

空爆火球在冲击波扩张阶段的发展速度 V_p,可按下面公式计算

$$V_p = 94 \left(Q \frac{\rho_0}{\rho} \right)^{0.208} t^{-0.624} \quad (\text{m/s}) \qquad (2-1-19)$$

空爆火球在复燃冷却阶段的发展速度 V_B 为

$$V_B = 14.8 \left(Q \frac{\rho_0}{\rho} \right)^{0.28} t^{-0.846} \quad (\text{m/s}) \qquad (2-1-20)$$

3. 火球的上升

冲击波扩张阶段之前,火球内平均密度与周围大气密度相差不多,因而火球并没有明显的上升运动。当火球发展进入复燃冷却阶段后,火球内部的平均密度明显小于周围大气密度,火球受到大气的浮力作用而上升;当火球达到最大半径前后,火球内部平均密度是大气密度的近 1/30,整个火球是炽热的,越向中心密度越小,接近一个真空的"气球",上升运动更加明显。当量越大,火球的体积越大,持续时间也越长,火球受到的浮力作用时间也越长,因而火球上升速度也越快;反之,当量越小,火球上升速度就越慢。

火球的上升引起周围空气向火球底部运动,形成强大的气流。由于火球中心密度低于边缘密度,因而中心部分上升得快,边缘部分上升得慢。火球不同部位的相对运动、火球和周围大气的相对运动、热对流运动以及地面反射冲击波的影响等,形成复杂的涡旋及湍流运动,其后果是火球加速上升和变形,使得火球上升速度出现极大值,过了极大值后,上升速度逐渐下降,过渡到蘑菇状烟云的上升速度。

火球中心最大上升速度近似公式为

$$V_{max} = 78 Q^{0.13} \quad (\text{m/s}) \qquad (2-1-21)$$

火球中心出现最大上升速度所对应的时间为

$$t_{V max} = 1.34 + 2.33 H \quad (\text{s}) \qquad (2-1-22)$$

式中:H 为爆炸高度(km),当量 Q 的单位为 kt。

火球中心上升高度随爆后时间的变化可用无量纲关系式表示:

$$H_c^* = 0.04 t^* + 0.64 t^{*2} + 0.18 t^{*3}, \quad t^* \leqslant 2 \qquad (2-1-23)$$

式中:$H_c^* = \dfrac{H_c}{V_{max} t_{V max}}$,$t^* = \dfrac{t}{t_{V max}}$,$H_c$ 为球中心上升高度(m),t 为爆后时间(s)。上述结果仅适用于 $H < 5$ km 的爆炸。

第二节　光辐射传播理论

一、光辐射与大气的相互作用

1. 吸收作用

大气中物质对光子的吸收主要有三种类型：线吸收（或称束缚—束缚吸收）、光电吸收（或称束缚—自由吸收）和韧致吸收（或称自由—自由吸收）。

1）线吸收

在能量为 $h\upsilon_{nm}$ 的光子激发下，电子将从 m 能级激发到 n 能级，并将光子吸收掉，光子的频率 υ_{nm} 应满足公式 $h\upsilon_{nm}=E_n-E_m$。对于类氢原子，线吸收截面 σ_{bb} 为

$$\sigma_{bb}=\frac{\pi e^2}{m_e c}f_{nm}b_{nm}(\upsilon) \tag{2-2-1}$$

式中：m_e 为电子质量，e 为电子电荷，c 为光速，f_{nm} 是电子由 m 能级跃迁到 n 能级吸收振子的强度；$b_{nm}(\upsilon)$ 是线型因子，它与物质的温度、密度和电荷分布有关。

2）光电吸收

当入射光子能量大于原子、分子或离子中电子的电离能时，电子被激发，从束缚态跃迁到具有一定运动速度（υ）的自由态，即

$$h\upsilon=\frac{1}{2}m_e v^2+I_n \tag{2-2-2}$$

式中：h 是普朗克常数，υ 是光子频率，$h\upsilon$ 即入射光子能量；$1/2m_e v^2$ 是自由态电子的动能；I_n 是 n 能级的电离能，这种吸收的特征是光致电离。

对于类氢原子，原子中电子的光电吸收截面 σ_{bf} 为

$$\sigma_{bf}=\frac{04\pi^2 e^{10}m_e Z^4}{3\sqrt{3}\,h^6 c\upsilon^3 n^5}g_{bf} \tag{2-2-3}$$

式中：n 是跃迁电子的主量子数；Z 是离子的剩余核电荷数；g_{bf} 是量子力学修正因子。

3）韧致吸收

当物质电离并存在自由电子时，自由电子可以吸收任意频率的光子，而自身从低能态跃迁到高能态，即自由电子将吸收的能量转变为自身的动能，这种吸收称为韧致吸收。它的特点是光子被电子所阻尼，产生连续吸收。其能量关系为

$$\frac{1}{2}m_e v^2=\frac{1}{2}m_e v_0^2+h\upsilon \tag{2-2-4}$$

式中：v_0、v 是电子吸收光子前后的运动速度。

当离子的净电荷数为 Z，自由电子在该离子场中的韧致吸收截面 σ_{ff} 为

$$\sigma_{ff}=\frac{4e^6 Z^2}{3hcm_e\upsilon^3}\left(\frac{2\pi}{3mkT}\right)^{1/2}N_e g_{ff} \tag{2-2-5}$$

式中：N_e 是自由电子的数密度；g_{ff} 是量子力学修正因子。

对于一个系统，如果已知处于 i 态的吸收中心数密度为 N_i，σ_{ij} 为上述三种类型的吸收

截面。那么系统对 $h\upsilon$ 光子的线吸收系数为

$$\mu_{\upsilon a} = \sum_i N_i \sum_j \sigma_{ij} \qquad (2-2-6)$$

大气对光辐射能量的吸收表现为将光能转变为其他形式的能量，如热能、机械能和化学能。产生吸收作用的大气物质主要是氧气、二氧化碳、水蒸气和臭氧等，这些物质对光的某些波段是透明的，对另外一些波段则是不透明的。大气中几种物质对光辐射的吸收情况如下：

(1) O_2：对于波长小于 $0.24~\mu m$ 的光辐射几乎全部吸收。

(2) O_3：在大气中含量很少，主要分布在海拔 $20 \sim 30~km$ 的高空，主要吸收紫外光，其吸收带为 $0.20 \sim 0.32~\mu m$；在可见光波段以 $0.6~\mu m$ 为中心存在一个较强吸收带，它对红外区的吸收则可以忽略不计。

(3) CO_2：在远红外区有一系列吸收带。对 $1.29 \sim 17.1~\mu m$ 波段的光辐射吸收极强；同时在 $4 \sim 4.8~\mu m$ 还有一窄吸收带。

(4) 水蒸气：在可见光和红外区都有大量的吸收带，在近红外和红外主要有 $0.7 \sim 0.74~\mu m$、$0.79 \sim 0.84~\mu m$、$0.86 \sim 0.99~\mu m$ 和 $1.03 \sim 1.23~\mu m$ 等吸收带。

2. 散射作用

光在传播路径上与大气分子、原子以及在大气中所含有的其他物质微粒相碰撞时，方向发生改变，这种现象叫作散射。光在大气中散射的特点是散射前后光波长不变，但是光强被削弱。根据物质微粒的尺度，可以把散射分为三种类型，即瑞利散射、米伊散射和无选择散射。

1）瑞利散射

光辐射与大气分子所发生的散射叫瑞利散射。瑞利散射角分布见图 $2-2-1$。

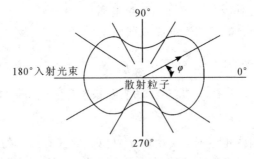

图 $2-2-1$　瑞利散射角分布图

瑞利散射截面 σ_R 与入射光波长的四次方成反比，其表达式如下：

$$\sigma_R \approx \frac{8\pi^3~(n_{air}^2-1)^2}{3\lambda^4 N_a} \quad (m^{-1}) \qquad (2-2-7)$$

式中：N_a 为大气分子密度；n_{air} 为空气对辐射的折射率；λ 为入射光的波长。

2）米伊散射

当入射光的波长与微粒大小比较接近时所发生的散射称为米伊散射，如烟尘、小水滴和气溶胶等，其中以气溶胶为主，粒子半径主要分布在 $0.04 \sim 10~\mu m$ 之间。米伊散射的特点是向前散射的光强大于向后散射的光强，这种不对称性随粒子尺度的增大越来越明显。

米伊散射截面 $\sigma_{m\lambda}$ 如下：

$$\sigma_{m\lambda} = kN_b(\pi b^2) \quad (m^{-1}) \tag{2-2-8}$$

式中：b 为微粒的半径；N_b 为大气中微粒的密度；k 为与波长成反比的系数。

3）无选择散射

当粒子的尺度远大于入射光波长时所发生的散射，称为无选择散射，如云、雾对可见光的散射。这种散射的特点是散射与波长无关，散射强度的分布极不对称，并且被反射的比例很高，可占入射光的百分之几十。

光在低层大气中的散射主要来自气溶胶粒子的米伊散射，而气溶胶粒子在大气中的比例随高度是递减的，因此光在高层大气中的散射主要来自瑞利散射。气溶胶粒子分布又随大气的状态改变，因而大气的散射特性在时间、空间上也随之变化。为了能近似反映具有典型性的大气状态，可以建立不同的大气模型从而简化问题的讨论。

3. 大气透射率

一束平行光经过一定厚度的大气后，透射光强与入射光强之比，叫大气透射率，记作 τ。大气透射率的表达式为

$$\tau = \frac{I}{I_0} = e^{-\mu r} \tag{2-2-9}$$

式中：r 为测点到爆心的距离（km）；μ 为测点到爆心之间直线距离上的大气平均衰减系数（km^{-1}）。

实际中，大多数情况下入射光并不是平行光束，而是具有一定的立体角，这类问题处理起来比较复杂，这里不做进一步讨论。根据我国核试验现场总结出的大气透射率经验公式为

$$\tau = e^{-\mu r} + 0.23(\mu r)^{1.6}e^{-0.65\mu r} \tag{2-2-10}$$

上式 $e^{-\mu r}$ 为直射光的透过率；$0.23(\mu r)^{1.6}e^{-0.65\mu r}$ 为多次散射的增强项。在远距离情况下，后者起主要作用。

（1）当 $0 < H \leqslant 3 - Z_0$ 时，大气平均衰减系数 μ 的表达式为

$$\mu = \frac{\mu_0}{AH}(1 - e^{-AH}) \tag{2-2-11}$$

（2）当 $3 - Z_0 < H \leqslant 30 - Z_0$ 时，大气平均衰减系数 μ 的表达式为

$$\mu = \frac{\mu_0}{H}\left\{\left[\frac{1}{A}(1 - e^{-A(3-Z_0)})\right] + \frac{1}{A'}e^{-(A-A')(3-Z_0)}\left[e^{-A'(3-Z_0)} - e^{-A'H}\right]\right\} \tag{2-2-12}$$

式中：$\mu_0 = \frac{3.91}{D}$，D 为地面水平大气能见度（km）；H 为爆炸高度（km）；Z_0 为爆心投影点海拔高度；$A = \frac{1}{1 - 0.19Z_0}(1.057 - 0.437\lg D)$，$A' = 0.191 - 0.036\lg D + 0.0156AZ_0$。其中地面水平大气能见度可认为是以近地平线的天空为背景，正常视力看清远处灰暗目标如山包、楼房等轮廓的最大距离。

二、光冲量的计算

光辐射对人员、物体的杀伤破坏作用与火球投射到人员皮肤、物体表面单位面积上能

量的多少有关。光辐射照射到单位面积上的能量越多，温度就可能升得越高，从而引起较严重的杀伤破坏；光辐射照射到单位面积上的能量越少，物体可能免受伤害或只受到较轻的杀伤破坏。衡量光辐射杀伤破坏作用的主要参数是光冲量。光冲量 U 是指火球在整个发光时间内，投射到与光线传播方向垂直的物体表面单位面积上的总能量，其国际单位是 J/m^2。

火球光辐射在传播过程中会衰减，造成衰减的因素有两种：一是几何衰减，即光能随着距离 r 的增大，分布在更大面积的球面上，即"距离平方反比"规律；二是大气对光辐射的吸收和散射所引起的衰减。

1. 近距离光冲量计算

大气对可见光和红外线的衰减作用在近距离上表现不明显，因此在离爆心不太远时，光冲量的计算只考虑几何衰减因素。由于照度 E_e 是不同距离接收面与辐射垂直的单位面积上单位时间内接收到的光辐射能量，用于指示光照的强弱和物体表面被照亮的程度，这样光冲量可由照度对火球发光时间积分确定，即

$$U = \int_0^{t_e} E_e \mathrm{d}t \quad (J/m^2) \qquad (2-2-13)$$

$\int_0^{t_e} E_e \mathrm{d}t$ 相当于在 0 至 t_e（光辐射作用时间）的时间内，火球辐射功率 P 的积分除以半径为 r 的球的表面积，即

$$U = \frac{\int_0^{t_e} P \mathrm{d}t}{4\pi r^2} \quad (J/m^2) \qquad (2-2-14)$$

$\int_0^{t_e} P \mathrm{d}t$ 即核爆炸光辐射能量 E_G，因此光冲量又可用下式表达：

$$U = \frac{E_G}{4\pi r^2} \quad (J/m^2) \qquad (2-2-15)$$

由式(2-1-6)可知，E_G 又可用下式表达：

$$E_G = f_G Q \times 4.19 \times 10^{12} \quad (J) \qquad (2-2-16)$$

因此，当仅考虑几何衰减而忽略大气吸收散射引起的衰减时，光冲量可用下式计算：

$$U = \frac{f_G Q \times 4.19 \times 10^{12}}{4\pi r^2} = \frac{3.33 \times 10^{11} f_G Q}{r^2} \quad (J/m^2) \qquad (2-2-17)$$

如果是空爆，大气能见度又较好，离爆心几千米范围内 f_G 可取通常所说的光辐射占总能量的 35%，即 0.35，上式又可简化为

$$U = \frac{1.17 \times 10^{11} Q}{r^2} \quad (J/m^2) \qquad (2-2-18)$$

式中：Q 的单位是 kt，r 的单位是 m。对于触地爆炸和地面核爆炸，式中 f_G 以 f_d 代替，经整理得地面核爆炸光冲量计算公式如下：

$$U = \frac{3.33 \times 10^{11} f_d Q}{r^2} = \frac{(4.662 + 0.1365 h_B) \times 10^{10} Q}{r^2} \quad (J/m^2) \qquad (2-2-19)$$

2. 考虑大气衰减时的光冲量计算

如果目标离爆心较远，大气能见度差，则光冲量的计算中必须考虑大气的吸收与散射作用对光辐射的衰减。光辐射在大气中传输时会受到多种因素影响，例如大气成分不同时，对于光辐射中某种波段光线的衰减会有较明显的影响；大气密度的不均匀性会对光辐射传播产生影响；散射作用在近距离上使光辐射衰减，而在远距离上增强，甚至散射光可占主要份额。这种情况下计算光冲量必须考虑大气透射率：

引入大气透射率后，对于空中核爆炸，有

$$U=\frac{3.33\times10^{11}f_{\mathrm{G}}Q}{r^2}\tau \quad (\mathrm{J/m^2}) \tag{2-2-20}$$

对于地面核爆炸，有

$$U=\frac{(4.662+0.1365h_{\mathrm{B}})\times10^{10}Q}{r^2}\tau \quad (\mathrm{J/m^2}) \tag{2-2-21}$$

图 2-2-2 为大气的平均衰减系数 μ 随爆高变化的曲线，H 为爆炸高度(km)。

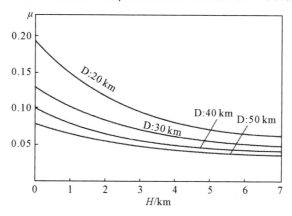

图 2-2-2 大气的平均衰减系数 μ 随爆高变化曲线

例 当核爆炸当量为 1000 kt，爆高为 2 km，大气能见度为 30 km 时，求距爆心投影点 10 km 处的光冲量。

解 (1)求距爆心距离 r：

$$r=\sqrt{R^2+H^2}=\sqrt{10^2+2^2}\approx10.2\ \mathrm{km}$$

(2)求斜程平均大气衰减系数 μ，可通过式 2-2-16 计算得到，或从图 2-3-2 上查 $H=2$ km 与 $D=30$ km 曲线的交点的纵坐标 $\mu=0.081$。

(3)求出大气透过率 τ：

$$\tau=\mathrm{e}^{-0.081\times10.2}+0.23(0.081\times10.2)^{1.5}\mathrm{e}^{-0.65\times0.081\times10.2}=0.537$$

(4)求比高：

$$h_{\mathrm{B}}=\frac{2000}{\sqrt[3]{1000}}=200\ \mathrm{m/kt^{-1/3}}，属大比高空爆。$$

(5)求光冲量：

$$U=\frac{3.33\times10^{11}\times0.31\times1000}{(10.2\times1000)^2}\times0.537=5.32\times10^5\mathrm{J/m^2}$$

三、光辐射的作用时间

火球是光辐射之源，从闪光开始，直至火球温度降至不再发光变成一团烟云为止。火球存在的时间，就是光辐射的作用时间。

光辐射的作用时间与核爆炸当量和比高有密切的关系，可以用下式计算。

$$t_e = 0.69\,(KQ)^{0.42} \quad (\text{s}) \tag{2-2-22}$$

式中：K 为比高系数，是某一比高核爆炸火球的能量密度与空爆时火球的能量密度之比。空爆时，$K=1$；比高为 0 m/kt$^{1/3}$ 的触地爆炸，$K=2$；比高为 $(0\sim60)$ m·kt$^{-1/3}$ 的地爆，K 值由下式确定

$$K = \frac{4}{2 + \dfrac{h_B}{20} - \left(\dfrac{h_B}{60}\right)^3} \tag{2-2-23}$$

根据上式算出不同比高的比高系数 K 值列于表 2-2-1。

表 2-2-1　不同比高时比高系数 K 值

比高 h_B (m·kt$^{-1/3}$)	0	1	2	3	4	5	6	7	8
比高系数 K	2	1.951	1.905	1.861	1.818	1.778	1.740	1.703	1.668
比高 h_B (m·kt$^{-1/3}$)	9	10	11	12	13	14	15	16	17
比高系数 K	1.635	1.603	1.572	1.543	1.515	1.488	1.463	1.438	1.415
比高 h_B (m·kt$^{-1/3}$)	18	19	20	21	22	23	24	25	26
比高系数 K	1.392	1.371	1.350	1.330	1.311	1.293	1.276	1.259	1.243
比高 h_B (m·kt$^{-1/3}$)	27	28	29	30	31	32	33	34	35
比高系数 K	1.227	1.213	1.199	1.186	1.172	1.160	1.148	1.137	1.126
比高 h_B (m·kt$^{-1/3}$)	36	37	38	39	40	41	42	43	44
比高系数 K	1.116	1.106	1.097	1.088	1.080	1.072	1.085	1.058	1.061
比高 h_B (m·kt$^{-1/3}$)	45	46	47	48	49	50	51	52	53
比高系数 K	1.045	1.039	1.034	1.029	1.024	1.020	1.016	1.013	1.010
比高 h_B (m·kt$^{-1/3}$)	54	55	56	57	58	59	60	大于 60	
比高系数 K	1.007	1.005	1.003	1.002	1.0008	1.0002	1	K 值均为 1	

为什么相同当量的核爆炸，火球触地以后，发光时间会延长？而且火球触地部分越大，亦即地爆的比高越小，火球发光时间即光辐射作用时间越长？主要原因是：火球触地后，火球呈球缺形或半球形（触地爆炸），火球内的能量密度会因体积缩小而增大。假设忽略地面对火球的能量消耗，到达地面的能量全部反射回火球，那么在火球变形后其比例半径不变的条件下，对于触地爆炸，火球的能量密度恰好比空爆时增大一倍，故 K 值取 2；比高增大，火球触地部分减少，能量密度增加有限，故 K 值介于 1 与 2 之间。

四、最小照度出现时间

图 2-2-3 显示了火球表观温度随时间的变化曲线。这个温度描述了从火球外部观测到的火球表面平均温度，是火球向外辐射的能力，有时称为全波有效温度或辐射温度，但需要注意的是表观温度并不代表火球表面或内部的真实温度。

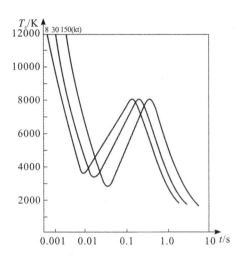

图 2-2-3　三种当量的核爆炸火球表观温度随爆后时间的变化曲线

亮度是描述发光体表面发光强弱的物理量，取决于火球温度，而照度则取决于辐射功率。核试验的结果表明：在可见光和近红外波长范围内，火球的单色亮度、单色照度、全波亮度与全波照度的变化规律基本相似。它们的最大值和最小值时间都随当量增大而延长；同一当量，极值时间随波长增大而指数下降，图 2-2-4 为最小照度出现时间与波长的关系。

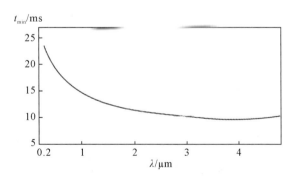

图 2-2-4　最小照度出现时间与波长的关系

全波亮度与全波照度的变化规律基本相似，但二者极值出现时间稍有差别：最小亮度出现时间比最小照度出现时间晚，也就是说火球表观温度尚未达到最低点时，最小照度已经出现；而第二脉冲最大亮度出现时间却比最大照度出现时间早，也就是说火球表观温度虽已达到第二脉冲最大值，而最大照度尚未出现。

从式（2-1-4）可以看出辐射功率 P 不但随温度变化，而且也随火球半径变化。最小照度出现在火球还在膨胀、而温度已开始下降的某一时刻；在第二脉冲阶段，当温度达到最大值时，便出现亮度最大值，而由于火球在继续膨胀，故照度最大值出现在温度虽然有些下降但火球半径更大的时候。从核试验的结果知道光辐射的几个极值都与核爆炸当量有密切的关系，因此从理论上说只要测出任一极值出现时间，均能推算出核爆炸当量。但第一脉冲极大值很难测准，而测得的亮度最小值和亮度第二极大值出现时间数据精度不高，因此通常以最小照度出现时间来判定当量。

通过分析多次核试验获得的大量数据，得出用近红外宽波段响应的硅光电二极管测量最小照度出现时间 t_{Emin} 为

$$t_{Emin} = 3.76\,(KQ)^{0.426}　　(ms) \tag{2-2-24}$$

式中的 K 为比高系数。硅光电二极管的响应波长范围为 $(0.8\sim0.9)\,\mu m$，如果采用其他敏感波长的探测器来测量最小照度出现时间，上述公式系数将发生改变，具体系数见表 2-2-2。

表 2 - 2 - 2　$t_{Emin} = A_\lambda\,(KQ)^m$ 系数值

波长/μm	0.4088	0.4550	0.5457	0.6590	0.7470	0.8000~0.9000
A_λ	4.43	4.50	4.18	3.95	3.35	3.76
m	0.43	0.43	0.43	0.43	0.43	0.426

若已知最小照度出现时间求核爆炸当量，则

$$Q = \frac{0.0445}{K}(t_{Emin})^{2.35}　　(kt) \tag{2-2-25}$$

当比高未知时，可先以 $K=1.33$ 试算，将试算所得的当量与测得的爆高相比，计算出新的比高。然后以这个新算出的比高，算出 K 值，此时求出的当量值，不确定度可小于 $\pm10\%$。

例　核爆炸观测哨测出爆高为 185 m，最小照度出现时间为 20 ms 时，核爆炸当量为多少？

解　(1) 比高未知，先以 $K=1.33$ 试算：

$$Q = \frac{0.0445}{1.33} \times (20)^{2.35} = 38.2\ kt$$

(2) 以 $Q=38.2$ kt 求比高：

$$h_B = \frac{185}{\sqrt[3]{38.2}} = 54.41\ m/kt^{1/3}$$

(3) 计算 K 值：

$$K = \frac{4}{2 + \frac{54.41}{20} - \left(\frac{54.41}{60}\right)^3} = 1.006$$

(4) 以 $K=1.006$ 求 Q：

$$Q = \frac{0.0445}{1.006}(20)^{2.35} \approx 50\ kt$$

第三节　光辐射的杀伤破坏作用

一、光辐射对不同目标的杀伤破坏作用

光辐射照射在物体上时，一部分被物体表面反射，一部分被物体吸收，如果是透明或半透明物体，还有一部分光辐射会透过该物体并最终照射在其他物体上。光辐射能量被物体吸收后，光能转变为热能，物体温度升高，这就是光辐射的热效应。物体的温度超过某一个限值，物体便可能被灼焦、熔化或燃烧，造成杀伤和破坏。由于光辐射作用于物体的时间很短，热传导只会消耗少量热能（金属等良导体除外），物体吸收的能量大部分仅集中于表层，因此一般表现为物体表面烧焦、炭化或燃烧。

1. 对人员的杀伤作用

光辐射可以通过多种方式（直接的、间接的）在短时间内造成大批人员烧伤。

人体朝向爆心一侧的脸、手、颈等暴露部位皮肤表面层吸收光辐射能量后，引起的皮肤烧伤，称皮肤的光辐射烧伤。烧伤的程度，根据吸收光辐射能量多少和皮肤的状况而定，轻者皮肤产生红斑，重者会起泡甚至灼焦。

光辐射烧伤并非仅发生在身体的暴露部位，有些部位虽有遮盖，但如果传导足够的光辐射能量，也能造成皮肤的光辐射烧伤，如穿着深色、较薄又易导热的衣服容易发生衣下烧伤。当光冲量值小于衣服毁坏阈值时，衣服具有一定的保护作用；若衣服受光辐射作用被熔化或燃烧时，则会加重皮肤烧伤程度。

光辐射是沿直线传播的，一般只有照到的部位才被烧伤，未直接照到或有阴影的地方一般不会烧伤或伤情较轻。在日本广岛核爆时，有一个戴帽子的人，由于帽子保护了头部，帽檐阴影还保护了前额，因此头部和前额未被烧伤，而直接被照射的面部则受到了严重烧伤。

光辐射烧伤程度通常采用"三度四分法"来进行划分。

（1）一度烧伤：仅烧伤皮肤表皮角质层、透明层和颗粒层，有时可伤及棘状层，但生发层（基底层）仍在，不影响细胞再生。主要特征是皮肤出现红斑，并有轻度肿胀疼痛和烧灼感，以后受伤部位逐渐变为褐色，有鳞屑脱落，通常在 $3\sim7$ 天内症状消失，不留任何痕迹，致伤所需光冲量约 1.26×10^5 J/m^2。

（2）浅二度烧伤：一般伤及整个表皮及真皮浅层。主要特征是局部剧痛，有红肿和水疱形成。水疱溃破后可见红润的创面上网状的毛细血管丛，烧伤后 $1\sim2$ 天更为明显。其渗出液较火焰烧伤少，如无感染，$7\sim14$ 天内在脱痂过程的同时也完成了创面的痂下愈合，有较长时间的色素沉着，致伤所需的光冲量约为 2.10×10^5 J/m^2。

（3）深二度烧伤：一般已伤及真皮层，仅残留深部皮肤附件。主要特征是局部肿胀，痂皮苍白或棕黄，质较韧，感觉迟钝，体温较低，如无明显感染，残存的附件上皮增生可形成上皮岛，并向四周扩展，在自溶脱痂的过程中逐渐愈合，愈合后多遗留有瘢痕，愈合时间需 $20\sim30$ 天，致伤所需光冲量约为 3.35×10^5 J/m^2。

（4）三度烧伤：已伤及皮肤全层以至皮下组织，皮肤附件也被完全破坏。主要特征是局

部苍白、黄褐或焦黄，干燥，体温较低，认知与感觉丧失，焦痂厚而坚实，呈皮革样，一般均需植皮才能使创面愈合，致伤所需光冲量约为 4.61×10^5 J/m²。

在大多数情况下，光辐射烧伤深度较浅，这是因为核爆炸时，光冲量虽然很大，但作用时间很短，热量集中在浅层，不易伤及皮肤深层。所以，除在爆心近距离内可出现大面积的深度烧伤，大多数烧伤仍以二度烧伤为主。大当量核爆炸时，因光辐射作用时间较长，深度烧伤会有增加，但从整体看，仍以二度烧伤较为多见。

光辐射烧伤中，头面部和手的烧伤发生率很高。头面部皮下组织松弛，神经、血管丰富，烧伤后渗出液较多，水肿严重，造成睁眼和张口困难。如烧伤较深，水肿可向内蔓延，压迫颈内静脉而引起脑水肿，或向下蔓延，压迫呼吸道引起呼吸困难以致窒息，但这样的伤员很少，如处理得当，愈后多恢复良好。外耳是暴露的凸出部分，故较易发生三度烧伤；手经常暴露，烧伤发生率较高，烧伤愈合形成瘢痕后引起弯缩，造成功能障碍，所以在治疗上，早期应注意保持和恢复手的功能。

光辐射烧伤面和普通烧伤面的区别：① 光辐射烧伤，有方向性，边缘比较清楚，普通烧伤无此特点；② 光辐射烧伤的烧伤程度较一致，一般不会出现个别部位烧伤特别严重的情况，而普通烧伤有重有轻，各部分烧伤程度可能相差很大；③ 光辐射烧伤创面较干燥，水肿也较轻；普通烧伤也会造成较严重的水肿。

呼吸道烧伤不是光辐射直接照射的结果，而是由于吸入热气流、火焰或炽热的泥沙所致。我国多次核试验的结果表明，在开阔地面上发生呼吸道烧伤的动物，均同时伴有较严重的皮肤烧伤。在百万吨级氢弹试验中，鼻前庭烧伤边界接近于皮肤重度烧伤边界，而气管烧伤边界与皮肤极重度烧伤边界接近，肺烧伤边界则发生在皮肤极重度烧伤边界半径三分之一以内。

工事内动物发生呼吸道烧伤时，皮肤烧伤通常很轻，但崖孔内动物发生呼吸道烧伤时，通常较开阔地面动物的呼吸道烧伤更严重。可能这与崖孔内散热较慢，高温空气持续作用时间较长有关，在某次百万吨级氢弹试验中，距爆心投影点 2.7 km 处利用热电偶测量的结果表明，崖孔内温度上升比地面慢，下降则更慢。由木质材料构筑的各种工事（如土木掩蔽部、有木质门、盖的崖孔、避弹所和各种人防工事等）在光冲量大于 4.61×10^5 J/m² 的地域内，迎爆面的木质门、盖会燃烧，可使工事内的人员吸入火焰而引起呼吸道烧伤。近距离装甲车辆内人员也可能发生呼吸道烧伤，其发生条件是：装甲车辆内部易燃物品燃烧；在冲击波作用下密封性能被破坏，致使热气流进入车内，炽热的甲板使内部温度急剧升高，但散热却很慢。

呼吸道烧伤与光冲量的关系，历次核试验的结果差异较大，原因是呼吸道并非由于光辐射直接作用而致伤。但光冲量与空气温度有一定联系，而热气流又是造成呼吸道烧伤的主要原因，因而仍可以从光冲量大小来概略推断呼吸道烧伤的发生情况：鼻前庭致伤的光冲量为 $8.80 \times 10^5 \sim 1.51 \times 10^6$ J/m²；喉、气管（隆突以上）和主支气管致伤的光冲量为 $1.42 \times 10^6 \sim 2.01 \times 10^6$ J/m²；肺致伤的光冲量为 $2.18 \times 10^6 \sim 4.94 \times 10^6$ J/m²。

眼烧伤主要有眼睑烧伤、角膜烧伤和视网膜烧伤等情况。

（1）眼睑烧伤：眼睑烧伤实际上是脸部烧伤的一部分，发生率相当高。由于眼睑较薄，内层血管丰富，烧伤后眼睑结合膜多发生明显的炎症，因此伤后短时间内会出现显著的红肿，并有大量渗出液，致使眼睑闭合，从而影响行动能力。如伴有严重感染，发生组织坏死和瘢痕形成时，则可能发生倒睫、眼睑内翻或外翻；伴有角膜损伤时，眼睑的感染往往引起角膜感染化脓，如处理不当，可严重影响视力，甚至失明。

（2）角膜烧伤：角膜主要由透明的结缔组织构成，表面有泪水湿润，对光能吸收甚少，可光见和红外线大多可以直接透过，因此造成角膜烧伤的光冲量阈值较皮肤烧伤要高，动物实验表明造成角膜烧伤的光冲量与皮肤深二度烧伤的光冲量相近。由于角膜烧伤光冲量阈值高，加上强光作用下常引起闭眼反射，因此发生率较低。

值得注意的是，核爆时用炮队镜、坦克潜望镜和光学核观测仪观测的人员，造成角膜烧伤的光冲量值降低，致伤半径增大。以某次百万吨级氢弹空爆试验为例，地面暴露的狗角膜致伤光冲量阈值为 8.25×10^5 J/m²，而炮队镜下模拟观测的家兔，角膜致伤光冲量只有 1.66×10^5 J/m²，对照组的家兔在光冲量为 $2.56 \times 10^5 \sim 5.87 \times 10^5$ J/m² 的条件下，无一例发生角膜烧伤。核试验中还曾发现布放在堑壕、崖孔（背向爆心）内的动物有的也发生了角膜烧伤，这可能是受热气流损伤的结果。

（3）视网膜烧伤：视网膜是眼球内视物成像的一层膜，视网膜烧伤在平时不易发生，是核爆炸时发生的特殊损伤。它是由于光辐射进入眼内，通过屈光系统聚焦于视网膜上，使其单位面积上所受的实际光冲量较聚焦前增加 $10^3 \sim 10^4$ 倍。实测表明，光冲量达 4.19×10^3 J/m² 时就可能造成视网膜烧伤，而造成皮肤浅二度烧伤最小的光冲量却需 2.10×10^5 J/m²。光辐射是否会造成视网膜烧伤，主要取决于核爆炸时人员是否睁眼直视火球。只有直视火球，才易造成视网膜烧伤，散射光进入眼球后在整个眼底均匀分布，不易造成眼底烧伤。另一个重要因素就是瞳孔的大小，瞳孔散大时，视网膜烧伤的发生率较高，损伤也较重，故视网膜烧伤常发生在夜间户外人员身上。另外，与大气能见度也有密切关系，能见度越大致伤边界越远。

闪光盲是指核爆炸时因强光刺激而引起的暂时性视力下降。由于它发生范围很广，对部队，特别是对指挥、飞行和观测人员的作战行动会产生一定的影响，甚至会影响到飞行人员的安全，因此要引起充分的重视。

闪光盲的发生机制是由于人眼在长期生物进化过程中已适应于地球上夜间的微光和白昼的太阳光，超过了这个范围，正常的视觉功能就会受到影响或破坏。核爆炸闪光与火球的亮度比太阳亮十几或几十倍，强光作用于人眼后，使视网膜上感光的化学物质（视杆细胞中的视紫红质和视锥细胞中的视紫质）被漂白分解，从而造成视力下降或暂时性失明。

闪光盲通常以恢复时间的长短来确定其轻重程度：恢复愈早，程度愈轻；反之则愈重。闪光盲的发生情况与爆前眼睛所处的背景光有密切关系：如处于强光（太阳光）背景下，造成闪光盲所需的阈值较高；如处于弱背景光（阴暗处）时则阈值较低，两者相比，相差 3～5 倍。表 2-3-1 给出了不同背景光条件下造成人员不同程度闪光盲所需的阈值。

表 2-3-1　造成人员不同程度闪光盲所需的阈值

（强光作用时间为 3 s）

恢复时间/s		1	2	3	4	5	6	7	10
致伤阈值/ (J/m²)	暗视	0.26	0.76	1.18	1.66	2.04	2.39	2.77	4.00
	明视	1.31	3.06	4.33	5.57	6.68	7.80	8.85	12.2

核爆时造成闪光盲持续 10 s 所需的光辐射能量,在白天约为 92.2 J/m²,在夜间约为 3.65 J/m²。如此小的光冲量,其作用范围是非常大的。

闪光盲的特点:① 发生边界远,万吨级空爆试验时,皮肤一度烧伤边界约 5 km,在 34 km 处发现有视网膜烧伤,82 km 处发现闪光盲;② 症状持续时间很短,主要症状是视力下降,并有眼发黑、眼花、视物模糊等症状,较严重者伴有色觉机能异常、空间视幻觉和植物神经功能紊乱(如头晕、头痛、恶心、呕吐)等症状,但一般在几秒钟到三四小时内可恢复正常,恢复后不留任何后遗症;③ 影响因素较多,即使核爆炸时同在一处,有人闪光盲症状轻、有人重、有人没有,这与每个人对光的适应能力、有无防护措施和健康状况等因素有关。

人员的光辐射烧伤伤情,是依据烧伤面积、深度和被烧伤部位等综合判定的。以下给出夏季着装时开阔地面暴露人员的不同光冲量致伤情况:

(1) 轻度烧伤:轻度烧伤是指二度烧伤面积在 10% 以下。引起轻度烧伤的光冲量值是 $2.10 \times 10^5 \sim 6.29 \times 10^5$ J/m²,症状一般不明显,通常不会丧失行动能力。

(2) 中度烧伤:中度烧伤是指二度烧伤面积在 10%~20%,或三度烧伤面积在 5% 以下。引起中度烧伤的光冲量值为 $6.29 \times 10^5 \sim 1.26 \times 10^6$ J/m²,症状较明显,受伤者有一定概率发生休克,但伤情多不严重,如无全身性严重感染等并发症,一般不会发生死亡,有的伤员会失去行动能力。

(3) 重度烧伤:重度烧伤是指二度烧伤面积在 20%~50% 之间,或三度烧伤在 5%~30% 之间,或烧伤面积虽不超过 20%,但有呼吸道烧伤或颜面和会阴部的深二度与三度烧伤,引起重度烧伤的光冲量值是 $1.26 \times 10^6 \sim 2.10 \times 10^6$ J/m²,症状一般均很严重,早期多发生休克,不久即进入感染期,持续数天至数周,这类伤员会很快失去行动能力,但如经积极救治,绝大部分都能治愈。

(4) 极重度烧伤:极重度烧伤是指二度烧伤面积在 50% 以上,或三度烧伤面积在 30% 以上,或伴有严重呼吸道烧伤者,引起极重度烧伤的光冲量值大于 2.10×10^6 J/m²,这类伤员早期多有严重的休克,感染出现早而重,伤员在伤后立即失去行动能力,治疗困难。

结合本章第二节关于光冲量的计算方法,以下给出 1×10^5 kg TNT 当量,爆高为 2 km 的核爆炸光冲量随距离变化,并标出造成不同类型烧伤的区域,如图 2-3-1 所示。

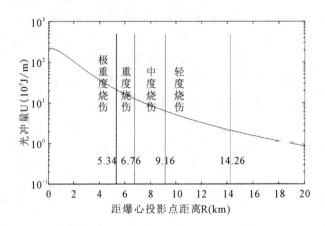

图 2-3-1　1×10^5 kg TNT 当量,爆高为 2 km 的核爆炸光冲量随距离变化情况

上述伤情分级只是一般的规定，对每个伤员来说，还需要结合具体情况进行判断。如烧伤又伴有其他损伤时伤情会加重；体弱者的死亡率、休克发生率和败血症发生率均较健康青壮年的高，伤势也更重。

2. 对物体的破坏作用

光辐射能对武器、技术装备、通信、雷达器材、后勤物资和工程设施等中的易燃（木、棉、草、油料）、易熔（塑料制品）、易炭化（橡胶）等的部位起到破坏作用。在森林地、城市居民地等处，光辐射会引燃纸张、垃圾、家具、干树枝等易燃物进而会导致火灾。火灾又将使更多的物体被烧毁，这属于光辐射对物体的间接破坏。光辐射对物体的直接破坏描述如下。

（1）装甲车辆：光辐射能使车外帆布制品、油漆、导线烧蚀，甚至可使水箱、机油散热器被烧坏。车内的油料、弹药在车辆密封性未遭破坏时，一般不会燃烧或爆炸。

（2）火炮：光辐射可使火炮瞄准镜密封油灰、防尘油等熔化、汽化，沾染镜面，造成观察模糊或不能观察；同时还可使水准气团和玻璃镜片受热炸裂，影响观测；可使火炮外露的照明、发火电线和电缆的表层灼焦、炭化；使火炮液量检查表和仪器壳体等薄板件被烧蚀、烧熔；使木质手柄、座垫、护圈等木、麻、胶制品被烧蚀，严重时会被烧毁。

（3）地面上的喷气式飞机：当光冲量达 2.1×10^5 J/m^2 以上时，透过座舱盖有机玻璃的光辐射，可使座舱内罩布、枕垫等易燃物灼焦、燃烧，从而将座舱盖的有机玻璃熏黑，甚至局部烤熔起泡，造成飞机不能升空作战。飞机轮胎向着爆心的一面，当光冲量为 $4.19\times10^5\sim1.26\times10^6$/m^2 时，一般只烧损表层，不影响安全使用；当光冲量更大时，则可能烧坏轮胎内层，影响安全使用。

（4）舰艇：光辐射能使舱面上暴露的易燃物如木舢板、挂旗及帆缆、救生器材等被灼焦或燃烧，使水线以上的油漆层烧黑、起泡，甚至会使熔点较低的薄金属构件（如雷达天线等）熔化。在舱室未失去密封性能时，舱内物资在光辐射下不会被引燃、水中兵器在光辐射作用下一般不会发生诱爆。如某深水炸弹，核试验中受到光辐射照射时，光冲量达 9.64×10^6 J/m^2，也只是弹体表面油漆被烧损，并未引起爆炸。

（5）轻武器：光辐射易使枪衣、背带等棉制品燃烧，或使漆层烧蚀。当光冲量值达 $6.29\times10^5\sim1.2\times10^6$ J/m^2 时，木质枪托及护木的表层会出现炭化，当光冲量值约达 4.19×10^6 J/m^2 以上时，会使轻武器外露的和薄壁金属件内的小弹簧退火失效，甚至使低熔点件熔化，使薄壁件烧穿。

（6）弹药：加农（高炮）炮榴弹、迫击炮弹和箱装枪弹，当光冲量达 $2.10\times10^6\sim3.77\times10^6$ J/m^2 以上时，可使炮弹的发射药燃烧，炸药熔化，药筒、薄壁弹丸和引信炸裂，尾翼退火，影响使用或不能使用，暴露在地面上的无坐力炮弹、火箭弹、反坦克导弹和手榴弹等易遭光辐射损坏；光冲量为 $5.03\times10^6\sim7.54\times10^6$ J/m^2 以上时，可使无坐力炮弹衬纸被烧穿，严重时会导致发射药燃烧；当光冲量达 $1.26\times10^6\sim1.89\times10^6$ J/m^2 以上时，可使 40 火箭弹弹体烧蚀，发射药纸筒烧破，严重时发射药燃烧、弹体炸裂；当光冲量达 2.30×10^6 J/m^2 以上时，可使旋转火箭弹的导电盖烧蚀或熔化。

（7）地雷：光辐射对埋设的地雷一般不会造成破坏，对敷设的地雷，光冲量在 5.03×10^6 J/m^2 以上时才能烧坏。

（8）载重牵引汽车：当光冲量达 1.05×10^3 J/m^2 时汽车中的坐垫、靠背、方向盘被烧损，车厢拱板局部烧断，驾驶室篷布烧焦后整块被冲击波吹走。车上油箱漏油或被冲击波破坏后，车上及其附近的油棉纱等易燃物，受光辐射照射被点燃后，有时会导致整车烧毁。

（9）架空明线：木质电杆和被覆的电缆、电线最易受到光辐射的破坏。例如在百万吨级氢弹空爆时，松木电杆在光冲量 $6.29×10^5$ J/m² 的光辐射作用下被烧断。

（10）敷设的野战线路：被覆线和电缆的绝缘材料是塑料、橡胶、棉纱和蜡，熔点和燃点都较低，光冲量值达到 $4.61×10^5$ J/m² 以上时，可使这些绝缘层燃烧；光冲量达 $8.80×10^5$ J/m² 以上时，野战电缆的绝缘层会遭到不同程度的破坏。绝缘材料受光辐射破坏的程度和它们的材料性质、颜色都有密切关系，而颜色深浅的差别更为明显。例如当量为 $4500×10^6$ kg 的氢弹空中爆炸，距爆心投影点 10 km 处敷设的黑、蓝、黄三种颜色的轻型被复线，黑色的塑料绝缘层几乎被烧光，蓝色的绝缘层多处烧损，有些地方芯线外露，而黄色的绝缘层只是外表有些发黏。对埋设的野战线路，即使是只盖一层几厘米的土层也会起到防护作用，使线路不受光辐射的破坏。

（11）通信机：光辐射能使开阔地面上通信机易燃的零、部件和附属设备被烧损。当光冲量达到 $2.93×10^5$～$1.26×10^6$ J/m² 时，能使通信机表面的橡胶、胶木、有机玻璃和棉布等制品被烧损。

（12）通信、雷达车辆及车内设备：这些车辆的薄弱部位是车厢、车门和驾驶室。木质通信车的车厢，在光冲量达 $6.70×10^5$ J/m² 以上时，车厢会被引燃以致烧毁。

（13）被服、装具等人造丝、棉、麻类制品会被光辐射灼焦而缩短使用年限，严重时甚至会炭化、燃烧。薄的合成纤维、塑料、橡胶类物品会发硬变形，严重时会熔融、烧蚀；对于厚的塑料、橡胶类物品，会使表面层被烧蚀，具体破坏所需光冲量值见表 2-3-2。

表 2-3-2　光辐射对后勤物资破坏的光冲量值(J/m²)

破坏程度	烧焦或发硬	燃烧或烧蚀
草绿色斜纹布单军服	$1.68×10^5$～$3.77×10^5$	$4.19×10^5$～$5.87×10^5$
草绿色的确良单军服	$1.26×10^5$～$3.35×10^5$	$5.03×10^5$～$6.70×10^5$
漂白棉斜纹布单军服	$2.93×10^5$～$5.03×10^5$	$5.45×10^5$～$7.12×10^5$
草绿棉卡其布罩服	$2.51×10^5$～$4.61×10^5$	$5.05×10^5$～$6.70×10^5$
漂白棉卡其布罩服	$3.77×10^5$～$5.87×10^5$	$6.29×10^5$～$7.96×10^5$
氯丁胶雨衣	$2.10×10^5$～$5.03×10^5$	$5.45×10^5$～$7.54×10^5$
棉帆布盖布	$1.68×10^5$～$5.45×10^5$	$3.35×10^5$～$6.70×10^5$
塑料伪装网	$1.26×10^5$～$2.51×10^5$	$3.35×10^5$～$5.03×10^5$
塑料薄胶或假树枝伪装网	$2.51×10^5$～$5.45×10^5$	$5.03×10^5$～$1.01×10^6$

（14）主副食品、药品：光辐射能使贮存的主副食品因库房或粮仓等着火而烧毁。成熟的庄稼如稻、麦等，当光冲量达 $4.19×10^5$～$6.29×10^5$ J/m² 时，即会着火燃烧；青庄稼，光冲量达 $2.9×10^6$～$3.77×10^6$ J/m² 才能着火燃烧。

（15）机场跑道混凝土路面：强烈的光辐射，如光冲量值达 $8.38×10^6$ J/m² 以上时，能使混凝土路面烧熔，轻者只表层烧熔，基本不影响使用；较重者路面起泡较多，呈黑绿色琉璃状，表面粗糙，对使用有一定影响；重者严重起泡、松动、脱皮、表面粗糙，影响飞行安全。

（16）人防、野战、永备工事：光辐射主要作用于被覆材料和可燃物质上，引起燃烧，如果引起大火会严重危及工事和工事内人员的安全。

（17）城市建筑物：木质建筑物或建筑物的木质部分以及室内的窗帘、木质家具等受光辐射照射后会被灼焦、炭化，甚至燃烧。这些零星燃烧的小火或暗火如不及时地扑灭和清除，则蔓延、发展起来，可能会引起大面积的城市火灾，大火灾能够使整个居民区的建筑物被烧毁。

二、影响光辐射杀伤破坏作用的因素

1. 核爆炸当量的影响

光辐射对人员和物体的杀伤、破坏程度，主要取决于光冲量的大小，此外，与光辐射作用时间的长短也有关。在其他条件相同时，核爆炸当量越大，光冲量越大，光辐射作用时间也越长。表 2-3-3 为不同当量的触地爆炸距离爆心 2 km 处的光冲量和光辐射作用的时间。表 2-3-4 为不同当量触地爆炸同一光冲量的不同作用距离和作用时间。

表 2-3-3　不同当量的触地爆炸距离爆心 2 km 处的光冲量和光辐射作用的时间

（大气能见度为 30 km）

核爆炸当量 Q/kt	1	2	5	10	20	100	200	1000
光冲量 U/(J/m²)	9.22×10^3	1.84×10^4	4.61×10^4	9.22×10^4	1.84×10^5	9.22×10^5	1.84×10^6	9.22×10^6
光辐射作用时间 t_e/s	0.92	1.23	1.81	2.4	3.2	6.4	8.5	16.8

表 2-3-4　不同当量的触地爆炸相同光冲量值的距离和光辐射作用时间

（大气能见度为 30 km）

核爆炸当量 Q/kt	1	2	5	10	20	100	200	1000
光冲量 U/(J/m²)	4.61×10^4							
距爆心距离 r/ km	1.3	1.5	2.0	4.1	5.5	11.5	14.0	24.0
光辐射作用时间 t_e/s	0.92	1.23	1.81	2.4	3.2	6.4	8.5	16.8

可以看到，不同当量的触地爆炸，对目标照射相同光冲量是在不同的作用时间内完成的，离爆心的距离也不一样。光辐射作用时间加长，对于不同情况的人员、物体会产生不同的影响。小当量核爆炸，光冲量在较短的时间内作用于物体表面，使其热能来不及传导入深部，故光辐射能量沉积仅在其极薄的一层表面上，物体表面遭到严重的毁伤，但保护了内部；大当量核爆炸，同样的光冲量有足够的时间传导入其深部，故光辐射对物体表面的毁伤比小当量核爆炸受同样光冲量时要轻（注意：两者离爆心距离是不同的），但物体内部的温升则较大。

由于上述的原因，在小当量核爆炸时，薄薄的一层覆盖物，便能对物体起到较好的防护作用；在大当量核爆炸时，如果覆盖物太薄，热量仍有足够时间传导入其内部造成毁伤。表 2-3-5 列出了不同当量核爆炸对地面暴露人员造成轻重不同光辐射烧伤所需的光冲量值。

表 2-3-5　开阔地面暴露人员不同程度光辐射致伤光冲量值(J/m^2)

伤情等级	Q/kt						
	1	2	10	20	100	200	1000
轻度烧伤	5.78×10^5	5.78×10^5	5.45×10^5	1.68×10^5	2.05×10^5	2.22×10^5	2.60×10^5
中度烧伤	9.43×10^5	9.09×10^5	8.34×10^5	8.04×10^5	7.37×10^5	7.12×10^5	6.54×10^5
重度烧伤	1.59×10^6	1.54×10^6	1.42×15^6	1.38×10^6	1.27×10^6	1.22×10^6	1.13×10^6
极重度烧伤	3.28×10^6	3.12×10^6	2.77×10^6	2.64×10^6	2.34×10^6	2.23×10^6	1.98×10^6

可以看到，在轻度烧伤时，皮肤损伤仅涉及极薄的表皮，当量为 20×10^6 kg 时作用时间为 3.2 s，光冲量为 1.68×10^5 J/m^2，能造成人员光辐射轻度烧伤；当量为 1000×10^6 kg 的核爆炸，由于作用时间为 16.8 s，光辐射作用于表面时有一部分能量会传导入其深部，故造成表皮烧伤的光冲量需要大一点才行；而千吨级核爆炸，光辐射作用时间很短，来不及对皮肤造成伤害就熄灭了，只有在很近距离上受到 5.78×10^5 J/m^2 光冲量时，才能造成皮肤轻度烧伤。对于中度烧伤以上的皮肤损伤，或对厚物体的破坏，光辐射作用时间越长，要造成相同杀伤破坏程度的光冲量值便越小，如表 2-3-5 中所示。这是因为光辐射作用时间长，使得热量有时间从物体表面传入深部造成杀伤破坏作用；而同样大小的光冲量，在较短的作用时间内，只能使物体表面薄层受到过度的破坏，而热量来不及传入深部，因此毁伤深度就较浅。

不同当量核爆炸引起各度皮肤烧伤所需光冲量值，可用以下经验公式估算：

$$U=AQ^n \quad (J/m^2) \tag{2-3-1}$$

其系数 A 和 n 列于表 2-3-6 中。

表 2-3-6　计算暴露人员光辐射烧伤光冲量值公式中的 A、n 值

杀伤等级	当量范围/kt	系数 A	系数 n
轻度烧伤	1~10	5.78×10^5	0
	10~20	2.74×10^7	-1.7
	20~5000	1.30×10^5	0.1
中度烧伤	1~5000	9.43×10^5	-0.053
重度烧伤	1~5000	1.59×10^6	-0.05
极重度烧伤	1~5000	3.28×10^6	-0.0733

2. 爆炸方式的影响

爆炸方式对光辐射的杀伤破坏作用影响极大。

地下爆炸,爆心低于地面,大量热能消耗在对弹坑土壤、岩石的熔化、汽化上,能使爆心处相当数量的土壤被熔化、汽化和抛掷,因此光辐射的作用范围一般不会超过弹坑。

地面爆炸,火球触地,使爆心附近地面土壤熔化、烧蚀,近距离内人员、物体会遭到极高温度的杀伤破坏。但爆炸掀起大量尘土对火球有很大的遮蔽作用,所以光辐射杀伤破坏作用范围会受到一定限制。

空中爆炸时,由于爆高较高,火球不触地,扬起尘土较少,光辐射受大气、地形、地物的影响较小,因此杀伤破坏范围较大。在大气能见度、当量、目标离爆心距离相同的情况下:目标离爆心投影点较近时,爆高越低,光冲量越大;目标离爆心较远时,爆高越低,光冲量越小。这是因为低层大气中,含水汽、尘埃颗粒较多,爆高越低,光辐射便更多地通过低层大气,因此受到的削弱更严重些,相应的光冲量便较小。高空爆炸,尤其是 80 km 以上的高空爆炸,由于空气密度极小,形成不了足够强度的冲击波,因此光辐射能量可占总爆炸能量的 80% 左右,光辐射中软 X 射线占了 70% 以上,对于拦截入侵导弹核武器有重要作用。高空核爆炸不能形成冲击波遮挡层,光辐射便不是以两个脉冲,而是以一个脉冲的形式释放能量,由于爆高过高,X 射线不能透过下层稠密大气,对地面的人、物不会造成杀伤破坏作用,但引起闪光盲和视网膜烧伤的范围会大大增加。

3. 地形、地物的影响

任何能遮光的地形、地物,如丘陵地、山地、土堆、房屋、深沟、大弹坑等,都能影响光辐射的传播,从而影响光辐射的杀伤破坏作用。地形对光辐射的遮蔽作用如图 2-3-2 所示。

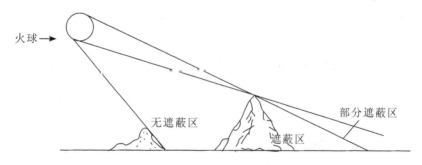

图 2-3-2 地形对光辐射的遮蔽作用

并非只要是丘陵、小山、房屋就一定能挡住或减弱光辐射的作用,能否有防护作用还要视核爆炸高度(H)、火球的半径(r_B)、离爆心投影点距离(R)和地形地物的高度而定。一般可用简单的计算来分析图 2-3-2 中遮蔽物的遮蔽区和部分遮蔽区的范围。

位于遮蔽物反斜面的目标,设目标与火球中心连线跟水平面的夹角为 α,当

$$\tan\alpha > \frac{H+r_B}{R} \qquad (2-3-2)$$

时,完全可以避免光辐射的毁伤;当

$$\frac{H+r_B}{R} \geqslant \tan\alpha \geqslant -\frac{H-r_B}{R} \qquad (2-3-3)$$

时，可以部分地避免光辐射的作用，因而减轻了光辐射对目标的毁伤。当

$$\frac{H-r_\mathrm{B}}{R}\geqslant\tan\alpha \tag{2-3-4}$$

时，遮蔽物对目标完全没有防护作用。

4. 大气状况、气象条件的影响

大气能见度直接影响到光辐射的透射率。能见度大，透射率高，光辐射的衰减就小；反之，光辐射衰减就大。表 2-3-7 列出了不同大气能见度 D 对光辐射削弱的情况。

表 2-3-7　不同大气能见度对光辐射削弱的百分数（%）

大气状况	$D/\ \mathrm{km}$	空气层厚度/ km					
		5	10	15	20	25	30
非常清洁的空气（远离城市）	100	16	29	33	45	51	56
	60	25	40	51	58	63	67
中等清洁的空气	30	40	53	67	73	78	82
含尘空气(大城市中)	10	67	82	91	96	98	～100
薄雾	2	98	约100	—	—	—	—

云层能反射光辐射，发生在云层下面的核爆炸，光辐射对地面的杀伤破坏作用会增大。阴天，在中等厚度云层下发生的核爆炸，会使地面对所受的光冲量增大约 50%。发生在云层上的核爆炸，由于光辐射通过云层会受到削弱，故地面上的杀伤破坏作用会大大减弱。

云层对光辐射的反射作用很强，削弱主要是反射、散射造成，而吸收则很少，每千米吸收 1%～1.25%。云层的反射系数、吸收系数和透射系数与云层厚度的关系如图 2-3-3 所示。

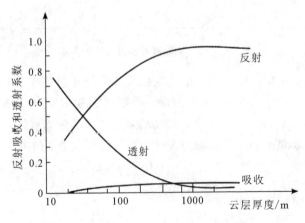

图 2-3-3　光辐射的反射系数、吸收系数和透射系数与云层厚度的关系

由于覆盖有冰、雪的地面能反射光辐射，光辐射的杀伤破坏作用会有所加强。增强的程度与冰雪表面是否光滑、清洁有关。表面越光滑、清洁，反射系数越大；反之，反射系数则越小。表 2-3-8 列出了冰、雪的平均反射系数。

表 2-3-8　冰、雪的平均反射系数

反射表面	平均反射系数
洁净的干雪	$0.85 \sim 0.95$
洁净的湿雪	0.60
很潮湿的浅灰色多孔的雪	0.45
孔隙稍多的乳蓝色的海冰	0.35

光辐射的反射系数与反射平面的入射角有关，特别是当表面光滑、反射良好（镜面反射）时。对于漫反射（粗糙）表面而言，反射系数是非常小的。知道平均反射系数（B）后，光冲量增强值（U_{xue}）可用下式计算：

$$U_{xue} \approx U(1+B) \quad (J/m^2) \tag{2-3-5}$$

5. 光辐射入射角的影响

核爆炸后离爆心不同距离处的光冲量值，均指该处与光辐射传播方向垂直的表面单位面积上在整个光辐射作用时间内所接受到的光能。对于远离爆心的物体，可以把光辐射看作平行光束，那么物体表面受照的光冲量（U）与入射光冲量（U_0）的关系为

$$U = U_0 \cos\theta \tag{2-3-6}$$

式中：θ 为入射光线与物体表面法线的夹角，θ 越大，物体实际受照的光冲量越小。这种情况在日常生活中也是常见的，每天早、晚太阳光斜射时，人影会被拉得很长，表明阳光的入射角大，地面单位面积上所受的热量小；中午阳光与地面垂直时，地面上所受的热量最大。

6. 物体性质的影响

物体本身的性质对光辐射的破坏作用有很大的影响。例如物体吸收光能的能力、导热的性能、热容量大小、熔点和燃点的高低等，对物体能否被光辐射毁伤有着重大的影响。另外，核爆炸时，物体本身的湿度、温度状况，对物体能否被毁伤，影响也很大。湿度大、温度低的物体不易被毁伤。

光辐射作用于物体，一部分被吸收（吸收系数为 K_1），一部分被反射（反射系数为 K_2），如果是透明体，还有一部分透射（透射系数为 K_3），三个系数之间存在如下关系

$$K_1 + K_2 + K_3 = 1 \tag{2-3-7}$$

物体对光辐射的吸收系数越大，遭受的破坏越严重。具体的吸收系数（K_1）、反射系数（K_2）和透射系数（K_3）的概略值列于表 2-3-9。

从表中可以看出，浅色、表面光滑、透明的物体，吸收光辐射能量很少；反之，光辐射能量被吸收得较多。在核试验场离爆心投影点的不同距离上放置多种颜色布条，氢弹爆炸

后，布条受到光辐射的作用，深色的被完全烧毁，白色的完好，而介于两者之间的布条，按照颜色深浅受到了不同程度的破坏，对比非常明显。

表 2-3-9　某些物体 K_1、K_2、K_3 的概略值

物体和材料	K_1	K_2	K_3
白色不透明物体	0.1~0.3	0.9~0.7	0
浅黄色不透明物体	0.3~0.5	0.7~0.5	0
黄色不透明物体	0.4~0.6	0.6~0.4	0
绿色不透明物体	0.6~0.7	0.4~0.3	0
黑色不透明物体	0.9	0.1	0
炭黑不透明物体	0.95	0.05	0
表面磨光的铝	0.25	0.75	0
未经加工的黑铁	0.9	0.1	0
表面精制的铜	0.4	0.6	0
花岗岩	0.8	0.2	0
松木板	0.7	0.3	0
红砖和瓦	0.8~0.9	0.2~0.1	0
无色透明玻璃（厚 3 mm）	0.02~0.03	0.08~0.07	0.9
深乳色玻璃	0.04~0.22	0.03~0.76	0.66~0.01
白纸	0.15~0.2	0.65~0.7	0.2~0.1
漂白粗平布	0.1	0.3	0.6
深蓝色华达呢	0.98	0.02	0
黑色粗呢	0.98	0.02	0
包装用粗麻布	0.84	0.18	0.2
防水粗帆布	0.77	0.23	0
军大衣毛呢	0.94	0.06	0
不透明材料上涂上的颜色： 　白色 　淡黄色 　黄色 　绿色 　黑色（无光泽） 　黑色（有光泽）	 0.1~0.3 0.3~0.5 0.4~0.6 0.6~0.7 0.9 0.95	 0.9~0.7 0.7~0.5 0.6~0.4 0.4~0.3 0.1 0.05	 0 0 0 0 0 0

如果两种物体表面吸收的光冲量相同,导热性能较好的表面温度较低;反之,则表面温升较高。例如,某次 100 kt 级地面核试验,距爆心 2 km 处放置了 1 cm 厚的松木板和硬铝板各 1 块,该处地面的光冲量值为 2.10×10^6 J/m^2,因为松木板的导热性能只有硬铝的 0.1%,再加上松木板的吸收系数比铝板大,故吸收了较多的光能,结果使松木板表面温度升至 1200℃ 而被灼焦,而硬铝板的表面温度只有 17 ℃。但是导热性能好的物体,能把热能传导到物体的深部,可以对深层产生较重的破坏作用。

物体单位体积温度改变 1 K 所吸收或放出的热量,称为体积热容量,以符号 C_V 表示。物体的热容量大小与物体受光辐射作用后的温升有很大关系。吸收同样多的光冲量,热容量大的物体温升较低,而热容量小的物体温升较高。这就是说热容量大的物体,相对来说比较不容易受破坏。

物体开始燃烧、熔化、灼焦的最低温度,分别称为燃点、熔点和灼焦点。燃点、熔点和灼焦点低的物体,如汽油、纸张、干草、木头、石蜡、塑料等,在较小的光冲量作用下就会遭到破坏。一些材料的熔点或灼焦点见表 2-3-10。

表 2-3-10 一些材料的熔点或灼焦点

材 料	铝	铜	锡	铅	钢	铸铁
熔点或灼焦点/K	813~933	1356	505	600	1573~1673	1373~1473
材 料	黏土	松树	玻璃	纤维板	生橡胶	银
熔点或灼焦点/K	1393~2063	573	733~1073	873	398	1234

受热深度,是指距被光辐射照射表面深度为 d 处,该处材料温度的升高约为被照表面温度升高的 35%。物体受光辐射照射后,受热深度 d 与导热系数 k、体积热容量 C_V 和光辐射第二脉冲照度最大值出现时间 t_{Emax2} 有关。

光射辐第二脉冲照度最大值出现时间可用下式求出:

$$t_{Emax2} = 0.044 (KQ)^{0.42} \quad (s) \tag{2-3-8}$$

受热深度 d 与导热系数 k、体积热容量 C_V 和光辐射第二脉冲照度最大值出现时间 t_{Emax2} 的关系式如下:

$$d = \sqrt{\frac{k t_{Emax2}}{C_V}} \quad (m) \tag{2-3-9}$$

如将式(2-3-8)代入式(2-3-9)可得:

$$d = \sqrt{\frac{k 0.044 (KQ)^{0.42}}{C_V}} = 0.21 \sqrt{\frac{k}{C_V}} (KQ)^{0.21} \tag{2-3-10}$$

$$= d_1 (KQ)^{0.21} \quad (m)$$

一些材料导热系数 k、体积热容量 C_V 及 1 kt 核爆炸时物体受热深度 d_1 的概略值列于表 2-3-11。

表 2 - 3 - 11　　一些材料受热深度 d_1 的概略值

材　　料	$k/(\text{J} \cdot \text{m}^{-1} \cdot \text{s}^{-1} \cdot \text{K}^{-1})$	$C_V/(\text{J} \cdot \text{m}^{-3} \cdot \text{s}^{-1} \cdot \text{K}^{-1})$	d_1/m
普通硬橡胶	0.159	1.67×10^6	6.5×10^{-5}
白色硅橡胶	0.184	1.70×10^6	6.9×10^{-5}
白色硅氟橡胶	0.210	1.66×10^6	7.5×10^{-5}
木材（横木纹）	0.210	1.09×10^6	9.7×10^{-5}
砖	0.629	1.26×10^6	1.45×10^{-4}
混凝土	0.838	1.93×10^6	1.35×10^{-4}
不透明玻璃	0.670	2.01×10^6	1.22×10^{-4}
陶瓷	1.05	2.60×10^6	1.33×10^{-4}
花岗岩	5.03	2.26×10^6	3.15×10^{-4}
大理石	2.93	2.30×10^6	2.3×10^{-4}
AC - 2 白磁漆	0.256	2.05×10^6	7.41×10^{-3}
$LY_{12}C2Al$ 合金板	121.51	2.56×10^6	1.45×10^{-3}
Al	201.12	2.39×10^6	1.95×10^{-3}
铜	385.48	3.56×10^6	2.18×10^{-3}
钢	46.09	3.94×10^6	7.35×10^{-4}

当物体的光照面的尺寸和曲率半径比受热深度 d 大得多时，可以看作平面物体。

对于厚度为 L 的均匀平板，表面单位面积吸收的光冲量（U_R）为

$$U_R = K_1 U_0 \cos\theta \quad (\text{J/m}^2) \tag{2-3-11}$$

当 L 和 d 之比小于等于 0.2 时，可以将平板看作薄物体。对于不透明的薄物体和任何厚度的透明物体，可以认为物体受光辐射作用时，在物体整个厚度上受热是均匀的，因此物体的最大温升为

$$\Delta T_{max} = \frac{K_1 U_0 \cos\theta}{C_V L} \quad (\text{K}) \tag{2-3-12}$$

在大多数情况下，物体厚度 L 比 d 要大得多。对于厚度很大的不透明物体（$L \geqslant 3d$），热传导不能使整个厚度都加热，这时被照物体的表面温升与物体的厚度无关。被照物体的表面温升可按下式计算：

$$\Delta T_{max} = \frac{2K_1 U_0 \cos\theta}{\sqrt{\pi k C_V t_{E\,max2}}} \quad (\text{K}) \tag{2-3-13}$$

当物体厚度为 $0.2d < L < 3d$ 时，被照表面的温度升高量 ΔT_q、后表面温度升高量 ΔT_k 分别按式(2-3-14)和式(2-3-15)确定：

$$\Delta T_q = \alpha_1 \frac{2K_1 U_0 \cos\theta}{\sqrt{\pi k C_V t_{E\max2}}} \quad (K) \qquad (2-3-14)$$

$$\Delta T_k = \alpha_2 \frac{2K_1 U_0 \cos\theta}{\sqrt{\pi k C_V t_{E\max2}}} \quad (K) \qquad (2-3-15)$$

式中：α_1 和 α_2 为厚度系数，它们与 L/d 比值的关系列于表 2-3-12 中。

表 2-3-12　α_1、α_2 与 L/d 的关系值

L/d	0.2	0.4	0.6	0.8	1.0	1.2	1.4
α_1	4.5	2.33	1.65	1.34	1.18	1.092	1.045
α_2	4.5	2.16	1.39	0.98	0.74	0.58	0.43
L/d	1.6	1.8	2.0	2.2	2.4	2.6	2.8
α_1	1.020	1.009	1.002	1.0013	1.004	1.0002	1.0001
α_2	0.32	0.24	0.18	0.13	0.092	0.064	0.044

7. 冲击波的影响

核爆炸瞬间，光辐射能把易燃物灼焦或点燃，但当冲击波气流速度超过 50 m/s 时，冲击波到达被光辐射引燃的物体，能将燃烧起来的火焰扑灭。

小当量核爆炸，光辐射只能引燃离爆心很近距离上的易燃物体，而在这么近的距离上，冲击波的气流速度很大，加上冲击波和光辐射又基本上是同时对目标发生作用，所以燃起的火焰将立即被吹灭，稳定的燃烧通常是不会发生的。

万吨级，特别是十万吨级以上核武器爆炸时，在冲击波气流速度小于 50 m/s 的区域，可能引起燃烧。从起火到冲击波到达，时间间隔可以达到 10～20 s，在许多情况下，火源已相当强，以致冲击波不能把火熄灭。

冲击波对火焰的熄灭作用，与火源的性质也有关系。例如，在木质结构的接合部和裂缝处，以及纺织材料的褶皱处产生的火源，要比在这些物体表面上稳定得多。还有一些材料，如干草、稻草、柴堆，光辐射可以穿透到很深处而引起燃烧，当冲击波到达时，燃起的火焰会被吹灭，但是当冲击波过后，由于阴燃的余火，又会被风煽起，所以能够再次引起燃烧。在森林中和灌木丛中的各种物体，以及干草、枯枝，发生稳定燃烧的区域比开阔地区要大一些，这是因为灌木丛和树木能够削弱冲击波气流速度，从而减小了它对火焰的熄灭作用。在城市建筑物中，室内不少家具和沙发床铺燃烧之后，冲击波不易使之熄灭，即使扑灭了明火，仍有阴燃存在，如不及时扑灭阴燃，则很可能再度变成明火，最后发展成无法控制的大火灾。

另外，冲击波能使房屋中的炉火翻倒、电线短路打火、煤气管道破裂、水管和水厂被破坏，这就使火灾更易发生，且发生后更难及时扑灭。所以城市在核爆炸后，对于防止火灾的发生必须十分重视。

第四节　对光辐射的防护

光辐射对人员、物体的杀伤破坏作用，主要是由它们吸收光能后产生的热效应造成的。防光辐射的基本出发点就是尽一切可能防止物质的温度升得太高。通常采用的光辐射防护措施有遮、避、埋、消等。

一、遮

遮，是指利用任何物体对光辐射进行遮蔽，即利用光的直线传播原理进行遮光防护。

核爆炸时，在掩盖工事内或地下室中的人员、物体，可以完全避免光辐射的危害；建筑物内，人、物只要避开窗口免受光辐射直照，就不会遭受直接毁伤；任何物体的阴影，都能保护其遮蔽区内的人员免受损害。在某次核试验中，在桥洞内、外各放置一只狗做试验，最后发现桥洞外的狗在核爆炸后受重度烧伤和冲击伤，一天后死亡；而桥洞内的狗，因桥洞的阴影防护，仅受轻度烧伤。

人员穿着宽大、厚实、浅色的服装对光辐射也具有遮蔽效果，可以起到防护作用，但是紧贴皮肤、单薄、深色的服装对光辐射的防护效果不佳，如果是化纤衣料还会熔化、粘连皮肤，此时会加重损伤。身体的自然突起部分，如鼻、眼眶、下颌等在脸部产生的阴影区，也可起到一定的防护作用。

二、避

避，就是发现核爆炸闪光后，立即避开光辐射的直接照射。

1. 对眼睛的保护

对眼睛的光辐射防护，最简单、最根本的一条，是在发现耀眼的闪光时，迅速闭眼，严禁观看火球。对于核爆炸时，不能闭眼的核观测人员、飞机驾驶人员等则要配发能保护眼睛的偏振光护目镜。

在通常情况下，人受强光刺激后，本能闭眼大约需要 0.15 s。大当量核爆炸时，靠条件反射闭眼，可以部分地保护人员不受或减轻光辐射对眼睛的伤害。没有经过训练的人，往往在本能闭眼之后，又会重新睁眼去看火球，这样眼睛仍会受到伤害。应该牢记，发现核爆炸闪光后要立即闭眼、背对闪光方向卧倒或隐蔽，千万不要看火球。

光辐射引起闪光盲和视网膜烧伤的范围，比皮肤烧伤或其他杀伤效应的伤害范围要大得多。1945 年 8 月在日本广岛、长崎遭核弹袭击的幸存者中，有的由于闪光盲暂时失明，持续了 2~3 h，但视网膜受伤者只报道过一例。英军认为闪光盲对作战行动影响极大，一次 20 kt 的核爆炸，能使在日光下的人员丧失视力 15~30 s，在夜间月光下的人员丧失视力 5 min，在夜间星光下的人员丧失视力 10 min 或更长时间。长时间的闪光盲对飞机驾驶员具有特别大的威胁，对行进中的坦克、汽车驾驶员也构成相当大的威胁。如果大量人员突然间什么都看不见了，那么将会对作战心理产生很大的影响。

应注意防止视网膜烧伤，因为视网膜烧伤后的症状持续时间长，对战斗力影响极大。通过人眼的本能闭眼，避免直视火球，视网膜烧伤的发生率一般是不大的。我国核试验中曾发生过一例未戴防护镜偷看火球造成视网膜烧伤的实例。某次万吨级空爆，大气能见度 28 km，正午离爆心投影点 34 km 处有一年轻汽车司机私自不戴防护镜偷看火球。他发现闪光后，便直视火球，持续看到火球熄灭和蘑菇状烟云消散。事后据他描述：出现闪光后，突然感到眼前发黑，片刻即恢复；等看完火球，继续看蘑菇状烟云时，已感觉边缘不清，然后觉得周围一切物体都变得灰暗、模糊不清。爆后 30 min 驾驶汽车，一路看景物均感到灰暗、不清、变形，并有波动感。当晚睡前双眼发红、畏光、辛酸、剧痛，不能入睡，次晨两眼疼痛，仍有视物不清、视物变大，畏光的症状。经住医院治疗 89 天后出院，自述左眼有异物刺痒感外，其余症状消失，但视力有较大下降。

2. 对呼吸道的保护

对呼吸道的保护，主要是防止吸入热空气。当发现核爆炸后应闭嘴，发现热空气袭来时最好能及时闭气，暂时停止呼吸，但不应闭气太早，否则有可能刚好在热空气袭来时憋不住气而大口呼吸了热空气，这反而会造成呼吸道烧伤。核爆炸发生时戴上面具和口罩是有防护作用的，但看见闪光后，首要的任务不是戴面具，而是迅速掩蔽、卧倒。

3. 对皮肤的保护

对皮肤的保护主要是在发现闪光后，及时卧倒或掩蔽在地形、地物之后，并将暴露皮肤遮起来。

三、埋

埋，是指采取措施使物体表面受到覆盖物的保护，免受光辐射直接照射。

光辐射作用时间很短，通常对物体直接照射时，物体受热深度不大，所以如果在物体表面涂敷吸收光能少，导热系数小，本身不易熔化、燃烧和被破坏的材料，如黄泥、白石灰或防火漆等，能保护被覆盖的表面不受光辐射破坏。某次大当量氢弹核试验中，离爆心投影点 2.2 km 处，汽车轮胎胶面被烧蚀深达 2 mm，而在同一处涂白石灰、黄泥的轮胎则完好无损；在光冲量为 3.69×10^5 J/m² 的地方，设置了两类芦苇制成的粮仓囤作对比，未涂泥浆的被烧毁，而涂泥浆的则完好无损。

用盖布覆盖的效果也很好。用防雨帆布和玻璃纤维聚氯乙烯盖布盖住露天堆放的弹药、物资器材，能起到较好的保护作用，其中玻璃纤维聚氯乙烯盖布的效果要更好一些。大当量氢弹试验中，距爆心投影点 12 km 处，用玻璃纤维聚氯乙烯盖布覆盖的物资垛，仅盖布迎爆面灼焦，盖布下的物资完好，而同距离未用盖布覆盖的物资垛则被烧毁。露天火炮的瞄准镜、飞机的座舱等，盖上用铁皮、铝皮、帆布等做的防护盖(罩)后，能减轻破坏。

通信电缆、输油管等易受光辐射破坏，但在它们上面盖上一薄层土则能起到较好的防护效果。埋土并不要求厚，但必须严密，否则暴露部分会被破坏。

四、消

消，是指落实消防措施，在爆前清除易燃物等，在爆后及时消灭隐燃物，全力扑灭明火。

城市居民地、部队集中居住的驻地营房，在受到核爆炸袭击时，火灾对人员、物资的威胁最大。森林地受核爆炸袭击影响时，火灾威胁也是十分严重的，枯草、落叶、树枝都可能被引燃，酿成森林火灾。因此，必须对防火措施予以足够的重视。

1. 防火准备

为了防火，应经常清除场院内的易燃物。1953 年美国在内华达试验场进行的试验表明，如果一幢房子无易燃物，则防光辐射的能力要比有易燃物的房子强得多。虽然布质窗帘受光辐射照射后很容易燃烧，但它却挡住了大量光能进入屋内引燃其他家具；而燃烧着的窗帘，由于它本身没有足够材料持久燃烧，只要附近没有容易燃的东西，就不会产生更严重的后果，所以窗帘是防止室内家具、床铺等点燃的有效手段。如果能挂上不易燃烧的窗帘，效果则更好。其他的措施包括将室内易燃物如床铺、木家具、沙发等搬离窗户，搬到光辐射不易照到的地方；用白漆、白石灰，甚至在没有更合适的东西时，用白面粉等涂刷所有外露的木质部分；清除院内外的垃圾和易燃物；听到核袭击警报后，立即关上窗户，拉上窗帘，熄灭炉灶火源，切断电源等。在野战条件下，也应按上述原则，对工事暴露在外的木质部分、堑壕崖壁的被覆材料，也应涂上黄泥、石灰或白漆，工事附近要清扫干净。

此外，应预先制订防火计划并训练消防人员，以便在核袭击发生后，有组织、有计划地及时扑灭火灾。及时扑灭单幢房屋、独立着火点的火灾，能避免发生所谓"风暴性火灾"。"风暴性火灾"如果发生，火灾无法控制，将会摧毁一切。

2. 扑灭火灾

为了防火，在冲击波过后，应立即组织灭火和救人。例如在冒烟的木质物上浇水，把院子里冒烟的燃烧点扑灭。当然，对于那些零星的、空旷处的着火点可以先不去管它，但对那种看来后果严重的着火点应尽力扑灭。如果错过了灭火的有利时机，大火灾就可能会发生，这将会造成不可挽回的损失。

3. 组织撤离

如果控制火灾的措施不够有力，火灾将发展到无法控制的程度。这种情况往往发生在遭敌核袭击后伤亡严重，火灾面积较大，或者建筑物遭到破坏，瓦砾成堆，道路无法通行，水源被破坏的时候。此时应把注意力从控制火灾转移到寻找、营救伤员上，并抢救重要物资器材。对于那些尚未着火，但已受到火灾威胁的地区，应组织隔离；如不可能有效隔离，就要及早组织撤离，以免火灾来临时由于忙乱而容易出现混乱和差错，同时高温辐射、一氧化碳和烟雾等恶劣环境将增大行动的困难，结果会造成更大的伤亡和损失。

本 章 习 题

2-1 试解释核爆炸火球表观温度曲线。

2-2 根据普朗克公式，试计算并比较温度分别为 8000 K 与 3000 K 的黑体辐射光谱。

2-3 空中核爆炸时，火球在整个发展过程中，火球表观温度是怎样变化的？火球表观温度的这种变化，对光辐射的发射有何影响？

2-4 当量为 3000 kt，爆高为 1000 m 的核爆炸，在爆后 0.1 s 和 1.5 s 时的火球半径和火球发展速度各为多少？

2-5 名词解释：① 线吸收吸收；② 光电吸收；③ 轫致吸收。

2-6 名词解释：① 瑞利散射；② 米伊散射；③ 无选择散射。

2-7 名词解释：① 光当量系数；② 大气能见度；③ 大气透射率；④ 光冲量。

2-8 当量为 20 kt 的空爆，比高为 120 m/kt$^{1/3}$，试估算离爆心投影点 300 m、800 m 的光冲量各为多少？离爆心投影点 10 km 处的光冲量为多少（假设大气能见度为 50 km）？

2-9 核爆炸当量为 2000 kt，爆高为 1 km，大气能见度 40 km，问距爆心投影点 10 km 处的光冲量为多少？

2-10 当量为 10 kt 的触地核爆炸，大气能见度为 30 km，求离爆心 4 km、10 km 处的光冲量。

2-11 光辐射的作用时间受哪些参数影响？求比高 30 m/kt$^{1/3}$ 地爆，当量为 20 kt 核爆炸的光辐射作用时间。

2-12 光辐射烧伤程度一般如何划分？试简述各程度烧伤特点。

2-13 光辐射烧伤面与普通烧伤面有何区别？

2-14 呼吸道烧伤是怎样引起的？呼吸道烧伤伤情与光冲量大小有何关系？

2-15 什么是闪光盲？核爆炸闪光盲有哪些特点？

2-16 试概括光辐射对物体的破坏作用表现在哪些方面。

2-17 人的暴露皮肤受到光辐射直接照射引起的轻度烧伤，20 kt 空爆时需 1.68×10^5 J/m^2，而在 1000 kt 空爆时要 2.60×10^5 J/m^2 的光冲量才能引起轻度烧伤，为什么？

2-18 为什么和轻度烧伤相反，中度以上烧伤，要造成相同程度的皮肤烧伤，大当量核爆炸时，所需的光冲量小于小当量核爆炸？

2-19 试计算 5 kt、15 kt、1500 kt 核爆炸时轻度烧伤的光冲量值各为多少 J/m^2。

2-20 当量为 1000 kt、爆高为 1200 m 的核爆炸，当时恰好有人在离爆心投影点 3000 m 处活动。人员与爆心之间有一小山，山顶高 50 m，坡度角为 38°，问此山对此人有否防护作用？此人会不会受到伤害？可能受到什么伤害？（大气能见度为 30 km）

2-21 试从光辐射的主要特性来说明防光辐射的原则和一些常用的措施。

2-22 重点城市发现受到现实的核威胁时（敌导弹已发射，载核弹飞机已起飞），施放大量烟幕对防御敌核袭击和减少杀伤破坏作用有没有效果？为什么？

2-23 当量为 1000 kt、比高为 120 m/kt$^{1/3}$ 的空爆，距爆心投影点 2400 m 处的光冲量 1.17×10^7 J/m^2，地面上有一辆坦克，试求坦克面向爆心的侧面（与地面垂直）和顶部（与地面平行）钢板的最大温升各为多少？（钢的导热系数 k 为 46.09 J/(m・s・K)，体积热容量 C_V 为 3.94×10^6 J/(m^3・K)，吸收系数 K_1 为 0.44）

2-24 当量为 4400 kt 的空爆，以 0.79 mm 厚的 LY$_{12}$C2 铝合金板正对爆心，该处光冲量为 1.51×10^6 J/m^2，试计算铝合金板的最大温升为多少度？其他条件不变，只是把铝板平放在地面上，爆心与地面的夹角为 30°，问此铝板的最大温升为多少？（k＝121.51 J/m・s・K，C_V＝2.56×10^6 J/m^3・K，吸收系数 K_1 为 0.25）

2-25 简述光辐射的防护措施。

第三章　冲　击　波

在极短的时间内,核爆炸可引起高温高压的冲击波。发生在大气层内的核爆炸,冲击波携带的能量一般约占核爆炸总能量的一半,是核武器的主要杀伤因素。在军事上衡量核爆炸的杀伤破坏效果,通常也是以冲击波的杀伤破坏半径为标准。

第一节　核爆炸冲击波的特性

一、冲击波的形成机理

核爆炸冲击波本质上与 TNT 炸药爆炸产生的冲击波相同,并不是核武器特有的杀伤破坏现象。它们都是由于在有限空间内能量突然释放引起温度和压力的急剧上升,导致周围物质化为炽热的压缩气体,处于极高温度和压力下的气体急剧膨胀,在介质(如空气、水等)中引起的一种压力波。

冲击波形成的具体过程以空中核爆炸为例进行说明。当核武器在大气层中爆炸时,反应区的温度瞬间可达几千万度,在这样的高温下,构成弹体的物质骤然变成了高温等离子体。高温等离子体被局限在很小的体积(约弹体大小)内,因而具有极高的压强(约上百万个大气压),高温高压等离子体向外迅速扩张,猛烈地压缩周围临近的介质层,使之成为压强和密度都远远大于正常大气的压缩空气层,称为压缩区。压缩区的前沿就是冲击波的波头,此处空气密度和压力最高,被称为冲击波的波阵面。

冲击波的波阵面随着火球的扩张而不断扩大,迅速向外传播,由于火球的不断扩大和发展,其内部的温度和压强也在不断下降,当火球半径发展到最大值后,便停止膨胀。但由于惯性的作用,冲击波的波阵面仍然向外运动,并迅速离开火球。

波阵面向外运动的同时,压缩区后面就必然会出现一个气体压强和密度都小于正常大气压强和密度的空气层,称稀疏区。这样就形成了一个外层为压缩区、内层为稀疏区的球体,在大气中以超声速向更大的空间传播,这就是核爆炸的冲击波。冲击波在传播过程中不断地消耗自身的能量,最后衰减为声波,逐渐消失在大气之中。

以百万吨级的核爆炸为例,爆炸后瞬间形成冲击波并向外运动,10 s 钟后,百万吨级核武器爆炸产生的火球膨胀到最大体积,直径约为 1740 m,而冲击波波阵面已运动到直径约为 4.8 km 的球面位置,爆炸后 50 s,由于温度的快速下降,火球已经基本看不见了,而冲击波则已运动到约 19 km 的位置,只是此时冲击波强度已大大衰减,波速接近于声速。

二、冲击波毁伤的主要特征量

1. 冲击波超压

冲击波之所以能够对物体或人员产生杀伤破坏作用，是因为冲击波的重要特征之———超压。冲击波超压即超过大气压的压力，用 Δp 表示，单位为 Pa。将冲击波波阵面上超压的最大值称为峰值超压。冲击波高速向外扩展传播，其特点是波阵面处压力突跃上升，而随后紧跟的压缩区压力则逐渐下降。在冲击波运动早期，对于理想冲击波波阵面，瞬时压力随火球中心距离的变化如图 3-1-1 所示。从图上可以看出，冲击波波阵面上的压力随核爆炸中心距离的增加而持续上升，在冲击波脱离火球之前，压力大约为火球中心压力的两到三倍。

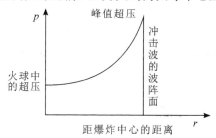

图 3-1-1　冲击波超压随火球中心距离的变化

2. 冲击波负压

除了超压外，冲击波还存在负压，就是冲击波稀疏区中的压强最低值与正常大气压强之差，用 Δp_- 表示，其单位为 Pa。当冲击波离开爆心继续在大气中传播时，波阵面上的超压持续下降，波阵面后即压缩区的压力也以一定规律下降。当冲击波的波阵面脱离火球传播一定距离后，冲击波后形成稀疏区，稀疏区压力低于周围大气压力，称这为冲击波的负压。由图 3-1-2 可以看到冲击波随爆心距离变化的传播过程，如在 t_1、t_2、t_3、t_4、t_5 时刻，冲击波波阵面上的压力都高于大气压力，随着冲击波向外传播，冲击波波阵面和火球内部的压强迅速降低，直到爆后某一时刻(t_6)冲击压缩区后面出现稀疏区，此后，冲击波以压缩区与稀疏区紧密相连的形式、并以超声速在大气中传播。在稀疏波区，压力低于当地大气压力，空气被吸入冲击波，负压的峰值压力一般要比正相峰值超压小，但持续时间要稍长一点。运动过程中，超压和负压都随着爆心距离的增加而降低，但超压比负压降低得要快得多。

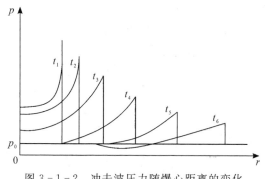

图 3-1-2　冲击波压力随爆心距离的变化

3. 冲击波动压

冲击波的另一个重要参量是动压，冲击波的动压是指冲击波内高速运动的气流在其运动方向上产生的冲击压强。冲击波对许多类型的建筑物造成破坏的情况，很大程度上取决于冲击波通过产生强风而引起的拖曳力，这种拖曳力的大小与目标的形状、大小等因素有关，但也与该位置处的动压峰值和持续时间有关。动压与风速的平方、冲击波波阵面空气密度成正比。若将动压的最大值称为峰值动压，对于很强的冲击波，峰值动压大于峰值超压，峰值动压通常随距爆心距离的增加而减小。

4. 冲击波作用时间

冲击波作用时间就是冲击波通过目标的时间，即从冲击波波阵面到达目标开始，到目标区大气恢复正常这一段时间间隔。冲击波作用时间包括超压作用时间和负压作用时间。一般超压作用时间随着爆炸当量和距爆心距离的增加而增加。

第二节　冲击波参数计算

一、空中冲击波的传播参数计算

1. 波速

由于冲击波阵面可视为理想的间断面，因此基于冲击波波阵面的参数，如波阵面传播速度(即波速)、质点运动速度、波阵面后气体密度等特征量可以通过在波阵面两侧建立质量守恒、动量守恒、能量守恒及状态方程等导出。

冲击波在大气中以超声速传播，并与超压大小有关，冲击波超压越大，传播速度越快，计算公式如下：

$$D_i = c_0 \sqrt{1 + \frac{\gamma+1}{2\gamma} \frac{\Delta p}{p_0}} \quad (\text{m/s}) \tag{3-2-1}$$

式中：D_i 为冲击波波速；c_0 为波阵面前声速；γ 为气体的定压摩尔热容 C_P 与定容摩尔热容 C_V 之比，即 $\gamma = C_P/C_V$，在超压不太大的情况下，γ 约为 1.4；p_0 为波阵面前方大气压强。

2. 波后质点运动速度

冲击波在大气中传播时，高速运动的冲击波波阵面撞到波前的空气质点，空气质点便获得很大的动能，以很高的速度随着波阵面前进，但空气质点的运动速度 u_i 总是低于冲击波波阵面的传播速度 D_i。冲击波波阵面过后瞬间质点获得的速度 u_i 为

$$u_i = \frac{c_0 \Delta p}{\gamma \rho_0} \cdot \frac{1}{\sqrt{1 + \frac{\gamma+1}{2\gamma} \cdot \frac{\Delta p}{p_0}}} \tag{3-2-2}$$

3. 波后密度

类似地，冲击波波阵面后空气密度为

$$\rho_i = \rho_0 \frac{2\gamma p_0 + (\gamma+1)\Delta p}{2\gamma p_0 + (\gamma-1)\Delta p} \tag{3-2-3}$$

4. 冲击波动压

冲击波动压 q 定义为

$$q = \frac{1}{2}\rho u^2 \tag{3-2-4}$$

由公式（3-2-4）可以看出，冲击波动压实际上是紧跟波阵面后单位体积介质的动能，具有与压力相同的量纲。结合式（3-2-2）和式（3-2-3）可得出

$$q = \frac{\Delta p^2}{2\gamma p_0 + (\gamma-1)\Delta p} \tag{3-2-5}$$

地面核爆炸的冲击波波阵面是半球形的，波阵面与地面垂直，因此地面上物体所受到的冲击波动压作用，都是沿地面传播的水平动压。水平动压随着距爆心投影点距离的增加而逐渐下降，图 3-2-1 中的 $h_B=0$ 和 $h_B=60$ m/kt$^{1/3}$ 的两条曲线反映了这一情况。

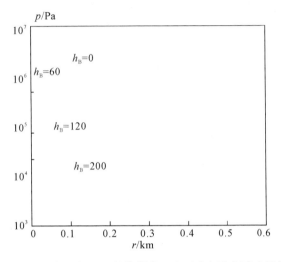

图 3-2-1　当量为 1 kt 的核爆炸，地面冲击波水平动压曲线

空中核爆炸时，冲击波是从空中垂直入射到爆心投影点的地面上，因此地面上物体受到垂直方向的动压很大，而水平动压为零；从爆心投影点向外，冲击波的入射角逐渐增大，动压的水平分量增加，故动压也增大，直至反射波与入射波形成合成波后，波阵面便垂直于地面沿地面传播（水平分量最大）；之后，随着距爆心投影点距离的增长，超压下降导致动压也相应下降。

低超压区内，超压和动压随时间的变化曲线如图 3-2-2 所示。可以看出，动压随时间

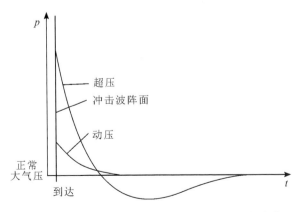

图 3-2-2　低超压区内，超压和动压随时间的变化

的变化和超压随时间的变化趋势基本一致，但动压随时间增长而下降的趋势没有超压那样陡峭；当超压降至零时，动压还没有降到零，这是由于冲击波波阵面后处于运动中的空气质点的惯性引起的。在估算杀伤、破坏作用时，这一差别可以忽略。在冲击波稀疏区内的动压已接近 0，其杀伤、破坏作用可以忽略。

5. 冲击波超压

实际大气中的核爆炸可以看作点源或者真实的球源，实际计算表明，当冲击波传播一定距离，卷进去的空气质量大约比爆炸产生的气体质量大 10 倍后，点爆炸和球爆炸计算结果基本一致，但点爆炸计算相对更为简便，因此我们这里仅介绍点爆炸的超压计算公式。

如果核爆炸发生在标准大气条件下，即 $p_0 = 1.013\ 25 \times 10^5$ Pa、$\rho_0 = 1.225$ kg/m³、$T_0 = 288.16$ K 的无限大均匀大气介质中，冲击波超压的计算公式为

$$\Delta p = a_1 \frac{Q}{r^3} + a_2 \frac{Q^{2/3}}{r^2} + a_3 \frac{Q^{1/3}}{r}\ (\times 10^5\ \text{Pa}) \qquad (3-2-6)$$

在不同距离范围内，a_1、a_2、a_3 取值不同，例如当 76 m/kt$^{1/3}$ < $r/Q^{1/3}$ ≤ 860 m/kt$^{1/3}$ 时，冲击波超压为

$$\Delta p = 3.3 \times 10^6 \frac{Q}{r^3} + 8350 \frac{Q^{2/3}}{r^2} + 86.8 \frac{Q^{1/3}}{r} - 0.016 \qquad (3-2-7)$$

式中：Q 单位为 kt，r 为距爆心的距离，单位为 m，Δp 单位为 10^5 Pa。

从冲击波超压计算公式(3-2-6)、(3-2-7)从图 3-2-3 可以看出，冲击波超压随核爆炸当量的增大而增大，随距爆心(或距爆心投影点)距离增加而减小。在空爆的爆心投影点处，只要比高相同，超压值就相同，与核爆炸当量无关。出现这种现象的原因在于核爆炸比高相同时，随着当量的增大，爆高也同时按当量的立方根成比例地增大，使到爆心投影点的距离正好符合爆炸相似定律的条件，因此此处的超压值相等。从图 3-2-3 可以看出，在近区比高越大，随着离爆心投影点距离的增加，超压减小的趋势较缓；而在远区，不

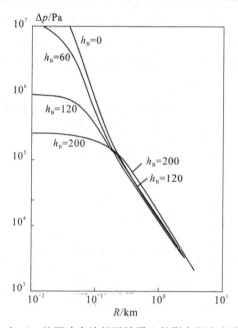

图 3-2-3　地面冲击波超压随爆心投影点距离变化曲线

同比高的核爆炸,超压减小的趋势差不多。

超压作用时间就是冲击波压缩区通过目标的时间,用 τ_+ 表示,其单位为 s。超压作用时间与爆炸当量、冲击波的超压和目标到爆心的距离有关。

冲击波作用时间随离爆心距离增大而增大,见图 3-2-4。一方面离爆心越远,冲击波传播速度越慢,超压的作用时间越长;另一方面,随距离的增加,冲击波的超压将大大降低。从总的效果看,离爆心越近,超压的杀伤破坏作用越强,离爆心越远,杀伤破坏作用越弱。

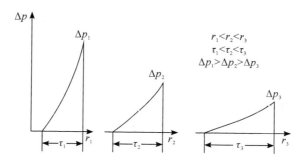

图 3-2-4　冲击波作用时间随离爆心距离增大而增大

在距爆心相同距离上,超压的作用时间随爆炸当量增大而增大,如图 3-2-5 所示。一方面,核爆炸当量越大,冲击波压缩区的厚度越厚,其超压也越大,因此在距爆心相同的距离上,当量越大,超压的作用时间越长;另一方面,核爆炸的当量大,冲击波的超压也大,杀伤破坏作用也大。为了计算不同当量核爆炸不同超压的作用时间,可以利用下列经验公式进行计算。

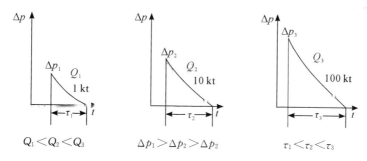

图 3-2-5　在距爆心相同距离上,超压的作用时间随爆炸当量增大而增大

对于空中核爆炸:

当 $\Delta p \geqslant 1.57 \times 10^6$ Pa 时

$$\tau_+ = 0.1645 Q^{1/3} \quad (\text{s}) \tag{3-2-8}$$

当 1.57×10^6 Pa $> \Delta p \geqslant 1.96 \times 10^5$ Pa 时

$$\tau_+ = 0.141 Q^{1/3} \cdot \Delta p^{(0.078\,13\ln\Delta p - 0.1604)} \quad (\text{s}) \tag{3-2-9}$$

当 1.96×10^5 Pa $> \Delta p > 9.81 \times 10^3$ Pa 时

$$\tau_+ = 0.172 \Delta p^{-0.3431} \cdot Q^{1/3} \quad (\text{s}) \tag{3-2-10}$$

当 9.81×10^3 Pa $\geqslant \Delta p > 9.81 \times 10^2$ Pa 时

$$\tau_+ = 0.2579 \Delta p^{-0.1776} \cdot Q^{1/3} \quad (\text{s}) \tag{3-2-11}$$

6. 冲击波负压

负压 Δp_- 在一定的距离范围内,保持一个定值。

当 $r/Q^{1/3} \leqslant 110$ m/(kt)$^{1/3}$ 时,$\Delta p_- \approx 0.23 \times 10^5$ Pa,

当 $r/Q^{1/3} > 110$ m/(kt)$^{1/3}$ 时

$$\Delta p_- = 25.3 \frac{Q^{1/3}}{R} \times 10^5 \quad \text{(Pa)} \tag{3-2-12}$$

冲击波负压作用时间,是指稀疏区通过目标的时间。空中核爆炸时,负压作用发生在离爆心一定距离之外,与距爆心距离关系不大,受大气条件影响很小,基本上只与核爆炸当量有关,具有一定的规律性,故可以用测量负压作用时间来求核爆炸当量。

对空中核爆炸:

当 $r/Q^{1/3} \geqslant 250$ m/kt$^{1/3}$ 时

$$\tau_- = 1.069 Q^{1/3} \quad \text{(s)} \tag{3-2-13}$$

对地面核爆炸:

$$\tau_- = (1.34 - 0.69 \, e^{-r/Q^{1/3}}) Q^{1/3} \quad \text{(s)} \tag{3-2-14}$$

表 3-2-1 给出在标准大气条件下总当量 Q 为 1 kt 爆炸时的冲击波参数的计算结果。

表 3-2-1　在标准大气条件下总当量 Q 为 1 kt 爆炸时的冲击波参数

($p_0 = 1.033 \times 10^5$ pa,$\rho_0 = 1.225$ kg/m^3,$T = 288$ K)

r/m	Δp/Pa	D_i(m/s)	τ_+/s	θ/s	u_i(m/s)	ρ_i/(kg/m^3)	q/Pa	T_i/K	c_i(m/s)
35	9.40×10^5	3022	0.164	0.00465	2485	0.7053	2.18×10^6	4849	1395
40	6.35×10^5	2492	0.164	0.00648	2036	0.6861	1.42×10^6	3384	1166
50	3.30×10^5	1812	0.164	0.0113	1455	0.6376	6.77×10^5	1920	878.0
60	1.97×10^5	1416	0.164	0.0176	1111	0.5822	3.60×10^5	1280	717.0
70	1.28×10^5	1159	0.156	0.0254	882.3	0.5243	2.05×10^5	947.5	616.8
80	8.90×10^4	984.6	0.144	0.0349	722.2	0.4698	1.23×10^5	758.6	552.0
100	4.90×10^4	765.3	0.133	0.0580	511.6	0.3774	4.95×10^4	562.8	475.4
120	3.15×10^4	646.4	0.130	0.0861	389.4	0.3146	2.39×10^4	474.9	436.7
150	1.90×10^4	645.8	0.138	0.137	278.1	0.2550	9.88×10^3	409.4	405.5
200	1.03×10^4	463.1	0.170	0.238	177.7	0.2029	3.32×10^3	360.2	380.3
250	6.88×10^3	425.5	0.197	0.351	128.1	0.1788	1.47×10^3	338.6	368.7
300	4.92×10^3	403.5	0.220	0.470	97.43	0.1648	7.83×10^2	325.9	361.8
400	3.03×10^3	381.0	0.258	0.727	64.59	0.1505	3.14×10^2	312.8	354.4
500	2.18×10^3	369.5	0.290	0.994	47.14	0.1433	1.51×10^2	306.0	350.6
600	1.66×10^3	362.7	0.318	1.272	36.57	0.1390	9.31×10	301.9	348.2

r/m	Δp/Pa	D_i(m/s)	τ_+/s	θ/s	u_i(m/s)	ρ_i/(kg/m³)	q/Pa	T_i/K	c_i(m/s)
700	$1.33×10^3$	358.3	0.342	1.542	29.66	0.1363	$6.00×10$	299.3	316.7
800	$1.10×10^3$	355.2	0.364	1.825	24.74	0.1344	$4.12×10$	297.4	345.8
900	$1.42×10^2$	353.0	0.392	2.105	21.32	0.1330	$3.03×10$	296.1	344.8
1000	$8.15×10^2$	351.3	0.403	2.387	18.54	0.1319	$2.27×10$	295.0	344.2
1500	$4.83×10^2$	346.7	0.443	3.835	11.13	0.1291	8.01	292.2	342.6
2000	$3.36×10^2$	344.7	0.472	5.274	7.79	0.1279	3.88	291.0	341.8
2500	$2.54×10^2$	343.6	0.496	6.750	5.91	0.1272	2.22	290.2	341.4
3000	$2.04×10^2$	342.9	0.515	8.220	4.75	0.1168	1.4	289.8	341.2

注：r 为距爆心位置；Δp 为超压；D_i 为冲击波速度；τ_+ 为超压作用时间；θ 为冲击波到达时间；u_i 为冲击波后质点速度；ρ_i 为冲击波后空气密度；q 为冲击波动压；T_i 为冲击波后温度；c_i 为冲击波后声速。

二、冲击波的地面反射

从爆心向外传播的冲击波遇到地面，就会发生反射，形成反射冲击波（反射波）。根据地面与入射冲击波（入射波）作用的不同情况，可以分为正反射、规则反射、非规则反射、过渡反射和半球反射五种情况。

1. 正反射

空爆冲击波最早在爆心投影点与地面相撞发生正反射，然后便随着入射角的逐渐增大与地面发生规则反射。正反射情况下反射超压的峰值可由下式计算：

$$p_r = 2\Delta p + \frac{(\gamma+1)\Delta p^2}{2\gamma p_0 + (\gamma-1)\Delta p} \tag{3-2-15}$$

2. 规则反射

除碰撞发生正反射外，后续与地面发生碰撞的球面波将发生斜反射，产生双波结构的规则反射，也称为正规反射。如图 3-2-6 所示，图中 t_1、t_2 是冲击波传播的两个不同时刻，α_I 是入射角，α_R 为反射角。从整个波的剖面向上看，入射波是以爆心为圆点、部分被地面截断的球，而反射波则是从爆心投影点开始升起的球的一部分。

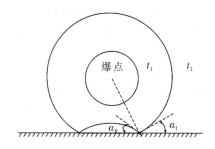

图 3-2-6 冲击波在地面上的规则反射

在规则反射区内，入射波与反射波的交点始终在地面上。随着冲击波向外传播，入射角 α_I 不断增大，当入射角增大到与临界角相等时，规则反射结束。对于地面上的物体，只受冲击波的一次冲击；而对于离地面具有一定高度的物体，却能受到两次冲击，即先受到入射波的冲击，又受到反射冲击波的冲击。反射相关参数的计算可利用定常激波的规则反射理论进行计算。

在理想地面条件（刚壁，无热层、灰尘）下，规则反射区的水平动压可以用下式计算：

$$q=\frac{p_0\left(\dfrac{\Delta p}{p_0}\right)^2}{2\gamma+(\gamma-1)\dfrac{\Delta p}{p_0}}\cdot\frac{2\gamma+(\gamma-1)\dfrac{\Delta p}{p_0}+(\gamma+1)\dfrac{p_r}{p_0}}{2\gamma+(\gamma+1)\dfrac{\Delta p}{p_0}+(\gamma-1)\dfrac{\Delta p_r}{p_0}}\cdot\frac{\sin^2(\alpha_I+\alpha_R)}{\cos^2\alpha_R}\quad(3-2-16)$$

由上式可以看出，在爆心投影点处，因 α_I 和 α_R 都是 0°，所以该项为零，求的动压也等于零；在规则反射区，因冲击波入射角和反射角都随距离的增大而增大，所以计算出的动压也逐渐增大。

3. 非规则反射

当冲击波入射角增大到某一临界值 α_c 后，将发生非规则反射，也称之为马赫反射，在这个区域内冲击波的入射角 α_I 大于临界角，这个区域称为非规则反射区，见图 3-2-7。

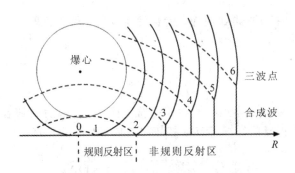

图 3-2-7 空中核爆炸时，冲击波在地面的反射与合成波的形成

非规则反射的特征：反射波阵面和入射波阵面的交点离开地面，交点下面为马赫波波阵面；马赫波波阵面与地面相接，又称之为马赫杆，马赫杆沿地面向前传播；入射波、反射波、马赫波三种波阵面的交点，通常称为"三波点"（如图中的 3、4、5、6 等点），随着冲击波的向外传播，三波点离地面越来越高。目前还不能从理论上计算三波点距地面的高度 h，但一般来说，三波点的高度与比高和地面性质有关，在同一距离上，比高相对低的三波点高度要高一些，根据化爆实验结果可得到三波点高度的经验计算公式为

$$h=\eta H\left(\frac{R}{R_m}-1\right)^2(\text{m})\quad(3-2-17)$$

式中：h 为三波点高度，H 为爆高（m），R 为三波点到爆心投影点的距离（m），R_m 为非规则反射起始点距爆心投影点的距离，η 为与地面性质有关的系数，其值在 $0.035\sim0.1$ 之间，对于核爆而言，取值在 0.07 附近。上式适用于比高在 $40\ \text{m}/(\text{kt})^{1/3}\sim300\ \text{m}/(\text{kt})^{1/3}$ 的范围内。

在非规则反射区内，三波点以下的物体，只受到马赫波的一次冲击，而在三波点上面的物体，会受到入射波和反射波的两次冲击。

理论或数值计算方法上都还难以给出非规则反射区马赫波参数和入射波参数之间的关系，只能利用实测数据求得某些经验结果。

假定在整个非规则反射区内有

$$M_{\mathrm{m}} = A M_{\mathrm{l}} \tag{3-2-18}$$

式中：M_{m}、M_{l} 为马赫波波速和入射波波速的马赫数，A 为待定参数，它与距离 R、爆炸高度 h 等因素有关，但在非规则反射起点将退化为 $\dfrac{1}{\sin\alpha_{\mathrm{I}*}}$，利用实测数据可求得 $A(R, h, Q)$ 的计算式。

即令

$$A = \frac{1}{\sin\alpha_{0*}} + \left(1 - \frac{R_{\mathrm{m}}}{R}\right)\phi \tag{3-2-19}$$

$$\phi = \phi\left(\frac{R_{\mathrm{m}}}{R}, h_{\mathrm{B}}\right) \tag{3-2-20}$$

式中：h_{B} 为比高；ϕ 为未知函数，可由实测数据加以拟合。

非规则反射区的反射超压可以写成：

$$\frac{\Delta p_{\mathrm{r}}}{p_0} = (1+\mu^2)\left[A^2 M_{\mathrm{l}}^2 - 1\right] = \frac{1}{6}\left[A^2\left(\frac{6\Delta p_{\mathrm{i}}}{p_0}+7\right)-7\right] \tag{3-2-21}$$

式中：Δp_{i} 为入射波超压。

4. 过渡反射

当反射后流速的马赫数 $Ma=1$ 时，流速为声速，对应的入射角为声速角，声速角略小于发生非规则反射的临界角。在入射角增大至临界角附近时，即可能发生规则反射，也可能发生非规则反射。一般认为，当入射角小于声速角时，仍然发生规则反射。在入射角大于声速角以后，如果非规则反射产生的马赫杆速度与入射波速度之间满足一个关系式：

$$D_{\mathrm{M}} = \frac{D_{\mathrm{i}}}{\sin\alpha_{\mathrm{I}*}} \tag{3-2-22}$$

则发生非规则反射，$\alpha_{\mathrm{I}*}$ 为马赫反射的起点，声速角与 $\alpha_{\mathrm{I}*}$ 之间的区域为规则反射到非规则反射的过渡区。

至今还没有适合于计算该区域内反射波参数的理论，一般可利用声速点反射波超压 Δp_{rm} 的线性插值来确定过渡区的超压，即

$$\Delta p_{\mathrm{r}} = \Delta p_{\mathrm{ra}}\frac{R-R_{\mathrm{a}}}{R_{\mathrm{m}}-R_{\mathrm{a}}} + \Delta p_{\mathrm{rm}}\frac{R-R_{\mathrm{m}}}{R_{\mathrm{m}}-R_{\mathrm{a}}} \tag{3-2-23}$$

式中：R_{a}、R_{m}、R 分别为声速点、非规则反射起点和过渡区某点至爆心投影点的距离，Δp_{ra} 为声速点的反射超压，可由规则反射理论求得，Δp_{rm} 式中可由下式得出：

$$\frac{\Delta p_{\mathrm{rm}}}{p_0} = (1+\mu^2)\left[\left(\frac{D_{\mathrm{M}}}{c_0}\right)^2-1\right] = \frac{7}{6}\left[\left(\frac{D_{\mathrm{M}}}{c_0}\right)^2-1\right] \tag{3-2-24}$$

式中：$\mu^2 = (\gamma-1)/(\gamma+1)$，$\gamma=1.4$，$D_{\mathrm{M}}$ 为马赫波波速。

过渡反射区的特点：反射波阵面与入射波阵面的交点仍在地面，非规则反射尚未形成。当冲击波强度较大时，就可能不出现过渡反射区。在爆炸高度比较高的情况下，入射冲击波到达地面时已经比较弱，发生马赫反射产生的马赫杆高度增长就比较慢，这种情况下就

会产生过渡区。

5. 半球反射

在爆炸高度比较低的情况下，入射冲击波比较强时，发生马赫反射后的马赫杆高度迅速增长，这种情况下马赫反射可能在入射角到达声速角之前发生，就不存在过渡区。因为爆炸高度较低，反射波就会始终在入射波的正相区域内传播，那么三波点就有可能运动到爆心上方，则反射波和入射波就融合成一个波，整个波向上看起来像是以爆心投影点为球心的半球。这就是所谓的半球反射。

半球反射发生的最典型情况是地面核爆炸时，由于爆炸点在地面上或离地面很近，冲击波在地面的反射基本上瞬间即可形成半球反射，也就是说地面核爆炸的冲击波，不以入射波、反射波的方式传播，而是以统一的半球形冲击波向外传播，如图 3-2-8 所示。半球反射的特点是：接近地表面的冲击波阵面与地面是垂直的，冲击波内气流的运动方向沿地面水平流动。

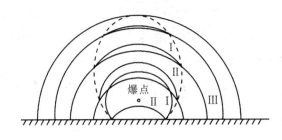

图 3-2-8　空中核爆炸的半球反射

当爆炸高度较高时，反射波有可能落在入射波的负压区，由于能量的耗散，三波点不可能运动到爆心上方，反射波不能和入射波汇合，就形不成半球反射。

对于半球反射，通过将自由大气中点爆炸理论中的能量加倍($2E$)可求得对应能量为 E 的地面爆炸冲击波参数。经验表明，对于 $Q>10$ kt 的情况，计算结果与实际较符合。实际上这个处理方法只有在地面是完全刚体的理想条件下才能成立。因为地面土石介质吸收爆炸能量后介质受压发生形变会消耗能量，对于小当量（千吨级）的地爆，这样近似处理的计算结果误差就会比较大，这种情况下可以采用 $1.8E$。

在过渡反射、马赫反射和半球反射区中，地面水平动压可直接由下式求出：

$$q=-\frac{p_0\left(\frac{p_r}{p_0}\right)^2}{2\gamma+(\gamma-1)\frac{p_r}{p_0}}\ (\text{Pa}) \tag{3-2-25}$$

第三节　冲击波的杀伤破坏作用

对于空中核爆炸而言，在爆心投影点，入射冲击波的传播方向是垂直向下的，在规则反射区内，冲击波的传播方向不平行于目标，除产生水平方向的作用力外，还有相当大的垂直分量，即便在马赫反射区，也有一定的垂直作用力。因此，除平移引起的破坏外，还会在垂直地面方向上产生破坏，比如引起屋顶塌陷。一般地说，冲击波对目标的破坏荷载不仅包括由超压确定的"环流荷载"，还包括由动压确定的"动压荷载"，两种作用共同施加在目标上，导致目标被破坏。

当冲击波作用在目标正对冲击波的表面时，会产生反射，根据入射角、入射峰值超压、目标材料的性质等不同，反射超压也有所不同。另外，随着冲击波波阵面的向前运动，目标表面上的反射超压迅速下降到冲击波当前的强度，与此同时，冲击波在目标周围发生绕射，最终目标全部被冲击波作用。施加在目标侧面和顶面的压力基本相等，但目标正对冲击波的表面还会受到动压，而背对冲击波的表面则不受。

当冲击波尚未完全包围目标时，正面和背面的压力差将会有一个最大值，这种压力差将产生一个横向平移的力，导致目标发生整体运动。通常情况下，这种导致目标平移的力与冲击波运动方向相同，这种力是由于冲击波在目标周围绕射而产生的，因此被称为环流荷载。

当冲击波完全包围目标时，压力差并不大，则施加于目标正面的荷载主要由动压产生，此时目标各表面的压力虽然衰减，但仍然超过周围的大气压力，直到冲击波正相作用结束为止。

环流荷载所造成目标的破坏与荷载的大小及作用时间相关，而荷载的大小与冲击波峰值超压有关。如果目标是完全封闭的，即目标上没有开孔，环流荷载的作用时间大致相当于冲击波波阵面从建筑物正面运动到背面所需要的时间，但动压持续时间要长一些。比如，对于一个厚度约为 23 m 的结构目标，环流荷载的作用时间约为 0.1 s，但超压和动压作用时间要更长。如果目标物有开孔，比如窗户、通风口等，目标内外压力很快达到平衡，这将导致环流压差减小，且环流荷载结束作用后，超压作用也会结束。

在整个超压正相作用时间内，目标将承受冲击波波阵面后瞬时风引起的动压作用。动压荷载作用类似于环流荷载，在目标上产生平移力。一般地，冲击波的动压作用要比冲击波及反射波引起的超压小得多，而动压荷载的作用时间比环流荷载的作用时间更长。比如，对于一个百万吨级的空中核爆炸，在距爆心 1.6 km 外的地面上，动压的正相作用时间约为 3 s，而即便对于一个相对大的目标，环流荷载的作用时间也仅为几分之一秒。

动压荷载持续时间对目标的影响，是核爆炸与常规炸药爆炸之间的一个重要区别。由于核爆炸冲击波的正相作用时间要远大于常规高能炸药爆炸冲击波的正相作用时间（百分之几秒），核爆炸动压荷载产生的破坏作用远大于常规高能炸药爆炸。

一、对结构目标的破坏作用

核爆炸对结构目标的破坏与常规高能炸药爆炸产生的破坏是有明显区别的。核爆炸产生的冲击波具有很高的峰值超压、动压以及很长的正相压缩时间，因此可以造成大型建筑物的整体破坏，而常规高能炸药爆炸通常只能对大型建筑产生局部破坏。

1. 结构目标和冲击波特性的影响

由于目标结构及形状的复杂性，基本上都会受到两种荷载的共同作用，哪一种荷载起破坏的主导作用，取决于结构本身及冲击波的性能。

对于门窗面积不大且外墙坚固的大型建筑物来说，由于冲击波完全淹没目标需要较长时间，且在冲击波作用时间内前后墙都存在压力差，环流荷载起主要破坏作用。环流荷载造成的破坏主要是冲击波的反射超压造成的,因为即使对于大型建筑物而言,环流的作用时间也只有几分之一秒,虽然冲击波的正相作用时间要长得多,但实际并不影响环流荷载造成的破坏。

当目标不同表面的压力能迅速达到平衡时,比如目标体积较小,或目标在受到冲击波作用时能很快产生许多孔洞,环流力作用时间很短,这种情况下目标主要受到动压荷载的作用,比如目标为无线电发射塔、电线杆等。

目标结构形状对动压荷载影响也很大,比如同样冲击波作用下,圆形或流线型目标要比不规则或棱角分明的目标受到的动压荷载要小。

由于轻质墙钢框架的建筑物目标在较低超压下很快就被破坏,侧墙失去后,框架就会受到环荷流载的作用,接着受到动压荷载作用引起扭曲等的破坏。

冲击波对目标作用过程可以图3-3-1为例进行说明。假设图3-3-1中为一个侧面面向爆心的立方体目标,该目标受到冲击作用时仍与地面牢固相连且原地不动。冲击波波阵面尺寸远大于立方体目标,此时可以把冲击波看作是平面波向右传播,冲击波在立方体目标的左侧面发生正反射,压力增加,而后立方体目标周围边缘就会发生冲击波的绕射,在目标的顶面、前后侧面,最终是向右侧面施加压力,这样立方体完全处于超压作用之下,而后冲击波随着时间衰减,恢复到周围压力。由于正对冲击波的左侧面产生反射,压力要大于其他几个面,反射压力迅速衰减至入射冲击波超压和动压之和,也称之为"滞止压力"。

当立方体侧面和顶面处的压力增长到入射波超压后,由于环流作用在左侧面边缘处形成涡流引起短时间低压,涡流跟在冲击波波阵面后沿着或接近表面传播。

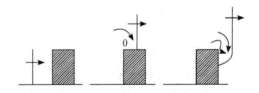

图3-3-1　冲击波对目标不同位置的作用

当冲击波运动到立方体目标的右侧面时,在立方体的右侧面周边产生绕射,并向右侧面下方运动,经过一定时间(升压时间)后压力达到相对稳定值(即超压和动压的代数和),动压在这种情况下是一个负值。冲击波波阵面由于右侧面周边的绕射及伴随的涡流作用而逐渐减弱,且在立方体右侧面周边向中心的传播也需要一定时间,因此压力达到相对稳定值需要一定的升压时间。

当立方体右侧面超压值达到当前冲击波中的超压值后,认为环流过程结束,之后压力逐渐恢复到冲击波到达前的周围大气压力。

总的来说,上面的讨论仅限于目标各个面上的荷载发展的一般特性,对于目标的具体位置,荷载还与该位置到目标边缘的距离相关,实际上在荷载消逝之前还会发生反射波与稀疏波跨越表面传播的几个波动,但这些波动对目标破坏而言可以忽略不计。

2. 破坏作用

1)对武器、技术装备的破坏作用

武器、技术装备主要是由钢铁部件组成,有较强的抗冲击波能力。例如,装甲车辆的车体和车内传动部分不易被破坏,车外零部件和车内薄板件较易受到破坏。

冲击波动压达 $1×10^4$ Pa、超压达 $4×10^4$ Pa～$5×10^4$ Pa 以上时，安装在装甲车辆外的翼子板、天线、照明装置及高射机枪等就会遭到破坏。同时，通过车辆各孔口和缝隙进入车内的冲击波，还可使发动机隔板和油箱移位、变形以至开裂。冲击波还可能携带大量砂土进入装甲车的炮口，影响射击。

当冲击波动压较大时，坦克的炮塔会被扭转较大角度，会造成火炮方向机的垂直轴扭弯、扭断，或齿轮箱体损坏，高低机的齿轮与齿弧错位，有时还可使炮塔座圈的齿和滚道局部剥损，严重时还可能发生摇架、炮框变形或火炮身管弯曲，从而使坦克的火炮不能旋转和俯仰，甚至无法射击。造成上述破坏的冲击波动压值与当量有关：当量大，作用时间长，需要的动压值小；当量小，作用时间短，需要的动压值大。例如，当量为 2500 kt、爆高为 1800 m 的核爆炸，距爆心投影点 0.85～1.83 km 处的十辆五九式中型坦克，在动压为 $1.94×10^5$ Pa～$2.74×10^5$ Pa 作用下，所有坦克上的方向机均损坏，两辆坦克的高低机同齿弧错位；而当量为 12 kt 的触地爆，距爆心 300 m 处的五九式中型坦克，在 $3.9×10^5$ Pa 的动压作用下，方向机才遭到破坏。在地爆近区和空爆离爆心投影点的距离相当于爆高的区域内，坦克在冲击波作用下，炮塔有时可被掀掉；车辆可能有较大的滑移、翻滚或被抛掷，有时会被抛出数十米，甚至数百米以外。例如百万吨级氢弹试验时，在动压为 $2.62×10^5$ Pa 作用下，五九式中型坦克被抛出 19.6 m，车体翻倒，炮塔脱落，坦克被严重破坏。水陆两用坦克、装甲输送车，其装甲板比中型坦克要薄，故除动压对它破坏比中型坦克严重外，冲击波超压还可使车内、外的薄板件变形，轻则影响车辆的密封性，重则车体被破坏。

一般情况下，当冲击波动压达 $1.6×10^4$ Pa 以上时，可使小中口径高射炮瞄准镜和分划窗的玻璃、镜片打麻、破裂，瞄准具变形。加农炮的防盾板、高射炮的瞄准手座椅、炮床踏板等薄板件和火炮的高低机、方向机的螺杆、齿弧等细杆件，由于受力面积较大或结构强度较低，在冲击波直接作用下会变形、脱落，甚至断裂。无后坐力炮和迫击炮的炮架较为薄弱，稳定性较差，更易受冲击波的破坏。如百万吨级氢弹试验中，75 mm 无后坐力炮，在动压 $9.4×10^4$ Pa 的作用下，被抛掷 45 m，右车轮和车架变形，火炮遭到严重破坏。

飞机的抗核爆能力较弱，当冲击波超压作用在飞机机体外壁上时，能使铝金属薄壁压陷变形。核爆炸对飞机的影响：轻者蒙皮压陷显出骨架；重者使蒙皮、桁、肋和框一起大面积压陷，甚至断裂。飞机侧对爆心比正对爆心容易受到破坏，如米格-15 飞机，轻微破坏的超压值，侧对爆心时为 $2.5×10^4$ Pa，正对爆心时为 $3.5×10^4$ Pa。因此，同一距离两种放置状态的米格-15 飞机受到同一强度冲击波作用时约差一个破坏等级。动压作用到飞机上会产生升力、阻力和横向侧力，这些力达到一定值时，薄弱的机体可能弯曲变形，或使飞机升起、发生位移和转动而遭受碰撞，甚至产生翻扣，以致严重破坏。如万吨级原子弹空爆时，距爆心投影点 800 m 处马蹄形机窝内斜对爆心的米格-15 飞机，在 $7.7×10^4$ Pa 的动压作用下，飞机翻扣撞坏，左机翼和垂直尾翼折断。冲击波携带的砂土进入进气管、尾喷管，危及飞机的安全。

舰艇护卫舰的上层建筑在冲击波作用下易产生内凹和塌陷，暴露的通信、导航设备更易变形、倾倒或折断。当冲击波超压达 $5×10^4$ Pa 时，护卫舰遭中等破坏；快艇的甲板和驾驶台强度较弱，在超压为 $3×10^4$ Pa 的作用下，会产生较大变形或破裂，遭中等破坏。舰艇烟道口很大，冲击波进入烟囱，可能造成锅炉熄火，甚至发生爆炸。舰艇在强冲击波作用下，可能倾覆。舰艇是否倾覆除取决于超压、动压和作用时间外，还与舰艇本身的稳定性有关。例如，65 型护卫舰在当量小于 1000 kt 氢弹空爆条件下倾覆半径通常小于严重破坏半径。

冲击波超压可使轻武器的弹链盒（箱）、弹匣等薄壁金属件变形，动压会使轻武器发生位移、翻滚，甚至被抛掷较远距离，发生变形、弯曲，遭到严重损坏。

在动压 $1×10^3$ Pa～$2.5×10^4$ Pa 的作用下，可将暴露在地面的炮弹抛出或翻滚，造成弹体表面打麻、漆层脱落，使弹药遭轻微破坏，但一般不影响使用；当动压达 $2.5×10^4$ Pa～$5×10^4$ Pa 以上时，可将地面上的弹药抛出数十至数百米，造成药筒、尾翼和枪弹弹壳变形，弹丸与药筒连接松动或脱落，分装式榴弹药包抛散，弹体打麻，甚至使低腔压惯性保险引信解脱保险。

冲击波超压超过地雷动作压力时，可将地雷诱爆。动压可使埋设的地雷倾斜、外露；可使敷设的地雷抛移，往往造成地雷结构破坏。

当载重、牵引汽车不发生位移或位移不大时，一般只会造成车头、驾驶室、车厢等部位薄板及外露的附属设备变形或折断。当汽车发生较大位移时，会造成转向机构破坏，严重时汽车会翻倒、翻滚或被抛掷；造成车身撞毁，甚至使底盘、发动机等主要部件破坏。例如，百万吨级氢弹试验时，吉斯-150 汽车在动压 $2.0×10^4$ Pa 的作用下，被抛掷 109 m，造成发动机脱落，车身毁坏，大梁及前桥严重变形，整车报废。

2）对通信、雷达器材的破坏作用

动压为 $2×10^5$ Pa 左右时，能将电杆吹倒、折断，将线缆扭转或折断，从而将隔电子打碎、电线拉断，对架空明线线路造成严重破坏。

敷设、埋设的野战线路和地下的永备电缆一般不易受破坏。冲击波只能在较小的范围内将野战线路吹断；埋深为 10～20 cm 的野战通信线路，只有在地爆或低空爆的爆心附近才会遭到破坏，埋深为 1～1.5 m 的地下永备电缆，只有冲击波超压达到 $5×10^6$ Pa 以上时才会遭到破坏，因此是比较安全的。

动压为 $2×10^4$ Pa 以上时，可将开阔地面上的小型通信机抛出数十米，甚至百米以上，会将机器摔坏。当超压达 $8×10^4$ Pa 以上时，由于超压的挤压作用会使机壳变形，造成内部机件损坏。

通信、雷达车辆的薄弱部位是车厢、车门和驾驶室。当超压为 $3×10^4$ Pa 左右时，车厢和车门被压陷变形，车内设备的破坏程度取决于车厢的破坏程度。车辆遭轻微破坏时，车内设备一般不会遭到破坏。

3）对后勤物资的破坏作用

冲击波对后勤物资的破坏主要包括超压能使薄壳结构的空油罐、盒子等被压扁；动压能将没有固定在地面上成箱、成捆堆放的物资冲散、抛出而摔坏、撞碎。

4）对工程设施的破坏作用

（1）露天工事。当冲击波超压达 10^5 Pa 以上时，其侧壁的土壤会受挤压而产生错位、松动，甚至塌陷，同时还会造成被覆材料倒或折断。在土质松软的地区，冲击波吹起的大量尘土会填入工事内。

（2）掩蔽工事。出入口是掩蔽工事的薄弱环节，如百万吨级氢弹空爆，距爆心投影点 4.81 km 处的圆木框架轻型掩蔽部，在 $8.6×10^4$ Pa 的超压作用下，工事主体结构完好，而防护门的门框倾斜、通道被覆材料倒塌从而使口部堵塞。当超压达 1.2×10^5 Pa 左右时,多数避弹所和轻型掩蔽部将遭到中等程度的破坏,支撑框架发生倾斜、错动,部分构件断裂或出现较大的裂缝等。

(3)永备工事。永备工事由于有坚固的钢筋混凝土结构和较厚的防护层,抗冲击波能力极强。但孔口往往是工事的薄弱环节,冲击波作用会使出入口坍塌,造成口部和管口堵塞,影响整个工事使用。因此要注意加强孔口的防御。

(4)城市建筑。城市建筑物房屋形体高大,抗冲击波能力弱,当超压达 6×10^3 Pa～1×10^4 Pa 时,即可使建筑物的门窗损坏、门窗玻璃破碎;当超压大于 1.8×10^4 Pa 时,建筑物遭中等程度以上的破坏,例如主要承重结构会产生严重的裂缝或变形,甚至倒塌。房屋倒塌会造成供水、煤气、电力系统严重故障,瓦砾碎片也会堵塞街道,这会使冲击波间接破坏作用大大增加。

3. 破坏等级划分

不论是冲击波还是光辐射作用于物体造成损坏的,其破坏等级的划分都可以使用以下原则,具体如下:

(1)轻微破坏:一般不影响使用,需要小修,可由使用者自行修复,或在修理所派出人员的协助下进行检修后即可投入使用。

(2)中等破坏:暂时不能使用,或勉强能使用,但不能完全达到要求,需送修理所或工厂进行中修。

(3)严重破坏:武器、装备已严重破坏丧失战斗力,物资、器材已完全失去使用价值,必需送工厂大修,或者无法修复,或者已无修复价值。

二、对人员的杀伤作用

冲击波对人体的杀伤作用,可以认为是由环流荷载和动压荷载的共同作用。由于人体目标总尺寸较小,环流过程持续约为十分之几毫秒,此时主要是超压的破坏作用致伤;接着基本上是动压荷载作用使人员损伤,这个过程的持续时间较长。

1. 伤情类型

1)直接杀伤

单纯的超压和负压作用,一般不会造成体表损伤。

当冲击波作用于人体时,体内液体成分受压缩作用很少,而气体成分受压缩较大。超压作用后,接着是负压作用,使压缩的气体又急剧地膨胀,导致人体发生损伤。如肺泡腔内气体压缩膨胀,使肺泡壁组织发生撕裂、出血等损伤。有些损伤是超压直接造成的,如超压进入外耳道后,使鼓膜发生穿孔、破裂,鼓室发生出血等。密度不同的组织,受相同的压力波作用后,其运动速度因惯性而有差异。密度小的运动得快,密度大的运动得慢,这样就会使得密度不同组织之间的连接部分发生撕裂,从而造成该处组织的出血等损伤,如肠道和肠系膜连接处的出血等。

人体在受到冲击波作用时,朝向爆心一侧的体表承受的压力来自超压和动压的共同作用,两侧所受到的压力来自冲击波超压,而反面所受的压力则小一些。由于人体四周出现的这种压力差,产生与地面平行而离开爆心的位移力。在人体被"吹动"的过程中,其上方空气的稀疏性较下方的高，因而形成了一股向上举起的力量。向上举和向前推的力复合作用，造成了人体被抛掷。在冲击波波阵面超压为 $5×10^4$ Pa 时，空气的运动速度可达 100 m/s，此时冲击波动压能将地面上的人抛出数十米之远。

人体被动压抛掷（离开地面）或发生位移（不离开地面）而致伤，主要是在人体落地或撞击到物体时突然减速造成的软组织伤、内脏出血和破裂、骨折等。这种损伤与自然跌落或交通事故时发生的损伤类似。

动压较小时，人体可能被"吹"倒，多数情况下，"吹"倒所造成的损伤比抛掷或位移所致的损伤要轻得多，但发生的机会却多得多。

在动压很高的地方，人员如处于特殊的位置，致使身体各部位受力不均匀时，就可能因动压的直接撞击作用而造成体表撕裂（特别是下颌处等比较突出的部位），甚至肢体离散。

2）间接杀伤

冲击波对人员的间接杀伤，主要有两个方面：一是在冲击波作用下，引起的石块、瓦片、碎玻璃等的飞射，击中人体而致伤；二是建筑物、工事等被冲击波破坏，甚至倒塌，使人体受到打击或压、砸而致伤。冲击波的间接杀伤可造成体表软组织撕裂、内脏破裂、出血、骨折、挤压伤和颅脑伤等损伤。此外，在冲击波作用下，扬起的尘土会进入口腔及呼吸道内，引起呼吸道阻塞而造成损伤。

对日本广岛、长崎受核袭击后的伤亡统计表明，死亡居民的 $50\%～60\%$ 是由于冲击波造成的，而且主要是房屋倒塌引起的间接杀伤，屋内人员的死亡率很高，所以在城市、居民地遭受核袭击时，冲击波的间接杀伤作用所致的伤亡数量极大，对此应引起足够的重视。

2. 伤情分级

人员的冲击伤伤情是根据冲击伤的部位、性质、严重程度和战时卫生勤务分级救治的需要来综合判定的。

轻度冲击伤包括听觉器官的一般损伤（如鼓膜穿孔、破裂、少量出血等），体表擦伤，内脏斑点状出血等。临床上常见有暂时性的耳鸣和听力减退，有时会出现一些轻度的神经精神症状（如头昏、头疼、紧张等）。引起轻度冲击伤的超压值为 $2×10^4$ Pa～$3×10^4$ Pa。这类伤员的数量较多，常占冲击伤伤员总数的一半以上，因无明显的内脏损伤和全身症状，对战斗力影响不大，一般不需要特殊治疗。

中度冲击伤包括听觉器官的严重损伤（鼓膜破裂，同时伴有听觉器官小骨骨折、鼓室严重出血等）、大片软组织挫伤、内脏斑块状出血、轻度肺水肿、单纯脱位和个别单纯性肋骨骨折、脑震荡等。引起中度冲击伤的超压值为 $3×10^4$ Pa～$6×10^4$ Pa。这类伤员占冲击伤伤员总数约三分之一以内，中度冲击伤伤员多有明显的全身或局部症状，一般不会发生休克和危及生命，但对战斗力有明显影响。

重度冲击伤包括内脏（如肝脾、胃肠、膀胱等）破裂，骨折（股骨、脊柱、颅底和多发性肋骨骨折等），较明显的肺出血、肺水肿等，临床常见有休克、昏迷、腹膜刺激症状、气胸或呼吸困难等。引起严重冲击伤的超压为 $6×10^4$ Pa～$1×10^5$ Pa。这类伤员一般不超过冲击伤伤员总数的五分之一，由于伤情重，如不积极治疗，大多有生命危险，这类伤员往往是救治的主要对象。

极重度冲击伤常同时发生多处严重损伤，主要包括严重的颅脑、脊髓损伤，胸、腹腔破裂，内脏挤压伤，甚至肢体离散等。引起极重度冲击伤的冲击波超压值一般在 $1 \times 10^5 \mathrm{Pa}$ 以上。暴露于地面的伤员，常并发严重的烧伤和放射损伤，这种伤害都发生在离爆心较近的地方，在抢救人员到达以前，有些伤员就可能当场死亡，对幸存者如不大力救治，多在短期内造成死亡。

3. 伤情特点

冲击伤在很大程度上与一般创伤相同，但伤情也有一些特点。了解、掌握伤情的特点，对于及时救护有很大用处。

1）伤情复杂

由于冲击伤致伤因素和致伤方式的多样性（超压、动压作用致伤，直接、间接致伤等），决定了冲击伤伤情的复杂性。突出的表现是：中度以上的冲击伤，常多处受伤，既有直接伤，又有间接伤；既有外伤，又有内伤。

2）外轻内重

外轻内重是指体表损伤较轻，内脏损伤较重。决定伤情严重性的主要是内脏损伤。单纯超压引起的损伤，往往仅限于内脏，而体表却完好无损，这可能是由于体表软组织疏松、弹性和韧性较强，对压力耐受性较大的缘故。核试验中往往发现这样的情况，试验动物有的仅有轻度体表擦伤或麻点状皮肤浅层破损（轻度飞石造成的），但肝脾已经碎裂，腹腔内有积血；有的动物体表完好，却发生了严重的气管、食管破裂，严重的肺出血、肺水肿。

3）发展迅速

重度以上的冲击伤，早期的伤情发展极快。日本受核袭击后，重度以上的冲击伤伤员生存的很少，来不及治疗就死亡了。

从以上三个特点看，对于冲击伤伤员，不能光看外表的伤势来判定伤情的轻重，应该对遭核袭击后的伤员仔细检查、严密观察，及时地进行救治，否则就可能判断失误，造成死亡人数增加。

第四节 影响冲击波杀伤破坏作用的因素

一、爆炸当量的影响

冲击波的杀伤破坏作用，主要取决于超压、动压和超压作用时间三个参数。核爆炸当量越大，在离爆心同一距离上的超压、动压值越大，超压作用时间越长，冲击波的杀伤破坏作用就越大。

在冲击波超压相同的情况下，超压作用时间与核爆炸当量的立方根成正比。因此，即使超压相同，当量大的造成的杀伤破坏更严重。

要造成同样程度的杀伤破坏作用，核爆炸当量大的，所需的超压、动压值可以小些；反之，如果当量较小，则需要用较大的超压、动压才能达到。

二、爆炸方式的影响

地爆或低空爆，由于爆高较低，核爆炸释放的能量集中在较小的范围内，能在爆心周围一定距离上造成较大的超压值，但超压随距离的增大衰减得较快。因此，地爆、小比高空爆适用于对付抗力极高的地下掩蔽部或坚固的野战工事，使核爆炸能量相对集中于较小的范围内，但这种爆炸方式要求命中目标的精度要高，偏离太远则可能起不到破坏作用。

中比高空爆、大比高空爆，由于爆高较高，核爆炸释放的能量能较均匀地分布在较大的面积上，不能造成局部范围内极高的超压值，但随距离增大，超压衰减得较慢。根据这个特点，这些爆炸方式通常用于对不坚固物体（如民房等）和暴露人员、车辆，能造成大面积的杀伤破坏；但对抗力较高的物体、武器、工事等破坏力较小，对于抗力较高的地下工事，即使命中目标，也不一定能使它被破坏。

三、地形、地物的影响

1. 独立地物对冲击波的影响

在空中爆炸时，独立地物在爆心投影点处，会受到冲击波自上向下的冲击，建筑物的屋顶会被压得塌陷；在规则反射区内，独立地物除受到平移引起的变形外，还可能因顶部受压而变形；在非规则区和半球反射区，可以认为独立地物是受到沿地面传播的冲击波所作用。

地面核爆炸时，独立地物同样也会受到沿地面传播的冲击波作用。沿地面传播的冲击波波阵面像一堵高速移动的气墙，撞击独立地物表面（见图3-4-1），冲击波受阻并发生反射，使波阵面超压迅速增大。迎风面所受冲击波反射超压的大小，取决于该处入射冲击波

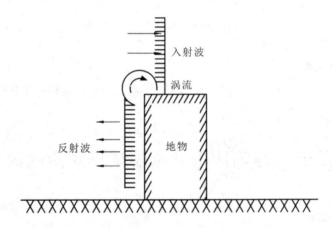

图 3-4-1　冲击波向地物的侧面和顶上移动的示意图

超压（包括经过地面反射后作用在地物表面的合成冲击波产生的超压）和冲击波波阵面与表面的夹角。当冲击波波阵面传播方向垂直于表面时，则反射超压的瞬时值（峰值）可由下式求得：

$$\Delta p_\mathrm{f} \approx 2\Delta p + \frac{6\Delta p^2}{\Delta p + 7p_0}\ (\mathrm{Pa}) \tag{3-4-1}$$

从式(3-4-1)可以看到，Δp 很大时，Δp_f 值接近于 $8\Delta p$；对于很小的 Δp，Δp_f 是 Δp 的两倍多。反射超压之所以大大高于入射冲击波超压是由于冲击波波阵面内急速运动的空气碰到物体表面受阻，空气动能便转化为空气的内能，从而使超压增大。反射超压产生后迅速扩展到周围超压较低的环境。

由于涡流的出现，冲击波对墙壁上的压力急剧下降。当冲击波到达地物背面时，它沿

着地物的周边绕射，并向后表面的下方传播（见图 3-4-2），冲击波波阵面由于在背面周边上的绕射及伴随出现的瞬间涡流作用而被逐渐削弱，而且在背面从边缘向中心传播也需要时间，各个方面环流绕过背面的空气碰到一起，会在离背面约等于地物宽度的地方形成会流区，该区冲击波超压增大。

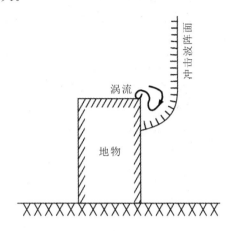

图 3-4-2　冲击波向地物背面的下方移动的示意图

　　图 3-4-3 中地物朝向冲击波播传方向的表面，由于墙壁的反射，使在其前面形成了一个增压区（图中 A 区）。在增压区 A 区内，各处的最大超压随着距墙壁距离的增大而减小。A 区边界离墙表面的距离为：当地物高度 $h \leqslant$ 地物宽度 b 的一半时，为 $2 \sim 3h$；当 $h > b/2$ 时，为 $1 \sim 1.5b$。

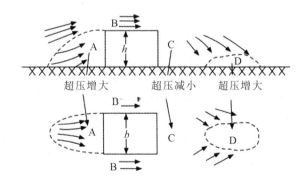

图 3-4-3　冲击波遇坚固、高大的独立物时，超压变化情况

　　在独立地物的侧面和顶部（图中 B 区），最大超压大致等于入射冲击波超压，而空气速度有所增大。气流速度的增大，会使侧面和顶部的超压荷载有所减小。
　　地物后面（图中 C 区）的最大超压减小，为通过的冲击波波阵面超压的 $60\% \sim 70\%$。在距地物后表面一定距离处（图中 D 区），绕过地物的冲击波在此汇合，D 区内最大超压约为入射冲击波超压的 1.5 倍。

2. 建筑群对冲击波的影响

　　冲击波在通过城市、居民地的建筑群时，能大量摧毁建筑物并抛掷瓦砾碎片，因而冲击波在这些过程中消耗了能量。

然而，由于建筑群内房屋密集，这对冲击波的传播有很大的影响，主要表现在：前面较高的建筑物会削弱冲击波对其后面较低建筑物的作用。这就是建筑群中房屋的"屏蔽"作用。由于屏蔽作用，处于建筑群中间的每一房屋所受的超压就可能不同，尤其是所受的动压更不会一样。同一条街上，有的房屋被摧毁了，而有的却可能仍基本完好。建筑群对冲击波破坏效应的影响程度，取决于建筑物的密度、高度和它与冲击波传播方向的相对位置。

1) 建筑物墙壁所受超压的变化

冲击波对朝向爆心建筑物墙壁所造成的最大超压Δp_{max}，取决于建筑物外壁离爆心等距离上冲击波波阵面的超压Δp、建筑物之间的距离D和建筑物高度h。

当前面建筑物后墙与后面建筑物的迎风面墙（前墙）之间的距离D等于前排房屋的高度h时（建筑物密度约为50%），后排建筑物朝向爆心一面的墙壁所受到的最大超压Δp_{max}如下：

当3×10^4 Pa$<\Delta p<1\times10^5$ Pa时

$$\Delta p_{max}\approx(0.6\sim0.8)\Delta p_f \quad (Pa) \tag{3-4-2}$$

当1×10^5 Pa$<\Delta p<2\times10^5$ Pa时

$$\Delta p_{max}\approx(0.5\sim0.7)\Delta p_f \quad (Pa) \tag{3-4-3}$$

当建筑物之间的距离大于建筑物高度的一倍时（建筑物密度为30%），后排建筑物前墙所受到的最大超压如下：

当3×10^4 Pa$<\Delta p<1\times10^5$ Pa时

$$\Delta p_{max}\approx\Delta p_f \quad (Pa) \tag{3-4-4}$$

当1×10^5 Pa$<\Delta p<2\times10^5$ Pa时

$$\Delta p_{max}\approx(0.7\sim0.8)\Delta p_f \quad (Pa) \tag{3-4-5}$$

建筑物之间的距离大于建筑物高度的3倍时，前面房屋对后面房屋就不再起到屏蔽作用了。对于冲击波传播方向房屋的侧面墙壁，所受到的最大超压大约等于距爆心同一距离上开阔地面上的超压。房屋后墙壁上所受的最大超压，由于冲击波碰到后面房屋所引起的反射作用，比没有后面房屋时大大提高了。当$D=h$时，建筑物后墙上的最大超压约等于$2\Delta p_f$。当$D>(2\sim3)h$时，最大超压等于Δp_f。

2) 建筑群中间地面上的超压变化

在建筑群中间，地面上的最大超压，通常要大于开阔地面上的冲击波超压。在朝向爆心的墙壁附近，地面上的最大超压约等于墙壁上的冲击波超压；而在后墙附近，地面上的最大超压等于冲击波波阵面的超压。

如果两列房屋的正面（或背面）朝向爆心方向，则两列房屋中间地面上的超压取决于两列房屋之间的距离D与建筑物高度h之比，最大超压值如下：

当$D=h$时，

$$\Delta p_{max}\approx(1.8\sim2.4)\Delta p_f \quad (Pa) \tag{3-4-6}$$

当$D=2h$时，

$$\Delta p_{max}\approx(1.4\sim2.0)\Delta p_f \quad (Pa) \tag{3-4-7}$$

当 $D=3h$ 时，

$$\Delta p_{max} \approx (1.3 \sim 1.7)\Delta p_f \quad (Pa) \tag{3-4-8}$$

若两列房屋的侧面朝向爆心方向，则两列房屋中间地面上的超压与开阔地面上的超压没有差别。

3. 地形对冲击波的影响

高山对冲击波传播的影响较大，而小山丘或起伏不大的其他地形对冲击波传播的影响不大。只有坡度大于10°的地形才会对冲击波传播及其参数有较大的影响。

空中核爆炸时，在规则反射区内，波阵面超压值取决于离爆心距离及冲击波对地面的入射角；而反射波波阵面超压值与入射角的关系不大。因此，即使在近区内，地形（即使坡度很大）的影响也比较小。

地面核爆炸和空中核爆炸，在不规则反射区内，冲击波基本上是沿地面传播的，具有垂直于地面的波阵面。在这种情况下，冲击波在传播中，碰到高地的正斜面（朝向爆心的一面）会被反射而加强，在高地上面和侧面产生环流，并流入山谷和凹地中。因此超压和动压与开阔地面上距爆心相同距离处的超压和动压的差别较大。

在正斜面，冲击波波阵面超压的增大可用下式估计：

当坡度 $\alpha \leqslant 1$ rad 时

$$\Delta p(\alpha) = \Delta p_f(1+\alpha) \quad (Pa) \tag{3-4-9}$$

当坡度 $\alpha > 1$ rad 时，正斜面上的超压等于正常反射超压，可按式（3-4-4）进行估计。

当冲击波沿着反斜面或横过峡谷和深沟传播时，接近地面的冲击波内的空气运动方向发生了变化，因此超压和动压大大减弱。当冲击波沿坡度 $\beta \leqslant 0.5$ rad 的反斜面运动时，冲击波超压的减小可按下式估计：

$$\Delta p(\beta) = \Delta p_f(1-0.5\beta) \quad (Pa) \tag{3-4-10}$$

当冲击波顺着深地槽运动时，由于侧斜面对冲击波的反射作用，将增大冲击波的超压与动压。这种现象在山地及直而长的峡谷中最为典型。

4. 森林对冲击波的影响

树木对气团运动能产生很大的阻力，森林对空气冲击波的影响，取决于树木对空气运动的阻力。由于树木的高度一般都不大，所以森林内部空气的最大超压与在森林上面传播的冲击波波阵面的超压差别不大，即使是大片森林，两者之差也不超过10%～15%。但是，由于树木对气流运动的阻力很大，在森林的几十至几百米的纵深内，气流速度和动压便大大地降低了，从而使冲击波的直接杀伤作用大大减弱。如果冲击波超压大于 3×10^3 Pa～5×10^3 Pa 时，能使树木折断、倾倒，并吹落大量的树枝，对暴露人员的间接杀伤会大大增加。

四、地面热层的影响

核爆炸时，极强烈的光辐射作用于爆心投影点附近的地面上，地面温度迅速升高，使地面上的有机物（如草、树叶等）燃烧、矿物质分解、土壤中的结晶水蒸发。这样，地面附近的空气就会含有大量灰尘，空气的透明度大大降低，这些含有灰尘的空气对光辐射能量的吸收比清洁空气要大得多，因此，含有灰尘的空气温度会进一步升高。高温空气和它上面的冷空气有很大的温差，便产生强烈的对流，促使热空气团迅速上升并和冷空气团混合，形成"热层"。一般来说，比高小于 300 m/kt$^{1/3}$ 的核爆炸，在近区都能形成热层。

在地面受到 $4.19×10^5$ J/m^2 以上光冲量照射的区域内，地面温度升高达几百 K；当光冲量为 10^7 J/m^2 以上时，地面温度可达千 K 以上，热层内温度最高可达 2000 K 以上。热层厚度随时间而增加，大约以几米每秒到几十米每秒的速度向上发展。

当冲击波进入热层以后，波阵面的速度增大。热层内温度是随高度变化的，波阵面的速度上、下有所不同，在地面附近要比在热层的顶部大一些。由于热层中温度是随高度递减的，所以波阵面的运动速度也随高度递减（在地面附近快，往上逐渐减慢）并发生偏转，见图 3-4-4。

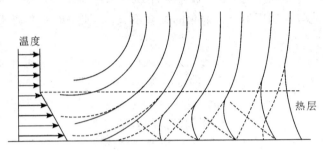

图 3-4-4　热层对冲击波波阵面形状的影响（虚线表示无热层时波阵面的形状）

冲击波波阵面在热层中发生偏转，与无热层时相比较，非规则反射区将在距爆心投影点更近的地方开始，即形成合成波的距离缩短。在热层的影响下，冲击波的性质有以下几个特点：

（1）没有明显陡峭的波阵面，即冲击波超压不是突然地在瞬间增至峰值，而是在几十至几百毫秒内上升到最大值，见图 3-4-5。

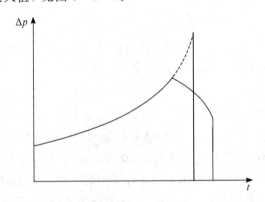

图 3-4-5　受热层影响时冲击波波形的变化（虚线表示无热层影响时冲击波阵面）

（2）波阵面的最大超压，比不受热层影响时要小。例如在距爆心投影点距离与爆高相等处，冲击波受热层影响最大，其超压会比不受热层影响时减小 1/2～2/3。

（3）由于热层中冲击波内空气运动速度增大，并含有相当数量的灰尘，动压将大大增加。例如，当地面空气层的温度被加热到1000℃时，最大超压值 $1.1×10^5$ Pa 所对应的动压为 $1×10^5$ Pa～$1.5×10^5$ Pa，而不受热层影响时，仅为 $3.62×10^4$ Pa。

（4）超压作用时间稍有增加。

以上这些特点，使得冲击波对掘开式工事的破坏作用减小，对暴露配置的人员、物体的杀伤破坏作用有所增强。

光辐射形成的热层对冲击波产生影响的最大范围相当于 5～6 个爆炸高度的距离，而在距爆心投影点大约等于爆炸高度处，热层对冲击波的影响最严重。

地面爆炸时，爆心周围有大量扬起的尘土，光辐射不易透过，形成的热层温度较低，因此影响范围也较小。

水面或覆盖大面积冰雪的地面，不易受热，热层的影响可以忽略不计。

五、防护条件的影响

1. 受冲击波作用面积

人员、物体受冲击波作用的面积越大，遭受杀伤破坏的程度就越重。一个人站立时受冲击波作用的面积比卧倒时受冲击波作用的面积大，故受的伤害就大，例如，在核试验时，设置了两个质量 74.8 kg 的人形靶，一个背向爆心站立，一个卧倒在地面。当超压为 3.72×10^4 Pa 的冲击波到达时，站立人形靶被抛出 6.96 m，倒在地上，而卧倒的人形靶没有移动。可见人员见核爆闪光后立即卧倒能大大减轻冲击波的杀伤。

2. 物体的形状

流线形和圆柱形的物体对冲击波的阻力小，能承受较强的冲击波作用。例如日本两次遭核袭击，爆心附近的房屋都倒塌了，但很多电线杆和烟囱却仍矗立在地面上。

对于迎风面较大的建筑物，如果朝向爆心的墙壁上有开口（门或窗），使冲击波得以从孔口中通过，反射超压就会大大减低，破坏程度减轻；但是，如果冲击波进入室内，屋里设备和人员将受到更重的毁伤。

3. 物体的坚固程度

物体的坚固程度对于抗冲击波有重要意义。钢筋混凝土结构房屋较砖砌房屋不易受冲击波破坏；大型兵器，如坦克、装甲输送车、舰艇等，由于本身具有较强的抗冲击波能力，不易被破坏；人员在坚固的建筑物内也比较不易受到杀伤。相反，木屋、砖砌民房等很容易遭受冲击波破坏，人在里面也容易受到杀伤。

4. 防护条件

处在地下掩蔽部、地下建筑物内的人员和物体，有良好的防护条件，只要掩蔽部、建筑物不被破坏，就能避免冲击波的杀伤破坏。由于山地、深沟能削弱冲击波，故在山地、深沟的人员、物体也能减轻或避免冲击波毁伤。例如某次十万吨级核试验中，离爆心 265 m 处有一坑道工事，该处地面冲击波超压为 5.6×10^6 Pa，在坑道内的动物、仪器都安然无恙。

第五节　防冲击波的措施

对于万吨级以上的中型、大型核武器来说冲击波是主要的杀伤破坏因素。根据冲击波杀伤破坏方式（直接的和间接的）以及冲击波的性质，可以采取下述具体防护措施。

一、避开破坏

冲击波的直接冲击是引起杀伤破坏作用的最主要原因，冲击波的间接杀伤破坏作用也比较大，故防冲击波的措施对这两个方面都应该照顾到。

在冲击波的杀伤破坏范围内，除了离爆心投影点很近的地方，通常冲击波的直接冲击和它携带的土块、石子、瓦片、树枝等都是沿水平方向通过地面的，因此地下掩蔽和卧倒对避免冲击波的直接冲击和间接杀伤破坏都有非常显著的效果。加强掩蔽工事的结构强度，能减少由于工事被破坏、倒塌所造成的间接杀伤、破坏。

1. 掩蔽

利用地形、天然的掩蔽地、工事和地下掩蔽部进行掩蔽，是防冲击波的主要手段，也是比较可靠的手段。

1）完全掩蔽的掩蔽地（地下掩蔽部、地下坑道和人防工事等）

这些掩蔽地都建造在地下一定深度处，并有一定的防护层（顶盖上覆盖有一定厚度的土壤），骨架也比较坚固，有的还具有密封性能，冲击波进不去。所以，这些掩蔽地能在一定程度上避免冲击波超压、动压的直接作用，也能完全避免冲击波的间接杀伤破坏作用。只有在冲击波特别强烈，特别是地面爆炸、地下爆炸中距离爆心投影点较近的工事，有可能受到局部的破坏，甚至严重的破坏。那时，掩蔽在工事里面的人员和物体有可能受到冲击波的直接杀伤破坏，也可能因工事被破坏而受到间接的杀伤和破坏。

不同强度和等级的地下掩蔽部能在一定距离上抵抗住不同当量核爆炸冲击波的破坏，加强结构强度，便能使工事更加安全。因此，在核战争条件下，即使是在野战机动的情况下，也要尽一切可能修建防护工事，修建具有一定强度的地下掩蔽部。

2）半掩蔽的掩蔽地（堑壕、掩体的掩盖地段、崖孔、桥洞等）

这些半掩蔽的掩蔽地能避免冲击波的直接冲击，超压作用也有所减小。冲击波携带的石块、瓦片、树枝等也会被掩盖层（或桥身）挡住。但当掩盖层（或桥身）被破坏时，则可能受到倒塌物的间接杀伤破坏。

在这些半掩蔽地中，崖孔防护能力较强，也是比较容易构筑的简易工事。带转角的崖孔防护效果比不带转角的防护效果要好；洞口背向爆心的比洞口朝向爆心的要好。一般说，掩蔽在崖孔内的人员，受到冲击波有效杀伤半径为开阔地面上的人员的 1/3～1/2。

3）露天掩蔽地（无掩盖的交通壕、堑壕、散兵坑、土坎、坚固矮墙等）

这些露天掩蔽地在离爆心较远时，既能避免冲击波的直接冲击而且还能一定程度避免冲击波携带的石块、瓦片等的间接杀伤。

对于在空爆规则反射区（离爆心投影点距离不大于爆高的地区）内的堑壕，其深度、形状对冲击波的影响可以忽略；在距爆心投影点距离约为三分之二爆高以内的堑壕，底部超压接近同距离的地面超压；在更远的距离上，通常壕底的超压稍大于地面的超压。

如果堑壕处于空爆的非规则反射区，并且堑壕的走向垂直于冲击波的传播方向，则冲击波到达堑壕背向爆心一侧壁时便发生膨胀现象，此时堑壕内的超压减小；当冲击波遇到朝爆心的侧壁，便产生反射，此时壕内超压增加。从实测结果分析，壕底超压比地面超压要大 20%～30%，甚至测到过更高的值，但峰值超压上升时间比较长。较强的冲击波进入堑壕时，堑壕内膨胀波的影响是次要的，反射波的作用是主要的，因此背向爆心一侧壁上的平均超压也会大于地面超压。

如果堑壕的走向与冲击波传播方向一致，即地面冲击波顺着堑壕传播，则壕底超压近似等于同距离上的地面超压，同时堑壕内也会受到动压作用。为了克服这一缺点，可在堑壕壁上挖崖孔，防护效果便会好得多。

在核战争条件下，爆心投影点难以预先确定，地面冲击波可能是横越，也可能是顺着堑壕传播。若在堑壕壁上挖崖孔，就能防止动压的杀伤。堑壕内超压虽可能高于地面，但由于在壕内冲击波的上升时间较慢，人受超压的伤害也会比地面有所减轻。

冲击波对堑壕内人员的杀伤半径，大约是对地面上暴露人员杀伤半径的 2/3，堑壕的防护作用是明显的。

核爆炸时，人员掩蔽在土坎、坚固矮墙的后面，通常可以减少或避免冲击波动压的直接冲击和冲击波携带石块、瓦片、树枝所造成的间接伤害。当土坎、坚固墙较高时，也能减小超压。但高墙倒塌造成砸伤的可能性却大大增加了。

应该注意：人员在土坎、坚固墙后面掩蔽时，应尽量贴近土坎和墙根，人体沿墙根线卧倒。这样即使墙倒了，也一般不会从墙根处倒，而总是在离地面一定高度处倒的，人沿墙根线卧倒，刚好不易砸着。拐角处墙则更不易倒塌，如果卧倒在拐角处附近，防护的效果还应看爆心方向来定。

在听到(看到)核袭击警报信号时，在不影响战斗的情况下，应当利用工事来防护。当事先没有接到核袭击警报信号而突然发现核爆炸闪光时，也应立即进入事先观察好或预先挖好的掩蔽地掩蔽起来。

2. 卧倒

当发现核爆炸闪光，如果就近没有防护工事，则应毫不犹豫地迅速背向爆心就地卧倒，可以减弱冲击波的伤害。如果无目的地去找掩蔽地，或者想跑到较远的地下工事，那么很可能还没有到地下工事的时候，冲击波就到了，那时会受到严重的杀伤。

人员卧倒时的受风面积约为站立时的 1/5，而要使卧倒的人员移动，所需的风力要比站时大 8 倍，而在人员活动时比站着更易倾倒和位移。人员卧倒后，还能减少飞散石块、瓦片等造成的间接伤害。

人员在开阔地卧倒，并不能减轻超压的作用，但由于人体对超压的耐力较强，所以卧倒能减轻动压的间接伤害。通常，卧倒能使暴露人员受到冲击波杀伤的半径缩小 1/3～1/4。

二、分散布局

"分散"是核战争条件下减少部队遭受核武器杀伤破坏的主要方法之一。核爆炸冲击波所能造成的实际杀伤破坏效果，不仅取决于武器的威力，还与核爆炸区内人员、武器、装备、物资配置的密度有关。军队配置越密集，一枚核武器所造成的损失越大，因此在敌人可能使用核武器条件下，军队应当采取适当的分散配置。为此，在核条件下作战，军队的正面、纵深和间隔都将适当加大，重要的物资、装备也应当分散，并尽量使得核袭击条件下两个以上的重要目标不会被破坏。军队在战斗行动中应该隐蔽地集中，并避免长时间保持密集的战斗队形，以免构成敌人核袭击的目标。城市、要地、居民地有核威胁时，也应适当疏散。

当然，为了防核武器袭击，军队需适当分散，但过度分散，将削弱军队的战斗力。因此，在核条件下作战，军队的分散程度应当在保障军队战斗力的前提下，根据预测的核武器威力半径，结合本部队当前的战斗任务、部队机动能力、地形特点全面考虑。

三、提高抗力

为了提高武器、技术装备对冲击波的抗力，应该加强坦克、运输车辆等各个部分结构强度，缩小体积，降低重心，使其不易倾覆。

对于工事，要加深堑壕，增加掩盖地段，消除锐角。地下掩蔽部的出入口应有转角，并要增加掩盖地段和消除锐角；加强骨架，加厚墙壁和掩盖，采用多层结构；加强孔口和防护门的强度；尽可能深入地下。

城市房屋、建筑物也应提高坚固性，如窗户采用钢化玻璃，窗外加上防护盖，构筑地下室。其中需加强地下室顶盖和出入口，半地下室的窗户要用沙袋堵塞，并准备一个以上的预备出入口。

冲击波通过比较小的开口进入很大的空间时，压力上升比较缓慢，超压也会降低。城市地下铁道和地下坑道，通常都有很大的空间，是防冲击波的理想掩蔽所。苏联特别重视利用城市中的地铁作为防冲击波的掩蔽所，在地铁站的进出口都设计了冲击波防护门。

四、开辟通路

森林地、城市居民地遭到核袭击后，冲击波能将大批树木、房屋建筑物摧毁，造成树枝、瓦砾碎片堵塞通路，使得爆后救护、灭火及抢险工作都由于车辆无法通行而受阻。为此应事先规划并组织好清除交通堵塞、开辟通路的人力与物力，以便在爆后组织灭火、抢救伤员之前先把通路开辟出来。

由于冲击波作用力具有很强的方向性，房屋、树木的倒塌、摧毁都倒离爆心，因此与冲击波传播方向垂直的街道一般不会被堵塞；建筑群密度大的街道堵塞严重，街道开阔、建筑群密度低的街道不易堵塞，应在平时作好爆后抢险车辆通行路线的方案。

本 章 习 题

3-1　试简述核爆炸冲击波的形成原因。

3-2　海平面的标准大气压强为 1.0332×10^5 Pa，现测得压缩区内最大压强为 1.1662×10^5 Pa，稀疏区内的最小压强为 9.85×10^4 Pa，试求该冲击波的超压和负压各是多少？

3-3　空中核爆炸，当量为 10 kt，试计算离爆心 1 km、2 km、3 km 处无限均匀大气中未受地面影响时的冲击波超压值各为多少？

3-4　当量为 20 kt 的触地核爆炸，离爆心 1 km、3 km、5 km 处的冲击波超压各为多少？

3-5　核武器在均匀标准大气压中空爆，请计算冲击波超压为 10^6 Pa、10^5 Pa、10^4 Pa、10^3 Pa 时的冲击波传播速度各为多少？

3-6　当量为 27 kt 的空爆，求离爆心 100 m、200 m、500 m、1000 m、2000 m 处的冲击波到达时间各为多少？

3-7　冲击波自爆心向外传播时，冲击波内的空气微团是怎样运动的？

3-8　什么是冲击波动压？动压与超压有何关系？

3-9 什么是超压作用时间? 超压作用时间的长短与离爆心距离和当量有何关系?

3-10 冲击波地面反射形式有哪些? 请简述其特点。

3-11 简述环流荷载与动压荷载。

3-12 试概括冲击波对武器装备的破坏作用。

3-13 单纯由冲击波超压和负压造成的人体直接损伤有何特点?

3-14 在核爆炸时,人员会在什么情况下受到冲击波的间接杀伤?

3-15 冲击波对坦克内人员的损伤有何特点?

3-16 核爆炸对人员造成的冲击伤,伤情等级是怎样划分的? 各级冲击伤的致伤超压值各为多少 Pa? 具体的致伤部位和主要症状是什么?

3-17 请写出计算不同当量核爆炸导致人员中度冲击伤的经验公式。并计算出当量为 1 kt、10 kt、100 kt 时造成人员中度冲击伤的超压值和动压值。

3-18 冲击伤与一般创伤相比较有哪些特点?

3-19 有一座小山,正对冲击波传播方向的一面坡度为 25°,背面的坡度也是 25°,山高为 20 m,问冲击波作用于此小山时,山前、山后的超压与开阔地面的超压相比,有何变化?

3-20 防冲击波对人员、物体杀伤、破坏的措施,一般应遵守哪些原则?

第四章　早期核辐射

核爆炸过程中，轻核聚变反应会放出大量的 α 射线、中子和 γ 射线；重核裂变形成的裂变产物绝大多数具有放射性，它们存在于爆炸形成的火球和烟云之中，不断发射 β 射线和 γ 射线，少数核裂变产物还能发射中子；剩余核装料，也能发射中子和 γ 射线。α 射线、β 射线在空气中射程很短，一般穿不出核爆炸时产生的火球和烟云的范围；中子和 γ 射线在空气中可以辐射很远的距离。早期核辐射是指在核爆炸后 15 s 内放出的中子和 γ 射线。关于 15 s 时间界限的确定，各国不尽一致。根据我国核试验的经验，把爆炸 15 s 之后的核辐射列入剩余辐射之中，因为此时核辐射的瞬时杀伤破坏特征已不明显。早期核辐射是核武器特有的杀伤破坏因素。

早期核辐射经过大气的传播在爆心附近几千米范围内形成辐射场。虽然早期核辐射的能量仅占爆炸总能量的 5% 左右，但是由于中子、γ 射线的贯穿能力很强，所以在一定的范围内，即使采取一定的屏蔽条件，都有可能造成杀伤、破坏的结果。对于万吨级以下的小当量核爆炸，早期核辐射的杀伤范围比光辐射、冲击波的杀伤范围都大，而且杀伤作用突出，对现代武器电子设备的破坏作用也很显著。增强辐射武器（俗称中子弹）出现以后，早期核辐射，特别是中子的杀伤破坏作用更引起了人们的重视，因此掌握早期核辐射的规律，对于现代核武器的防护和使用都有重大意义。

第一节　早期核辐射的来源

一、中子流的来源

早期核辐射的中子流，由两部分组成：一部分是核爆炸时伴随重核裂变链式反应或轻核聚变反应放出来的中子，称为瞬发中子；另一部分是核裂变产物放出的中子，叫作缓发中子。瞬发中子的发射时间一般在 10^{-6} s 以内，随着弹体炸开、飞散，重核裂变反应或轻核聚变反应终止而结束。而缓发中子发射时间大部分在 10^{-5} s 之后，与瞬发中子比较，时间上晚了很多，但伴随了整个核爆炸过程。

早期核辐射中，缓发中子的数目一般只有瞬发中子的百分之一。瞬发中子是在弹体尚未飞散、蒸发之前发射的。弹体物质本身对瞬发中子有慢化和俘获的作用，导致泄出弹体的高能中子数目大为减少。缓发中子的发射时间较晚，且不易受弹体物质的慢化和俘获作用，加上此时冲击波已经形成并向外传播，所以在爆心附近形成了一个密度远小于正常大气密度的空腔（稀疏区）。缓发中子在这个空腔受到空气的削弱作用比瞬发中子在正常大气中受到空气的削弱作用要小得多。所以在大当量核爆炸时，离爆心一定距离上，缓发中子数量有时反而会超过瞬发中子。

1. 瞬发中子

重核裂变时生成两个裂变碎片，每个裂变碎片都含有过多的中子。裂变碎片在从激发态转入基态过程中会产生 1 个或几个中子以及 γ 射线，分别称为瞬发中子和瞬发 γ 射线。瞬发中子和瞬发 γ 射线是在裂变发生后极短的时间内产生的。其中，瞬发中子在裂变后 10^{-15} s 之内产生，而瞬发 γ 射线则在裂变发生后 10^{-11} s 之内产生。瞬发中子产生后，裂变碎片变成裂变产物。裂变过程如下

$$^{235}U + n \rightarrow ^{236}U^* \rightarrow X + Y + vn + 200 \text{ MeV}$$

式中：X 和 Y 为裂变碎片，每次裂变产生的裂变碎片一般是两块，这两块的质量数相差比较大，一块可以称为重裂变碎片，另一块称为轻裂变碎片。轻裂变碎片质量数一般为 $80 \sim 100$，重裂变碎片质量数一般为 $125 \sim 155$。v 为每次裂变放出的中子数，是入射中子能量的函数，核裂变反应 v 的平均值取值如下

$$\bar{v} = \begin{cases} 2.6 & (\text{对}^{235}U) \\ 3.0 & (\text{对}^{239}Pu) \end{cases}$$

若按每个重核裂变放出 200 MeV 能量计算，当量为 1 kt 的原子弹爆炸，大约有 1.3×10^{23} 个重核裂变，除去用以维持裂变链式反应的中子外，净剩的瞬发中子数为

$$n_1 = 1.3 \times 10^{23} (\bar{v} - 1) \tag{4-1-1}$$

如果是氢弹爆炸，当氢弹装料为 ^6LiD 时，瞬发中子数不会增加。这是因为 ^6Li 要吸收一个中子来造氚(T)，有了 T 才能与 D 发生聚变反应。整个过程吸收一个中子，放出一个中子，所以中子数目不增加。但放出的聚变中子，能量最大可达 14 MeV，能引起 ^{238}U 裂变。

^{238}U 裂变时，$\bar{v}$ 值与引起裂变的中子能量呈线性关系(见表 4-1-1)，中子能量每增加 1 MeV，$\bar{v}$ 增量为 0.1541，其经验公式为

$$\bar{v} = 2.237 + 0.1541 E_n \tag{4-1-2}$$

E_n 必须大于 1.5 MeV 才能引起 ^{238}U 原子核裂变。

表 4-1-1　^{238}U 发生快中子裂变时放出的中子数与中子能量的关系

E_n/MeV	1.5	2	3	4	5	7
$\bar{v}$	2.468	2.545	2.699	2.853	3.063	3.316
E_n/MeV	8	10	12	14	14.1	14.5
$\bar{v}$	3.470	3.778	4.086	4.394	4.410	4.471

快中子与 ^{238}U 核还会产生(n, 2n)反应产生更多的中子。引起 ^{238}U 裂变的中子平均能量大约为 8 MeV，加上(n, 2n)反应产生的中子，则 ^{238}U 裂变产生的瞬发中子数比 ^{235}U 裂变大约多一倍。因此，可以认为氢弹每单位当量放出的瞬发中子数目与原子弹爆炸放出的差不多。

如果是中子弹，由于热核装料是 D 和 T，D 和 T 发生聚变反应时，每释放 17.6 MeV能量便能放出一个中子，即

$$T + D \rightarrow _2^4He + n + 17.6 \text{ MeV}$$

因此 1 kt 当量(相当于 2.62×10^{25} MeV)能释放出的瞬发中子数为

$$n_1 = \frac{2.62\times10^{25}}{17.6} \approx 1.49\times10^{24}$$

加上在中子弹结构上采取的措施,实际出弹壳的瞬发中子数便可比 1 kt 原子弹爆炸放出的瞬发中子数大 1 个数量级。

1) 瞬发中子的平均能量

瞬发中子主要是在裂变链式反应最后几代裂变反应中大量释放出来的,此时核武器弹壳还没有被炸开或刚飞散汽化,蒸气的密度很大,瞬发中子在穿出弹体时,会与弹体或弹体蒸气作用。瞬发中子一部分被弹体原子核俘获而吸收;另一部分与弹体原子核发生弹性散射或非弹性散射而损失能量,最后与弹体蒸气达到热平衡,这部分中子称为“热平衡中子”;其他中子来不及与弹体蒸气达到热平衡,带着较高的能量穿出弹体,这部分中子称为“泄漏中子”。

热平衡中子的平均能量大约是 1 keV。它随着弹体蒸气扩散,散布在离爆心 300～500 m 的范围内。1 keV 左右的热平衡中子很容易被 ^{14}N 俘获,并放出 γ 射线(也称为 N 俘获 γ 射线),成为早期核辐射的 γ 射线源之一。

泄漏中子穿出弹壳后,能量在 1 keV～10 MeV 之间,平均能量约为 2 MeV。

DT 聚变反应放出的中子,能量最高可达 14 MeV,平均能量约 8 MeV。

2) 瞬发中子能谱

^{235}U 和 ^{239}Pu 发生裂变时,裂变中子能谱是连续谱。裂变中子能谱的实验结果可由麦克斯韦(Maxwell)分布曲线表示:

$$N(E_n) \propto \sqrt{E_n}\exp\left(\frac{-E_n}{T_M}\right) \tag{4-1-3}$$

式中:参数 T_M 称为麦克斯韦温度(MeV),可以算出裂变中子的平均能量:

$$\overline{E}_n = \frac{\int_0^\infty E_n N(E_n)\,\mathrm{d}E_n}{\int_0^\infty N(E_n)\,\mathrm{d}E_n} = \frac{3}{2}T \quad (\text{MeV}) \tag{4-1-4}$$

瞬发裂变中子穿过弹体时,能谱要发生变化,低能中子数目相对增加,而高能中子数目相对减少。表 4-1-2 给出了原子弹、氢弹出弹壳中子能谱数据。

表 4-1-2　氢弹、原子弹出弹壳中子能谱

单位:MeV·kt^{-1}

弹　种	ΔE_n/MeV				
	0.003 35～0.111	0.111～1.11	1.11～2.35	2.35～4.06	4.06～6.36
氢弹	1.58×10^{24}	6.18×10^{22}	2.29×10^{22}	7.14×10^{21}	2.79×10^{21}
原子弹	2.06×10^{23}	3.84×10^{22}	2.03×10^{22}	5.21×10^{21}	1.31×10^{21}

弹　种	ΔE_n/MeV			
	6.36～8.18	8.18～10.0	10.0～12.2	12.2～15
氢弹	3.00×10^{21}	3.34×10^{21}	3.88×10^{21}	5.78×10^{21}
原子弹	6.99×10^{20}	4.03×10^{20}		

2. 缓发中子

在核爆炸产生的裂变碎片中，有一部分含有过多中子，同时具有 β 放射性。缓发中子的半衰期就是中子发射体 β 衰变母核(亦称缓发中子先驱)的 β 衰变半衰期。按缓发中子半衰期的不同，常将裂变碎片分为若干群。表 4-1-3 给出了核裂变反应生成的几种主要核素发射缓发中子的参数，可以看出，缓发中子的份额约占中子流总数的 1‰，因此裂变过程放出的中子流主要为瞬发中子。

表 4-1-3　重核裂变缓发中子的参数

组号	核素	半衰期/s	平均能量/MeV	缓发中子份额		
				^{235}U	^{238}U	^{239}Pu
1	^{87}Br	54.5	0.250	0.038	0.013	0.038
2	^{88}Br	21.8	0.46	0.213	0.137	0.280
3	^{89}Br	6.0	0.405	0.188	0.162	0.216
4	$^{90-92}Br$	2.2	0.450	0.407	0.388	0.328
5	^{139}I	0.50	0.520	0.128	0.225	0.103
6	^{140}I	0.18	—	0.026	0.075	0.035
一次裂变的总产额				0.0165 ± 0.0005	0.0412 ± 0.0017	0.0063 ± 0.00003
在裂变中子中占的份额				0.0067	0.0148	0.0021

二、γ射线的来源

1. γ射线来源及其分类

按 γ 射线产生的机制可将其分为初级 γ 射线和次级 γ 射线。重核裂变过程中放出的 γ 射线和裂变产物放出的 γ 射线均属于初级 γ 射线；次级 γ 射线是中子与弹体物质及周围介质相互作用所产生的 γ 射线，主要有俘获 γ、非弹性散射 γ 和感生放射性 γ 射线等。

根据 γ 射线发射时间的先后，又可分为瞬发 γ 射线和缓发 γ 射线。瞬发 γ 射线是指在弹体蒸发飞散之前(10^{-5} s)放出来的 γ 射线，包括重核裂变、轻核聚变过程中放出的 γ 射线，以及裂变产物在弹体飞散前放出的少量 γ 射线、中子与弹体物质作用时放出的 γ 射线等；缓发 γ 射线是指在弹体蒸发、飞散之后放出的 γ 射线，包括裂变产物放出的 γ 射线、氮(N)俘获 γ 射线等。爆炸 15 s 后放出的 γ 射线，归入放射性沾染的范畴。

由于瞬发 γ 射线绝大部分被弹体所吸收变成热能，而缓发 γ 射线在进入空气前很少被吸收，其结果是离开核爆炸一定距离处，早期核辐射中的缓发 γ 射线比瞬发 γ 射线约大 100 倍，即早期核辐射中 γ 射线的主要来源为缓发 γ 射线。

2. 缓发 γ 射线

重核裂变后形成的核裂变碎片要经过几次半衰期不同的 β 衰变，平均能放出 3.5 个 γ 光子，γ 射线的能量在 0.1～10 MeV 之间，平均能量约 1 MeV。由此，可以算出每千吨当量裂变碎片放出的 γ 射线总数 n_γ 和能量 $E_{n\gamma}$：

$$n_\gamma \approx 1.3 \times 10^{23} \times 2 \times 3.5 \approx 9 \times 10^{23}$$

$$E_{n\gamma} \approx 9 \times 10^{23} \times 1 \approx 9 \times 10^{23} \quad (\text{MeV/kt})$$

^{235}U 裂变碎片在不同时刻释放出的 γ 射线能谱见图 4-1-1。其中横坐标表示 γ 射线能量，纵坐标表示 γ 射线的相对能量释放率。

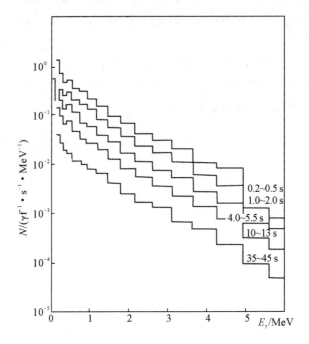

注：$N/\gamma f^{-1} \cdot s^{-1} \cdot \text{MeV}^{-1}$ 为每次裂变(f)、每秒(s)、每兆电子伏能量(MeV)的 γ 光子数。

图 4-1-1 ^{235}U 裂变碎片 γ 射线能谱

从图 4-1-1 中可以看出，在爆后 0.2～45 s 内谱形变化不大，因此可用 0.2～0.5 s 的 γ 射线能谱代替早期核辐射裂变碎片 γ 射线的能谱，结果列于表 4-1-4。

表 4-1-4 ^{235}U 裂变碎片在 0.2～0.5 s 时的 γ 射线能谱

能量间隔/MeV	$N/\gamma f^{-1} \cdot s^{-1} \cdot \text{MeV}^{-1}$	能量间隔/MeV	$N/\gamma f^{-1} \cdot s^{-1} \cdot \text{MeV}^{-1}$
0.137～0.213	1.33	1.808～2.189	6.17×10^{-2}
0.213～0.309	6.87×10^{-1}	2.189～2.620	3.86×10^{-2}
0.309～0.428	4.60×10^{-1}	2.620～3.110	3.87×10^{-2}
0.428～0.575	4.92×10^{-1}	3.110～3.655	1.85×10^{-2}
0.575～0.749	3.28×16^{-1}	3.655～4.275	9.71×16^{-3}
0.749～0.954	3.00×10^{-1}	4.275～4.918	7.98×10^{-3}
0.954～1.195	2.18×10^{-1}	4.918～5.636	1.67×10^{-3}
1.195～1.478	1.45×10^{-1}	5.636～6.419	1.94×10^{-3}
1.478～1.808	3.68×16^{-2}	—	—

^{238}U、^{239}Pu 裂变碎片 γ 射线能谱与 ^{235}U 裂变碎片 γ 射线能谱略有不同，^{239}Pu 的谱略硬，^{238}U 的谱略软。

裂变碎片单位时间内释放出来的 γ 射线能量称作裂变碎片 γ 射线能量释放率，常用 $u(t)$ 表示，单位是 MeV/(f·s)，表 4 - 1 - 5、图 4 - 1 - 2 给出了 ^{235}U 裂变碎片 γ 射线能量释放率随时间变化的规律。

表 4 - 1 - 5　^{235}U 裂变碎片 γ 射线能量释放率 $u(t)$

t/s	$u/MeV(f·s)^{-1}$	t/s	$u/MeV(f·s)^{-1}$	t/s	$u/MeV(f·s)^{-1}$
1×10^{-5}	576	4×10^{-3}	0.78	8×10^{-1}	0.41
2×10^{-5}	282	6×10^{-3}	0.78	1	0.37
4×10^{-5}	177	8×10^{-3}	0.78	2	0.26
6×10^{-5}	126	1×10^{-2}	0.78	3	0.20
8×10^{-5}	79	2×10^{-2}	0.78	4	0.16
1×10^{-4}	70	4×10^{-2}	0.77	5	0.13
2×10^{-4}	21	6×10^{-2}	0.76	6	0.12
4×10^{-4}	3.3	8×10^{-2}	0.74	8	0.09
6×10^{-4}	1.18	1×10^{-1}	0.72	10	0.074
8×10^{-4}	0.85	2×10^{-1}	0.64	15	0.052
1×10^{-3}	0.79	4×10^{-1}	0.52	20	0.043
2×10^{-3}	0.78	6×10^{-1}	0.45	—	—

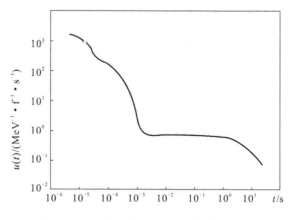

图 4 - 1 - 2　^{235}U 裂变碎片 γ 射线能量释放率

3. N 俘获 γ 射线

核爆炸中子被弹体或大气慢化后，主要被空气中的 N 原子核俘获，N 核吸收中子后，可以发生 ^{14}N(n, γ)^{15}N 反应并释放出 γ 光子，也可能发生 ^{14}N(n, p)^{14}C 反应而不释放出 γ 光子。N 核俘获中子后产生 N 俘获 γ 射线的概率，近似取决于这两种反应的截面。^{14}N(n, γ)^{15}N 反

应的截面 $\sigma_{n,\gamma}$ 取 0.082 b；$^{14}N(n,p)^{14}C$ 反应的截面 $\sigma_{n,p}$ 取 1.75 b。N 核俘获中子后产生 N 俘获 γ 射线的概率 $\eta_{n,\gamma}$ 由下式决定：

$$\eta_{n,\gamma}=\frac{\sigma_{n,\gamma}}{\sigma_{n,\gamma}+\sigma_{n,p}}=\frac{0.082}{0.082+1.75}=0.044\,76 \tag{4-1-5}$$

可以看出，每个中子被 N 核俘获时，只有 4.476% 的概率是放出 γ 射线的，而 95.524% 的概率不发射 γ 射线。亦即，当 22.34 个中子被 N 核俘获时，只有一个中子会与 N 核产生 (n,γ) 反应而发射 γ 射线。

$^{14}N(n,\gamma)^{15}N$ 反应，平均每次反应放出的 γ 总能量是 10.833 MeV，γ 射线能量分布在 3 MeV～10.833 MeV 之间，平均能量是 5.5 MeV。表 4-1-6 给出了 N 核俘获热中子的 γ 射线能谱。

表 4-1-6　N 俘获热中子的 γ 射线能谱

γ 射线能量/MeV	每 100 次俘获的 γ 光子数	γ 射线能量/MeV	每 100 次俘获的 γ 光子数
10.833	11	5.559	14
9.152	1	5.530	18
9.03	0.2	5.293	35
8.54	0.2	5.263	22
8.313	4	4.497	16
7.305	9	3.669	17
7.164	≥0.8	3.520	15
6.423	17	3.267	≤6

第二节　早期核辐射的主要特性

一、散射特性

从爆心向外发射的早期核辐射，基本上是直线传播的。但是，中子、γ 射线在通过大气时会与空气发生作用而被吸收或散射，经过一定厚度的空气层后，散射的中子和 γ 射线便占有一定的份额。因此，不仅在朝向爆心的方向上会受到早期核辐射的照射，而且在其他方向上，甚至在掩蔽物的背后、地下工事的孔口都会有一定量的照射，见图 4-2-1。散射造成了中子和 γ 射线在各个方向上的分布（见图 4-2-2），即在目标的各个方向上都能发生作用。当然，不同方向上的辐射剂量是不相同的：暴露物体朝向爆心方向的剂量，一般要比背向的剂量大 4 倍。图 4-2-2 为离爆心一定距离处开阔地面上的中子和 γ 射线受空气散射后不同方向上的 η_n 和 η_γ，$\eta_\gamma=D_{0\gamma2}/D_{0\gamma}$ 和 $\eta_n=D_{0n2}/D_{0n}$，其中，$D_{0\gamma}$ 和 D_{0n} 分别为爆心方向立体角内的 γ 剂量和中子剂量；$D_{0\gamma2}$ 和 D_{0n2} 为与爆心方向成 φ 角（见图 4-2-3）的单位立体角内的散射 γ 剂量和散射中子剂量。

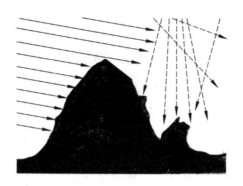

图 4-2-1　早期核辐射中发生散射使土堆后面的人员受到照射

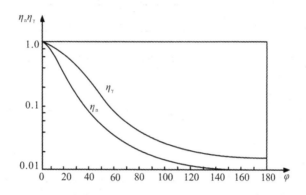

图 4-2-2　中子和 γ 射线受空气散射后不同方向上的 η_n 和 η_γ

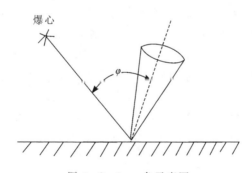

图 4-2-3　φ 角示意图

　　核试验结果和理论计算表明，不论中子或射线，从离爆心 250 m 处，到对杀伤作用有意义的距离内，η_γ 和 η_n 与距离的关系不大。从图 4-2-2 中可以看到：γ 射线的散射比中子更严重。表 4-2-1 中列出了几种角度单位立体角的 η_n 和 η_γ 的数据。

表 4-2-1　几种角度单位立体角的 η_n 和 η_γ

φ	0°	20°	40°	60°	80°	100°	120°	140°
η_n	1	0.29	0.076	0.034	0.021	0.016	0.013	0.0115
η_γ	1	0.60	0.23	0.080	0.039	0.027	0.022	0.018

二、速度特性

γ 射线在大气中的传播速度为光速；质量为 m_n 的中子在大气中的传播速度（v_0）与中子的能量（E_n）有关，高能中子速度快，低能中子速度慢，根据 $E_n = \frac{1}{2} m_n v_0^2$，其速度可用下式计算：

$$v_0 = \sqrt{\frac{2E_n}{m_n}} \quad (km/s) \tag{4-2-1}$$

根据式（4-2-1）算出的不同能量中子的速度列于表 4-2-2 中。

表 4-2-2 不同能量中子的速度

E_n/MeV	0.01	0.05	0.1	0.5	1.0	2.0	3.0	4.0
v_0/(km/s)	1378	3081	4357	9743	13 779	19 486	23 866	27 558
E_n/MeV	5.0	6.0	7.0	8.0	9.0	10	12	14
v_0/(km/s)	30 810	33 751	36 455	38 972	41 336	43 572	47 781	51 558

三、电离特性

中子与 γ 射线都不带电，不能像 α 射线、β 射线那样通过物质时直接以库仑力使原子激发和电离，而是首先在物质中产生带电粒子，然后由这些次级带电粒子（反冲核或反冲电子）使更多的原子激发和电离。

中子与物质作用时产生的次级带电粒子是反冲核，反冲核在使物质电离方面的性质和射线相似，能够产生较密集的正负离子；γ 射线与物质作用时，产生的次级带电粒子是反冲电子，反冲电子会继续使物质发生电离，γ 射线的电离本领比 α 射线要小得多。

当中子被物质的原子核俘获或发生非弹性散射时，会放出一定能量的次级 γ 射线，这些次级 γ 射线继续与物质的原子作用，使之发生更多的电离。

电离作用会在人体中产生一系列的生物效应，并对人体造成伤害，电离作用也能使某些物体发生一系列的化学变化和物理变化，造成对这些物体的破坏。

四、贯穿特性

中子和 γ 射线都不带电，在空气中的平均自由程很长，具有很强的贯穿能力，在贯穿几百米、几千米的空气层，甚至贯穿工事防护层后，仍具有一定的强度，能够对暴露人员或物体起到杀伤破坏作用。所以，有时又把早期核辐射称为贯穿辐射。

五、时间特性

早期核辐射的作用时间，一般认为只有十几秒。

瞬发中子是在核武器的弹体还没有炸开前释放出来的，而且占了中子辐射的大部分，因此可以认为：当人们发现核爆炸闪光时，暴露在开阔地面上的人员，就已经受到了绝大部分中子流和 γ 射线的照射。

N 俘获 γ 射线是在中子泄出弹体并在大气中慢化后被 N 核俘获时放出的，N 核俘获中子后，几乎立即放出 N 俘获 γ 射线，因此 N 核俘获中子随时间变化的规律就是 N 俘获 γ 射线产生的规律。表 4-2-3 是 N 俘获 γ 射线源强随时间的变化情况(设中子泄出弹体(10^{-5} s)时的 N 俘获 γ 射线源强为1)。

表 4-2-3　N 俘获 γ 射线源强随时间的变化情况

爆后时间 t/s	10^{-5}	10^{-3}	10^{-2}	0.05	0.1	0.2	0.3	0.4
t 时源强与 10^{-5} s 时源强之比	1	0.987	0.878	0.521	0.271	0.0735	0.0199	0.0054

由表 4-2-3 可以看出：在爆后 0.3 s N 俘获 γ 射线源强约衰减为 10^{-5} s 时源强的 2%，因此常把 N 俘获 γ 射线的发射时间定为 0.3 s。

裂变碎片放出的缓发中子和 γ 射线是在整个早期核辐射作用时间内起作用的，但 γ 射线的能量释放率随时间的增长，衰减也是很快的(见图 4-1-2)。裂变碎片 γ 射线源强随时间的变化情况如表 4-2-4 所示(设 10^{-5} s 时的裂变碎片 γ 射线源强为1)。

表 4-2-4　裂变碎片 γ 射线源强随时间增长而衰减

爆后时间 t/s	10^{-5}	10^{-4}	10^{-3}	10^{-2}	10^{-1}
t 时源强与 10^{-5} s 时源强之比	1	1.215×10^{-1}	1.372×10^{-3}	1.354×10^{-3}	1.25×10^{-3}
爆后时间 t/s	1	3	5	10	15
t 时源强与 10^{-5} s 时源强之比	6.424×10^{-4}	3.472×10^{-4}	2.257×10^{-4}	1.285×10^{-4}	9.028×10^{-5}

从表 4-2-4 可以看出：裂变碎片 γ 射线的源强随时间增长而下降，15 s 衰减至 10^{-5} s 时的万分之一。如果再加上火球、烟云上升导致的源与目标之间的距离增大，目标处所受的 γ 剂量比预计的还要小，爆后 15 s 后的 γ 射线释放率已很小，其杀伤破坏作用也已不大。

虽说早期核辐射的作用时间有 15 s，但对人员、物体的杀伤破坏作用来说，同样的时间间隔，效果是不同的。爆后最初几秒钟的剂量贡献占了很大的份额，尤其是小当量核爆炸时更加明显。

六、感生放射性

早期核辐射的中子，除了被大气分子俘获，使其具有放射性外，还将被土壤以及地面上的某些物体，如兵器、含盐食品和某些药品等的原子吸收，使之活化，从而产生放射性，这种放射性，叫感生放射性。几种元素被中子活化形成感生放射性方程式如下：

$$^{27}Al + n \rightarrow {}^{23}Al \xrightarrow{T_{1/2} = 2.3\text{min}} {}^{28}Si + \beta^- + \gamma \quad (\overline{E}_\gamma = 1.78 \text{ MeV})$$

$$^{55}Mn + n \rightarrow {}^{56}Mn \xrightarrow{T_{1/2} = 2.58\text{h}} {}^{56}Fe + \beta^- + \gamma \quad (\overline{E}_\gamma = 1.54 \text{ MeV})$$

$$^{23}Na + n \rightarrow {}^{24}Na \xrightarrow{T_{1/2} = 15\text{h}} {}^{24}Mg + \beta^- + \gamma \quad (\overline{E}_\gamma = 4.12 \text{ MeV})$$

$$^{58}Fe + n \rightarrow {}^{59}Fe \xrightarrow{T_{1/2} = 45\text{d}} {}^{59}Co + \beta^- + \gamma \quad (\overline{E}_\gamma = 1.19 \text{ MeV})$$

第三节　早期核辐射的主要参数

核辐射效应的研究和应用离不开核辐射计量，需要各种剂量单位，用以表征辐射源的特性，描述辐射场的性质，度量电离辐射与物质的相互作用等。某些辐射量和单位的概念，经历了不少变化。为了适应世界科学技术的发展、核能的广泛应用和辐射防护的实际需要，经国际辐射单位与测量委员会和国际放射防护委员会的努力，相继发表了许多报告和建议书，专门阐述了辐射量的单位和定义，并明确今后将统一使用国际单位制，但暂时还把专用单位 Ci(居里)、R(伦)、rad(拉德)等与 SI 单位并用。

一、剂量

剂量是表示介质吸收核辐射能数量的术语。虽然在一般意义上经常笼统地使用"剂量"或"辐射剂量"这些术语，但是规范的应该是下述术语，如吸收剂量(D)、剂量当量(H)、有效剂量当量(H_E)、有效剂量当量负担($H_{E,C}$)、约定有效剂量当量($H_{E,50}$)，或者集体有效剂量当量(S_E)等，下面重点讲吸收剂量、剂量当量。

1. 吸收剂量

当核辐射与物质相互作用时，授与单位质量(或被单位质量物质吸收)的任何致电离辐射的平均能量，叫作吸收剂量 D。吸收剂量由下列关系式定义：

$$D = \frac{d\bar{\varepsilon}}{dm} \quad \text{(J/kg)或(Gy)} \tag{4-3-1}$$

式中：$d\bar{\varepsilon}$ 是电离辐射给予某一体积元中物质的平均能量，而 dm 是在这个体积元中物质的质量。吸收剂量的单位是 J/kg，专门名称是 Gy(戈瑞)。吸收剂量的旧单位是 rad(拉德)，1 rad=0.01 J/kg。

照射量曾经用于 X 和 γ 辐射，现在除了作为参考标准的一个量以外，已日渐趋于淘汰，取而代之的是空气比释动能 K，K 由下式定义：

$$K = \frac{dE_{tr}}{dm} \quad \text{(J/kg)} \tag{4-3-2}$$

式中：dE_{tr} 是不带电的致电离粒子在质量 dm 的物质中释放出的所有带电致电离粒子初始动能的总和。

不带电的致电离粒子(X、γ 或中子)在物质中的能量沉积过程分为两个步骤：一是 X、γ 或中子等把能量转移给带电粒子(反冲电子或反冲核)；二是带电粒子通过激发、电离等把能量沉积在物质中。比释动能是描述 X、γ 或中子与物质相互作用时，把多少能量传递给了带电粒子，而吸收剂量则描述了带电粒子的能量沉积。在带电粒子平衡条件下，若轫致辐射的能量损失可以忽略，则比释动能就等于吸收剂量。

2. 剂量当量

人体组织中单位质量沉积能量产生的生物效应不仅取决于能量(即吸收剂量)的大小，还取决于其他因素，特别是核辐射的类型。国际放射防护委员会使用了剂量当量 H 这个量，目的是在辐射防护中能较好地表示出核辐射照射的生物学意义。H 定义为：

$$H = W_R D \quad (\text{J/kg}) \text{或} (\text{Sv}) \tag{4-3-3}$$

式中：W_R 为辐射权重因子。剂量当量的 SI 单位与吸收剂量单位相同，即 J/kg，但是为了避免混淆，赋以专门的名称 Sv(希沃特)。剂量当量的旧单位是 rem(雷姆)，1 rem＝0.01 J/kg。

辐射权重因子照顾到不同类型核辐射的不同有效程度，代表着对给定辐射不同相对生物效应作出的考虑，如表 4-3-1 所示。

表 4-3-1　各种类型辐射的辐射权重因子

辐射类型	能量范围	W_R
X 射线、γ 射线、电子	所有能量	1
中子	<10 keV	5
	10 keV～100 keV	10
	100 keV～2 MeV	20
	2 MeV～20 MeV	10
	>20 MeV	5
质子	>2 MeV	5
α 粒子、裂变碎片、重核		20

3. 吸收剂量率和计量当量率

单位时间内的吸收剂量或剂量当量，称为吸收剂量率($\dot{D}$)或剂量当量率($\dot{H}$)，其定义为

$$\dot{D} = \frac{dD}{dt} \quad (\text{Gy/s}) \tag{4-3-4}$$

$$\dot{H} - \frac{dH}{dt} \quad (\text{Sv/s}) \tag{4-3-5}$$

4. 早期核辐射剂量

由于不需要对早期核辐射剂量理论计算进行研究，而着重于对核爆炸后不同距离的中子剂量、γ 剂量进行估算，故通常运用经验公式或半经验公式。

1）中子剂量 D_{0n}

核爆炸时，中子对人体的伤害，取决于人体组织吸收中子的剂量。这里给出的中子剂量计算公式是采用我国人体模型 10 cm 深度处的吸收剂量。考虑到原子弹和氢弹产生的中子能量、数量等都不相同，故计算公式分为原子弹、氢弹两个公式。

对于原子弹(当量小于 100 kt)：

$$D_{0n} = 4.9 \times 10^7 Q \, \frac{e^{-rp/230}}{r^2} \quad (\text{Gy}) \tag{4-3-6}$$

对于氢弹(当量大于等于 100 kt)：

$$D_{0n} = 8.4 \times 10^7 Q \, \frac{e^{-rp/250}}{r^2} \quad (\text{Gy}) \tag{4-3-7}$$

式中：r 为离爆心距离(m)；ρ 为 1/2 爆高处的空气密度(mg/cm^3)，可用下式计算：

$$\rho=1.226\times\left[1-2.22\times10^{-5}\left(Z+\frac{H}{2}\right)\right]^{4.256}\quad(mg/cm^3) \qquad (4-3-8)$$

式中：Z 为爆心投影点海拔高度(m)；H 为核爆炸爆高(m)。式(4-3-6)、式(4-3-7)中230、250 分别为原子弹、氢弹爆炸放出的中子在空气中的有效衰减长度($m\cdot mg/cm^3$)，即当空气密度为 1 mg/cm^3 时，每经过 230 m 和 250 m 空气，中子剂量便会被衰减为原来的 1/e。

2）γ 射线的剂量 $D_{0\gamma}$

早期核辐射的 γ 射线剂量，主要由两部分组成。一部分是 N 俘获 γ 射线，它的作用时间在 0.3 s 以内，γ 射线的平均能量较高(约 5.5 MeV)，在作用时间内，可近似地看作是点源。由于 N 俘获 γ 射线的平均能量较高，离爆心愈远，它在总剂量中所占的份额越大。另一部分是裂变产物 γ 射线，它的作用时间为十几秒钟，在它整个作用时间内火球和烟云不断上升、扩大，是一个不断上升的体源，会受到冲击波稀疏区空腔的影响。γ 射线在空腔中传播，衰减程度比在正常空气条件下小得多。由于这些情况，计算剂量的空间分布时，需分成远区和近区两种情况来计算。

γ 射线剂量的计算是先算出不同距离处的照射量(R)，然后再按照在该处人体中深度 10 cm 处的吸收剂量，把照射量(R)换算成吸收剂量(Gy)，即以 1 R=9.1×10^{-3} Gy(我国人体模型)来换算。

远区($r\rho$ 大于 2000 $m\cdot mg/cm^3$)时：

$$D_{0\gamma}=9.1\times10^{-3}K(Q)\frac{e^{-r\rho/415}}{r^2}\quad(Gy) \qquad (4-3-9)$$

近区($r\rho$ 小于等于 2000 $m\cdot mg/cm^3$)时：

$$D_{0\gamma}=2.42\times10^{-2}K(Q)\frac{e^{-r\rho/345}}{r^2}\quad(Gy) \qquad (4-3-10)$$

式中：415 和 345 为 γ 射线在空气中的有效衰减长度($m\cdot mg/cm^3$)；$K(Q)$ 可以从表 4-3-2 查得，也可用式(4-3-11)计算：

$$K(Q)=2.82\times10^8\times(2+Q)^{1.3}\quad(R/m^2) \qquad (4-3-11)$$

表 4-3-2　不同当量(Q)的 $K(Q)$ 值

Q/kt	$K(Q)$	Q/kt	$K(Q)$	Q/kt	$K(Q)$
1	1.18×10^9	2	1.71×10^9	5	3.54×10^9
10	7.13×10^9	20	1.57×10^{10}	50	4.80×10^{10}
100	1.15×10^{11}	200	2.80×10^{11}	500	9.14×10^{11}
1000	2.25×10^{12}	2000	5.52×10^{12}	5000	1.82×10^{13}
10 000	4.47×10^{18}	20 000	1.10×10^{14}	—	—

3）总辐射剂量

计算总辐射剂量，关键在于怎样确定核爆炸中子的相对生物效应。中子的相对生物效应与中子的能量和损伤类型相关。核武器中子能谱引起的急性核辐射损伤相对生物效应接近 1；而引起眼球晶状体混浊（白内障）、白血病和遗传的相对生物效应为 4～10。一般把核爆炸中子的相对生物效应定为 1。因此，计算早期核辐射剂量时，可以把中子剂量与 γ 剂量直接相加求得，即

$$D_{n,\gamma} = D_{0n} + D_{0\gamma} \quad (Gy) \tag{4-3-12}$$

中子弹爆炸时，中子急性放射病的相对生物效应采用 1.5。这样，式（4-3-12）中的 D_{0n} 需乘以系数 1.5 后再与 D_{0n} 相加。

二、照射量

虽然 ICRP 认为照射量"除了作为参考标准的一个量以外，日渐趋于淘汰"，但以前所测的放射性沾染数据都是以照射量旧的专用单位"伦琴"、照射量率旧的专用单位"伦/时"为计量单位的，因此仍要对此有所了解。照射量是辐射防护中使用最久的一个物理量。它是表示 X 或 γ 射线在空气中引起电离数量的量，其定义表达式为 dQ 除以 dm 而得的商，即

$$X = \frac{dQ}{dm} \tag{4-3-13}$$

式中：dQ 是质量为 dm 的一个体积元的空气中，当光子产生的全部电子均被阻留于空气中时，在空气中形成的同一种符号的离子总电荷的绝对值（不包括次级电子产生的韧致辐射被吸收后而产生的电离）。

照射量旧的专用单位为"伦琴"（其符号为 R）。伦琴的定义为：在 1 R 的 X 或 γ 射线照射下，0.001 293 g 空气（标准状况下 1 cm³ 空气的质量）中释放出来的次级电子，在空气中总共产生电量各为 1 esu（静电单位）的正离子和负离子。因为 1 esu＝0.333×10⁻⁹ C（库仑）的电量，所以

$$1\ R = \frac{1\ esu}{0.001\ 293\ g} = \frac{0.333 \times 10^{-9}\ C}{1.293 \times 10^{-6}\ kg} = 2.58 \times 10^{-4}\ C/kg \tag{4-3-14}$$

照射量的 SI 单位为 C/kg。由于一个离子（每种符号）携带的电量为 1.602×10^{-19} C，故 1 R 的照射量相应产生的电离子对数为

$$1\ R = \frac{2.58 \times 10^{-4}\ C/kg}{1.602 \times 10^{-19}\ C/离子对} = 1.61 \times 10^{15}\ 离子对/kg$$

在空气中产生一个离子对所需的平均能量是 5.4×10^{-18} J，因而 1 R 的照射量相应于空气吸收的能量是

$$1\ R = 1.61 \times 10^{16}\ 离子对/kg \times 5.4 \times 10^{-18} J/离子对$$
$$= 8.69 \times 10^{-3}\ J/kg \tag{4-3-15}$$

照射率的符号是 $\dot{X}$，为 dX 除以 dt 而得的商，即

$$\dot{X} = \frac{dX}{dt} \tag{4-3-16}$$

式中：dX 是时间间隔 dt 内照射量的增量。本书常用的照射率单位为 R/h。从上面分析可知，在电子平衡条件下，1 R 的 X 或 γ 射线传递给 1 kg 标准状况下干燥空气次级电子的总能量为 8.69×10^{-3} J，因此在空气中，同样条件下照射量与吸收剂量的关系为

$$D_{air} = 8.69 \times 10^{-3} X \quad (Gy) \tag{4-3-17}$$

式中：X 为以 R 为单位的照射量。如果介质不是空气，则是人体组织或其他物质，则吸收

剂量可用下式求得

$$D = fX \quad (\text{Gy}) \tag{4-3-18}$$

式中：f 为 Gy/R 换算系数，它与 γ、X 射线的能量和受照射物质的原子序数有关，见表 4-3-3。

表 4-3-3　不同 γ 能量时几种物质的 f 值

光子能量/Mev	f 值		
	水	骨骼	肌肉
0.010	0.912×10^{-2}	3.542×10^{-2}	0.925×10^{-2}
0.015	0.889×10^{-2}	3.97×10^{-2}	0.916×10^{-2}
0.020	0.881×10^{-2}	4.23×10^{-2}	0.916×10^{-2}
0.030	0.869×10^{-2}	4.39×10^{-2}	0.910×10^{-2}
0.040	0.878×10^{-2}	4.14×10^{-2}	0.919×10^{-2}
0.050	0.892×10^{-2}	3.58×10^{-2}	0.926×10^{-2}
0.060	0.905×10^{-2}	2.91×10^{-2}	0.929×10^{-2}
0.080	0.932×10^{-2}	1.91×10^{-2}	0.939×10^{-2}
0.10	0.948×10^{-2}	1.45×10^{-2}	0.948×10^{-2}
0.15	0.962×10^{-2}	1.05×10^{-2}	0.956×10^{-2}
0.20	0.973×10^{-2}	0.979×10^{-2}	0.963×10^{-2}
0.30	0.966×10^{-2}	0.938×10^{-2}	0.957×10^{-2}
0.40	0.966×10^{-2}	0.928×10^{-2}	0.954×10^{-2}
0.50	0.966×10^{-2}	0.925×10^{-2}	0.957×10^{-2}
0.60	0.966×10^{-2}	0.925×10^{-2}	0.957×10^{-2}
0.80	0.965×10^{-2}	0.920×10^{-2}	0.956×10^{-2}
1.0	0.965×10^{-2}	0.922×10^{-2}	0.956×10^{-2}
1.5	0.964×10^{-2}	0.920×10^{-2}	0.958×10^{-2}
2.0	0.966×10^{-2}	0.921×10^{-2}	0.954×10^{-2}
3.0	0.962×10^{-2}	0.928×10^{-2}	0.954×10^{-2}

如果从空气中某一点的照射量换算成人体处于该位置时，人体内部相应点上的吸收剂量除了要乘以 f 值外，还要乘上反映射线在人体内吸收和散射作用的系数。设以 F 表示这两个系数的乘积（总的转换系数），表 4-3-4 给出了在 ^{60}Co γ 射线和核武器早期核辐射中 γ 射线照射下，体模内不同深度处的 F 值（Gy/R）。

表 4 - 3 - 4　　在体模的不同深度处的转换系数 F 值

深度/cm	F 值	
	^{60}Co γ 射线	早期核辐射 γ 射线
2	0.99×10^{-2}	1.16×10^{-2}
4	0.94×10^{-2}	1.10×10^{-2}
6	0.90×10^{-2}	1.04×10^{-2}
8	0.85×10^{-2}	0.99×10^{-2}
11	0.81×10^{-2}	0.91×10^{-2}
12	0.77×10^{-2}	0.83×10^{-2}
14	0.73×10^{-2}	0.78×10^{-2}

例　在核爆炸时，测出空间某一点上早期核辐射 γ 射线照射量为 400 R，求人体处于该位置时所受吸收剂量为多少？

解　人体所受早期核辐射 γ 射线的吸收剂量可以用体中心位置吸收剂量来表示，取 10 cm 深度为体中心位置，则人体受到的吸收剂量为

$$D = FX = 0.91 \times 10^{-2} \times 400 = 3.64 \text{ Gy}$$

在一般核防护监测中不必如上述这样进行计算，因为空气中某一点上照射率的数值 (R/h) 与人体位于该处时体内最大吸收剂量率的数值(rad/h 或 cGy/h)是相差不大的。由于核防护监测通常不要求很高的精确度，故可认为以 rad 或 cGy 表示的吸收剂量和以 R 表示的照射量在数值上是近似相等的。当然，在概念上它们之间是有严格区别的。

三、粒子注量

有时候只知道入射粒子数量而不清楚具体能量，此时为描述粒子的效应，国际辐射单位与测量委员会引入注量 Φ 的概念：以辐射场中某点为球心，进入单位截面积球体的粒子数，即

$$\Phi = \frac{\mathrm{d}N}{\mathrm{d}\alpha} \tag{4-3-19}$$

式中：dα 为球体的截面积；dN 为进入球体的粒子数(不包括从球体内流出的粒子数)；粒子注量 SI 单位为 m^{-2}，常用单位为 cm^{-2}。

由于球体的截面积可任意选取，对无论任何方向入射到球体上的粒子，都可选出相应的截面积。也就是说，粒子注量与粒子的入射方向无关。但应注意的是，一般情况下，通过单位截面积的粒子数不等于粒子注量，而小于粒子的注量，只有在粒子的单向平行束垂直入射的特殊情况下才等于粒子注量。

当早期核辐射中的中子与活细胞或物质中的原子发生相互作用时，活细胞和原子可视为一个小球体，不管中子从什么方向击中活细胞或原子，都可能发生某种效应。在辐射防护上，人们主要关心的是辐射作用于某一点所产生的效应，而不管辐射的入射方向，因此

粒子注量在辐射防护上是一个重要的辐射量。

同样，粒子注量率 φ，表示单位时间内进入单位截面球体的粒子数，即

$$\varphi = \frac{\mathrm{d}\Phi}{\mathrm{d}t} \tag{4-3-20}$$

粒子注量率 SI 单位为 $\mathrm{m}^{-2}\mathrm{s}^{-1}$，常用单位为 $\mathrm{cm}^{-2} \cdot \mathrm{s}^{-1}$。

第四节　早期核辐射的杀伤破坏作用

一、对人员的杀伤作用

早期核辐射对人员的杀伤作用主要是中子、γ 射线照射到人体组织，人体组织细胞受到电离作用后，细胞的蛋白质、核蛋白及酶等具有生命功能的物质直接被破坏，导致细胞的变异和死亡；此外，核辐射使液体中的水分子产生许多有强氧化性、高毒性的自由基或过氧化合物，破坏人体组织的分子。当受到的核辐射剂量很大时，机体组织的大量细胞遭到破坏，就会导致机体生理机能改变和失调（例如造血功能发生障碍，肠胃功能紊乱，以至中枢神经系统紊乱等），发生一种全身性的特殊疾病——急性放射病（症状不超过 6 个月的辐射病属于"急性"，症状持续时间在 6 个月以上的属于"慢性"）。

核辐射引起人体损伤，需要一定的剂量。通常认为只有人员在短期内受到超过 1 Gy 的吸收剂量后，才可能发生急性放射病；如果所受吸收剂量低于 1 Gy 时，一般不会发生明显的病变，个别对核辐射敏感的人可能有轻微的血象变化。

早期核辐射对人员的伤害程度，决定于人员受照时的吸收剂量，并与受照射者的健康状况有关。急性放射病分为轻度、中度、重度和极重度四级。在极重度放射病中又可分为骨髓型、肠型和脑型放射病。

1. 轻度放射病

引起轻度放射病的核辐射剂量为 1～2 Gy，受到 1 Gy 照射的人群中，有少数（5%）人会发生属于急性放射病的症状，这个剂量是轻度放射病的最低剂量。

急性轻度放射病患者的症状少而轻；病程分期不明显。照射后几天内便会出现疲乏、头昏、失眠、食欲减退和恶心等症状。血象改变轻微，照射后 1～2 d 内白细胞数有暂时性上升，然后逐渐下降，3 d 后淋巴细胞绝对数可降至 $1000/\mathrm{mm}^3$，40～50 d 血象逐渐恢复。一般不发生脱发、出血和感染等情况。

2. 中度放射病

引起中度放射病的吸收剂量为 2～4 Gy。受到 2 Gy 照射的人群中，有半数（50%）会出现明显的急性放射病症状，不经治疗有极少数人员（3% 以下）会死亡，这个剂量作为中度放射病的最低剂量。

急性中度放射病，有明显的病程分期。初期表现为照射后几小时发生一些神经系统和消化道系统症状，如头昏、疲乏、失眠、食欲下降、恶心、呕吐等，持续 1 d 左右。然后进入假愈期，在假愈期内症状消失，但血象继续较缓慢地下降，白细胞数于第一周在 $3500/\mathrm{mm}^3$ 以上，第二周 $2000/\mathrm{mm}^3$ 以上；血小板于第二周降至 $60\,000/\mathrm{mm}^3$，在假愈期末可发生脱发。照射

后 20~30 d 进入极期，脱发、皮肤和黏膜出血往往是极期开始的先兆，感染发热则标志已开始进入极期。出血较广泛，多发生在感染发热以前；大多数伤员可在第 20~30 d 开始发热，最高体温为 38 ℃~40 ℃，口腔感染发生较早的较多；白细胞数波动于 1000~3000/mm³；血小板降至 1000~50 000/mm³，可能发生轻度贫血。一般在照射后第五周开始进入恢复期，症状消退，血象回升，毛发重生，甚至比原来还长得稠密。

3. 重度放射病

引起重度放射病的吸收剂量为 4~6 Gy。照射 4 Gy 的剂量后，不经治疗，有大部分人会发生死亡，这个剂量作为重度放射病的最低剂量。

急性重度放射病，也有明显的病程分期。初期除有中度放射病的症状外，呕吐发生较早较频，还可能发生腹泻。初期症状持续一至两天。假愈期中症状消减，血象继续较快地下降，白细胞数于第一周即降至 2500/mm³ 以下，第二周降至 1000/mm³ 以下；血小板第二周降至 30 000/mm³。假愈期末开始脱发，成束地脱落，一至二周内可脱光。照射后 15~25 d 开始进入极期，出血广泛而严重，比感染发热稍早或同时发生。各局部和全身感染严重，于照射后 15~25 d 开始发热，最高体温达 39 ℃~41 ℃，全身衰竭时可发生低温（低于正常体温）败血症，还可发生柏油便、拒食、衰竭等严重症状。由于呕吐、腹泻、高热等原因，可引起代谢紊乱，水、电解质平衡失调，如脱水、低血钾症、二氧化碳结合力降低，血中非蛋白氮含量升高等。极期内血象急剧下降至最低值，白细胞数可降至 1000/mm³ 以下，血小板数可降至 10 000/mm³ 以下，红细胞数可降至 250×10⁴/mm³ 以下。白细胞有核浓缩、溶解、胞浆空泡、毒性颗粒等质的变化。一般于伤后一个半月至两个月进入恢复期，精神疲乏、贫血等可持续较久的时间。

4. 极重度放射病

1）骨髓型放射病

人体受到 6 Gy 以上的吸收剂量后，可发生骨髓型放射病，如不及时救治几乎都会死亡。由于伤情极重，发展迅速，所以病程分期不如中度、重度放射病那样明显。照射后 1 h 内就可发生反复的呕吐和腹泻，很快呈衰竭状态。持续 2~3 d 后症状有所减轻，但白细胞数仍急剧下降，一周内可降至 1000/mm³，3 d 内淋巴细胞数可降至 250/mm³ 以下。照射后 5~10 d 转入极期，发生高热、拒食、频繁的呕吐、腹泻、柏油便、严重脱水和其他代谢紊乱症状，全身衰竭，照射后两周左右十分危重。

骨髓型放射病将很快丧失战斗力。在治疗过程中，由于病情严重，极期阶段持续时间较长，恢复较慢，因此伤员在较长时间内处于危重状态。在这期间，病情往往会出现反复，如反复发生全身性和局部感染，以致长期发热不退。白细胞数在较长时间处于很低水平，还会因感染发作而下降更快，贫血也可能继续存在。所以，对于极重度放射病伤员必须一开始就认真护理，及时治疗，否则很容易出现死亡。如果及时治疗，即使是骨髓型放射病患者也是能够恢复健康的。例如在 1963 年 1 月的一次大剂量照射事故中，有一女性，44 岁，全身受 γ 照射达 916R（约 9 Gy），经治疗，在伤后两年血象恢复正常，能从事一般体力劳动；另一男性，20 岁，全身受 γ 照射 696R（约 6.5 Gy），经治疗后恢复，于发生照射后 20 个月后出院到连队进行训练，能参加军训、队列、刺杀、打靶、站岗等军事活动，5 年后在安徽合肥市某工厂当钳工，能胜任重体力劳动。

2）肠型放射病

发生肠型放射病的剂量阈值和剂量范围，文献报告意见不一，对人员尚缺乏确切的数据。有人认为，全身受 4.5 Gy 以上的照射，就可以造成肠型死亡，伤者多于两周内死亡；有的认为，受到 7.5～40 Gy 的 γ 照射，将引起胃肠黏膜坏死而导致死亡，而中子照射时，4 Gy 也会引起同样的胃肠黏膜损伤而在 3～4 d 死亡；有人认为，受到 20～40 Gy 的吸收剂量后，8～14 d 死亡者属肠型放射病。

总的说来，如果人员全身照射了 10 Gy 以上的剂量，或全身不均匀照射而腹部受到了过大的剂量照射时，即可发生肠型放射病，剂量范围为 10～50 Gy。

肠型放射病的病程分期，不像典型骨髓型放射病那样明显，但仍可分为初期、假愈期和极期三个阶段。

肠型放射病的初期多于照射后 20 min～4 h 时间内出现较频繁的呕吐，有些病人有腹痛和排稀便症状，血压轻度下降，体质虚弱，初期反应持续时间为 2～3 d。假愈期只是表面上看好像症状有所缓解，实际上病情仍在发展恶化；假愈期很短，通常为 3～5 d，多数只是症状有所缓解；照射后 5～8 d 再度出现更为严重的胃肠道症状，病人全部发生恶心呕吐，呕吐物为胃内溶物，后为带胆汁的粘液，有时带血，腹泻极其严重，大便如水样，带血和粘液，有些混有黏膜组织，常有腹痛和腹胀，有些并发麻痹性肠梗阻，肠套叠或腹膜炎，造血功能障碍和血细胞下降比骨髓型更为严重。大多数病人于 6 d 后白细胞数降至 $1000/mm^3$ 以下，淋巴细胞降至 $300/mm^3$ 以下。极期所有病人均有感染发热，开始于第一周末或更早，死亡前达到高峰，进行血液培养均证明有败血症出现，由于呕吐、下泻、高烧、拒食，导致体液和电解质大量丧失，引起严重脱水、酸中毒、尿闭，病情恶化，血压下降，多汗，四肢发冷、发绀，并有瞻妄、意识不清和昏迷，以至死亡。即使经多方治疗，也很难奏效。

3）脑型放射病

脑型放射病是比骨髓型、肠型放射病更为严重的放射损伤，脑部病变突出而表现有系列的中枢神经系统症状。发生脑型放射病的剂量阈值和剂量范围，尚无确切的数据。但可根据动物试验，概略地认为人全身受 50 Gy 以上的照射，或全身受不均匀照射而头部受特大剂量照射后，即可发生脑型放射病。

脑型放射病的病程较短，但也可区分出阶段来。动物试验的结果显示可分为初期和极期。初期（照射后 0.5～2 h）：照射后 50%～80% 的动物出现呕吐和稀便；照射后 0.5 h 左右开始出现共济失调，表现形式有站立不稳、步态蹒跚、头部摇摆、全身摇晃等，在站立、行走或做某动作时共济失调尤为明显；照射后 1～2 h 开始出现眼球震颤，肌肉张力增强和肢体震颤，这个时期白细胞和血红蛋白含量增高。

极期（照射后 2 h 直至死亡）：照射 2～24 h 内在发生共济失调和中枢神经系统的症状后出现抽搐而进入极期。抽搐先是频繁发作，尔后发作减少。动物处于抽搐阶段时，兴奋性增高，腱反射亢进。其间血红蛋白含量仍处较高水平，白细胞数可稍下降。经严重抽搐以后，血压下降，体温降低，逐渐恶化，对光反应迟钝或消失。随后抽搐停止，遂转入衰竭状态，意识丧失，处于低温、反射消失、昏迷，直至死亡。

二、对物体的破坏作用

早期核辐射对物体的破坏作用，是由于中子和 γ 射线对物体产生电离作用而造成的。

某些物体中的一些核素,俘获了中子之后会形成感生放射性物质,进而造成破坏。

1. 对武器装备、器材的破坏作用

试验表明,中子对金属材料的化学成分金相组织均无明显的影响。当中子注量达到 $10^{10}/cm^2$ 以上时,金属材料的强度有明显提高,而物性却相应下降。

1)使武器装备上的光学玻璃变色

当光学玻璃受到 10 Gy 的 γ 射线 $10^{11}/cm^2$ 的中子注量的照射时,光学玻璃会变色。随着 γ 剂量、中子注量的增大,颜色会相应地加深,见表 4-4-1。玻璃变色使透光率下降,但折射率不变。颜色不深时,一般不会影响使用,变色严重时会影响使用。普通光学玻璃的透光率要求不小于 92%,光吸收系数不大于 1.2%。

表 4-4-1 早期核辐射对玻璃性能的影响

玻璃牌号	γ 射线剂量/Gy	中子注量/cm⁻²	透光率(%)	光吸收系数(%)	着色情况
BaK₆	580	8.64×10^{12}	82.2	14.7	棕色
BaK₇	483	5.42×10^{12}	80.4	16.8	浅棕色
BaK₇	357	3.19×10^{12}	83.3	13.3	黄色
BaK₇	220	1.51×10^{12}	85.2	10.7	黄色
BaK₇	97.6	4.43×10^{11}	90.2	5.3	浅黄色
BaK₇	25.4	5.56×10^{10}	92.5	2.1	无色

2)使武器、装备产生感生放射性

某些武器、装备含有较易产生感生放射性的核素时,早期核辐射后,会产生感生放射性。如果感生放射性不强,一般不会对使用人员造成伤害。装甲车辆由于含 Mn 较多,能产生较强的感生放射性,尤其是履带部位最强。表 4-4-2 列出了加农炮瞄准手位置爆后 1~3 h 的感生放射性累积剂量。

从表中可以看出,加农炮瞄准手位置的感生放射性不足以造成对瞄准手的伤害。

表 4-4-2 加农炮瞄准手位置的感生放射性累积剂量

当量、爆炸方式	中等破坏半径/m	中子注量/cm⁻²	累积剂量/mGy		
			爆后 1 h	爆后 2 h	爆后 3 h
20 kt 地爆	620	4.3×10^{10}	2.886	5.304	6.786
100 kt 地爆	1300	4.4×10^{10}	0.39	0.701	0.936
20 kt 空爆	750	1.9×10^{11}	1.404	2.652	3.354

2. 对主、副食品的破坏作用

早期核辐射能使一些主、副食品产生感生放射性,但一般不会引起所含蛋白质、糖、脂肪、维生素等主要营养成分变化。主、副食品的感生放射性比度(即食品受照后单位质量所具有的放射性活度)的大小，主要取决于热中子注量和食品中所含的易产生感生放射性的核素的多少。大米和面粉等粮食、蔬菜、新鲜肉类、食用油、糖类等食品，主要由碳、氢、氧、氮等不易产生放射性的元素组成，因此它们即使受照射也不会产生明显的感生放射性。而含食盐、碱类的各种经过加工腌制过的食品，特别是含钠、钾、磷等元素的食品，如干粮、腌鱼、腌肉、酱菜等的感生放射性较强。在中子注量为 $10^{12}/cm^2$ 的热中子流作用下，部分主、副食品感生放射性比度列于表4-4-3。此外，食品的感生放射性比度会随时间的延长而减弱，一般5～7 d即可衰减90%以上，见表4-4-4。堆垛的主、副食品，其朝向爆心方向的感生放射性强，背向爆心的一面弱；表层感生放射性强，里层逐渐减弱，1 m深处的粮食基本上就没有感生放射性。

表4-4-3　部分主、副食品在中子注量为 $10^{12}/cm^2$ 的热中子作用下的感生放射性比度

食品名称	感生放射性比度/(Bq/kg)	食品名称	感生放射性比度/(Bq/kg)
白糖	2.22×10^4	脱水包心菜	1.15×10^6
大米	5.07×10^4	酱油	1.53×10^6
苹果	5.99×10^4	速煮面条	2.27×10^6
面粉	9.81×10^4	压缩干粮	2.35×10^6
鲜猪肉	1.79×10^5	脱水胡萝卜	2.81×10^6
土豆	2.08×10^5	虾皮	8.83×10^6
鲜鸡蛋	4.37×10^5	腌猪肉	1.25×10^7
黄豆	5.03×10^5	酱菜	1.06×10^7
红糖	5.65×10^5	腌鲤鱼	1.81×10^7
军用饼干	6.04×10^5	食盐	7.55×10^7
干鲤鱼	7.30×10^5		

表4-4-4　部分主副食品的感生放射性比度随爆后时间的变化情况

食品名称	感生放射性比度/(Bq/kg)					
	6 h	12 h	1 d	3 d	5 d	7 d
大米	3.77×10^4	2.92×10^4	1.78×10^4	4.44×10^3	3.33×10^3	2.96×10^2
面粉	7.70×10^4	5.66×10^4	3.07×10^4	6.66×10^3	4.81×10^3	4.07×10^3
速煮面条	1.74×10^6	1.31×10^6	7.44×10^5	8.18×10^4	1.15×10^4	4.07×10^3
军用饼干	4.74×10^5	3.49×10^5	2.0×10^5	2.63×10^4	7.77×10^3	4.44×10^3
鲜猪肉	1.33×10^5	1.04×10^5	6.07×10^4	8.51×10^3	3.33×10^3	2.59×10^3
鲜鸡蛋	3.55×10^5	2.52×10^5	1.57×10^5	2.44×10^4	9.25×10^3	6.66×10^3
酸辣菜	8.51×10^6	6.14×10^6	3.50×10^6	3.85×10^5	5.14×10^4	1.04×10^4

续表

食品名称	感生放射性比度/(Bq/kg)					
	6 h	12 h	1 d	3 d	5 d	7 d
脱水包心菜	9.07×10^5	6.66×10^5	3.9×10^5	4.22×10^4	8.51×10^3	3.70×10^3
脱水胡萝卜	2.15×10^6	1.70×10^6	8.29×10^5	8.62×10^4	7.40×10^3	7.40×10^2
苹果	4.26×10^4	3.48×10^4	1.92×10^4	1.85×10^3	7.40×10^2	3.70×10^2
食盐	5.88×10^7	4.37×10^7	2.35×10^7	2.49×10^6	3.08×10^5	7.62×10^4

从表 4-4-5 可以看出，核爆炸时热中子注量达 $10^{12}/cm^2$ 处，不论核爆炸当量多大，距爆心最远距离达 1.60 km，在这些地方光辐射冲击波的作用极为强烈。如果食品是开阔地堆垛的话，则很可能被严重破坏。可以这样说，假如核爆炸条件下能够保存下来的粮食、蔬菜，一般不会由于感生放射性而影响食用；但对于食盐和腌制过的食物要特别小心，应该经过仪器的沾染检查后再食用，因为钠是很容易产生感生放射性的。

表 4-4-5　热中子注量达 $10^{12}/cm^2$ 处距爆心的距离

核爆炸当量/kt	距离/ km			
	0 m/kt$^{1/3}$	60 m/kt$^{1/3}$	120 m/kt$^{1/3}$	200 m/kt$^{1/3}$
1	0.40	0.38	0.36	0.32
2	0.55	0.54	0.52	0.48
5	0.65	0.64	0.62	0.56
10	0.73	0.72	0.68	0.60
20	0.82	0.80	0.76	0.63
50	0.94	0.92	0.84	0.60
100	0.99	0.97	0.85	0.44
200	1.13	1.08	0.88	—
500	1.26	1.18	0.86	—
1000	1.37	1.25	0.73	—
2500	1.50	1.32	—	—
5000	1.60	1.33	—	—

3. 对药品的破坏作用

药品受早期核辐射的破坏程度，与热中子注量、γ 射线剂量以及药品中所含的化学元素有关。当热中子注量低于 $1 \times 10^{12}/cm^2$、γ 射线剂量低于 100 Gy 时，药品的感生放射性不强，质量不会有明显的变化，均不影响正常使用。如果热中子注量高于 $10^{12}/cm^2$、γ 剂量高于 100 Gy，则那些含有钠、钾、磷、硫、铜等元素的药品（如氯化钠注射液、乳酸钠注射液、溴化钾、碳酸氢钠等)的感生放射性较强,应推迟或限量使用。

用无色玻璃容器盛装的药品受到早期核辐射高剂量作用时,可根据无色玻璃瓶颜色变化的程度,粗略估计药品所受的剂量大小(见表 4 - 4 - 6),从而可概略地判断药品能否使用或是否需限量使用。

表 4 - 4 - 6　无色玻璃瓶颜色随早期核辐射剂量的变化情况

热中子注量/cm²	1.60×10^{11}	6.25×10^{12}	1.63×10^{13}
吸收剂量/Gy	35	350	1150
颜色	淡棕色	棕色	深棕色

三、对电子设备的破坏作用

早期核辐射对电子元器件能产生辐照效应,晶体管、集成电路对核辐射尤其敏感。由于电子设备中广泛使用了这些敏感的元器件,许多电子设备如无线电台、雷达、电子指挥仪、电子计算机、陀螺仪等都能在早期核辐射作用下受到干扰或破坏,影响工作性能,因而使作战、指挥受到严重影响。

1. 永久损伤

永久损伤是指电子设备中的电子元器件在受早期核辐射作用后,工作性能受到破坏,并在早期核辐射过去后也不能恢复。

核爆炸中子是造成电子元器件永久损伤的主要因素,损伤程度取决于快中子注量,一般超过 1keV 能量的快中子注量达 $10^{11}/cm^2$ 时,电子元器件中的永久损伤便成为要关注的问题了。中子造成电子元器件永久损伤的机制是中子与原子核作用会形成反冲核,因而导致出现下列效应:(1)一个高能中子能置换出几千个原子核,使得晶格中产生大量空穴;(2)产生空隙原子,即停在晶格中正常原子位置空隙之间的原子,引起晶体结构的畸变;(3)形成所谓"热钉子",即快中子在非常小的体积中损耗其大部分能量,形成小范围的高温,这个"钉子"将包括 5000~10 000 个原子,并且在 10^{-4} μs 左右的时间内达到 1200℃的温度;(4)中子引起原子在晶格上的位移;(5)中子被某些核素俘获后形成感生放射性,经过衰变产生了新元素,使得在晶格中引入"杂质"原子造成缺陷;(6)对于含氢化合物,中子打出分子结构中的氢核,从而导致材料中氢气的形成。不同的电子元器件永久损伤容限见表 4 - 4 - 7。

表 4 - 4 - 7　电子元器件对于中子和 γ 射线永久损伤容限

器件类型	中子注量/cm⁻²	γ 射线剂量/Gy
低频功率晶体管	$10^{10}\sim10^{11}$	$10^{3}\sim10^{4}$
中频晶体管($50MC<f_a<150MC$)	$10^{12}\sim10^{13}$	$10^{3}\sim10^{4}$
高频晶体管($f_a>150MC$)	$10^{13}\sim10^{14}$	$10^{3}\sim10^{4}$
结型场效应管	$10^{14}\sim10^{15}$	$10^{4}\sim10^{5}$

续表

器件类型		中子注量/cm^{-2}	γ射线剂量/Gy
MOS 场效应管		$10^{14} \sim 10^{15}$	10^2
微波器件		$10^{14} \sim 10^{15}$	—
整流二极管		$10^{13} \sim 10^{14}$	$10^4 \sim 10^5$
稳压二极管		$5 \times 10^{13} \sim 5 \times 10^{14}$	$10^4 \sim 10^5$
隧道二极管		$5 \times 10^{14} \sim 5 \times 10^{15}$	$> 10^5$
单结晶体管		$5 \times 10^{11} \sim 5 \times 10^{12}$	$\sim 10^2$
可控硅		$< 5 \times 10^{13}$	< 10
集成电路	逻辑电路	$5 \times 10^{13} \sim 10^{15}$	$\sim 10^4$
	线性电路	5×10^{12}	$\sim 10^3$
	MOS 电路	5×10^{14}	$\sim 10^3$

γ射线造成电子元器件永久损伤的机制，是使组成元器件材料的分子化学键断裂。当γ射线累积剂量达 10 Gy 以上时，有的敏感元器件（如可控硅器件）的永久损伤就逐渐明显了；有机绝缘材料（如聚四氟乙烯）在受到10^3 Gy 以上的γ剂量照射下，会变成粉末状。从表 4-4-7 中可以看出：造成不同种类电子元器件永久损伤的容限值差别很大，另外辐射损伤不仅与核辐射类型有关，而且还与辐射能量有关，所列数据只是用来定性地说明辐射影响及损伤容限的范围。

当早期核辐射的γ射线达到数百 Gy、快中子注量大约达到10^{13}/cm^2后，电子元器件的性能会有所改变。例如金属膜电阻、线绕电阻、碳膜电阻、碳实心电阻、纸质电容器、塑料电容器、电解质电容器在γ射线 410 Gy、中子注量 1.08×10^{12}/cm^2作用下性能就有一些改变；晶体管在γ剂量达 400Gy、中子注量达 $6.2 \times 10^{11} \sim 4 \times 10^{12}$/$cm^2$作用下，电气性能即发生变化；高频小功率晶体管 $3AG_{28}$ 在中子注量为 1.1×10^{11}/cm^2 的作用下，电流增益系数β下降 84%，集电极反向电流增加到 147%；低频小功率晶体管 $3AX_2$ 中子注量为 1.11×10^{11}/cm^2 的作用下，电流增益系数β下降 69%，集电极反向电流增加到 167%；三极管 $3AX_3$ 在γ剂量达 65Gy、中子注量达 4.5×10^{12}/cm^2作用后，电流放大系数下降 35%$\sim$52%，同样照射剂量下，晶体管 $3AD_{23}$ 电流放大系数下降 70%。

2. 瞬时效应

瞬时效应是指当早期核辐射作用过去后，工作性能便会恢复，只是在早期核辐射作用时才受到影响的效应。

瞬时效应的主要原因是物质原子的受激和退激，主要表现为出现感生光电流效应。在γ剂量率小于 10^7 Gy/s 的范围内，感生光电流与剂量率成正；超过这个范围，有的器件将产生异常光电流。这些瞬时产生的光电流，会影响电子设备电路的正常工作。

各种电子元器件的瞬时效应表现如下：

（1）充气器件——气体电离，电导率增加；

（2）半导体器件——电导率变化，少数载流子浓度增加，产生电子—空穴对；

（3）绝缘体——绝缘电阻和击穿强度降低；

（4）光电效应和康普顿效应使材料中发射电子；

（5）产生荧光。

所有这些效应(荧光效应除外)都是因电荷再分布而反映到电子线路性能的扰动上，从而使系统受到干扰。

γ射线辐照电缆会引起瞬时感应电流，产生电路干扰。

第五节　影响早期核辐射杀伤破坏作用的因素

一、核武器类型和爆炸当量的影响

1. 核武器类型的影响

核武器类型不同，对于早期核辐射的杀伤破坏作用影响是很大的。

（1）不同类型的核武器，爆炸时产生的中子、γ射线的能量不同。

如果是原子弹，它是由于重核裂变反应释放能量发生作用的，核裂变时释放出的瞬发中子、瞬发γ射线，核裂变产物产生的缓发中子和γ射线，以及N俘获γ射线组成了原子弹爆炸的早期核辐射。而氢弹爆炸，除了仍有原子弹爆炸所产生的那些中子、γ射线成分之外，还有许多比裂变中子能量高得多的聚变中子。如果是中子弹爆炸，则主要放出高能的聚变中子。能量较高的中子和γ射线在空气中传播比能量较低的中子、γ射线衰减得少，通常把能使中子或γ射线剂量削弱到原来的1/e的空气厚度称作"有效衰减长度"或"有效减缓长度"，能量较高的中子、γ射线有较大的衰减长度值，能量较低的中子、γ射线有较小的衰减长度值。

（2）不同类型核武器爆炸，中子和γ射线的产额不同。

原子弹以及一般以^{6}LiD作核装料和以^{238}U作外壳的氢弹爆炸时，每千吨当量大约能放出2×10^{23}个瞬发中子；而中子弹的核装料是D和T，DT反应时，每千吨当量大约能放出1.5×10^{24}个瞬发中子，因此对于杀伤破坏作用有较大的影响，见表4-5-1。

表4-5-1　中子弹和原子弹早期核辐射杀伤半径比较

核辐射剂量		80 Gy	30 Gy	6.5 Gy
爆高 150 m	1 kt 中子弹	750 m	900 m	1200 m
	1 kt 原子弹	400 m	500 m	750 m
	10 kt 原子弹	750 m	900 m	1200 m
爆高 500 m	1 kt 中子弹	750 m	900 m	1200 m
	1 kt 原子弹	0 m	300 m	600 m
	10 kt 原子弹	750 m	900 m	1200 m

续表

核辐射剂量		80 Gy	30 Gy	6.5 Gy
爆高 900 m	1 kt 中子弹	300 m	600 m	1100 m
	1 kt 原子弹	0 m	0 m	0 m
	10 kt 原子弹	300 m	600 m	1100 m

2. 核爆炸当量的影响

当量越大，产生的中子、γ 射线数量越多，在距爆心一定距离上的中子、γ 射线剂量也就越大，因此早期核辐射的杀伤破坏作用就越严重。由于 10 kt 当量的原子弹爆炸放出的中子、γ 射线基本上是 1 kt 当量的原子弹爆炸放出的 10 倍，因此 10 kt 原子弹爆炸的早期核辐射杀伤破坏作用大于 1 kt 当量原子弹，而接近于 1kt 中子弹爆炸。当然，应该指出早期核辐射的杀伤破坏作用大，是指一定距离处的中子、γ 射线剂量增大，并不是指杀伤破坏半径增大。

二、离爆心距离的影响

早期核辐射是从爆点向四周辐射而发生作用的，在核弹没有炸开或弹体刚炸开不久，可以把它作为点源；爆后一定时间，爆炸蒸气扩散成气团，上升扩大，对近距离上来说，它是一个体源，但在离爆心较远处，仍可以把它看作是点源。源的类型不同，由散射所造成积累效应的差异也会很大。

三、空气密度的影响

早期核辐射在大气中传播，空气密度对中子、γ 射线的影响极大。空气密度越大，中子、γ 在大气中传播时，与空气分子的作用概率越大，因此中子、γ 的削弱越严重。式(4-3-6)、式(4-3-7)等表征了这种情况，空气密度 ρ 决定了 e 的指数值，因此影响极大。

对空气密度有影响的因素有大气温度、气压、海拔高度、空气清洁程度等，这些对早期核辐射的杀伤破坏作用也有较大的影响。但由于采用经验公式来计算时，这些参数不可能一一都知道，也不能一一都进行修正，所以只能以标准大气的状况来计算，但高度对空气密度的影响必须修正。高度对空气密度的修正可用式(4-3-8)，否则会造成相当大的误差。

> **例**　当量为 1000 kt 的空爆，比高为 200 m/kt$^{1/3}$，求离爆心投影点 1 km、2 km 和 4 km 处的早期核辐射剂量各为多少 Gy？
>
> **解**　(1)先求出爆高：
> $$H = h_B \times Q^{1/3} = 200 \times \sqrt[3]{1000} = 2000 \text{ m}$$
> (2)求出离爆心的距离：
> $$R = 1 \text{ km 时}, r = \sqrt{2000^2 + 1000^2} = 2236 \text{ m}$$
> $$R = 2 \text{ km 时}, r = \sqrt{2000^2 + 2000^2} = 2828 \text{ m}$$
> $$R = 4 \text{ km 时}, r = \sqrt{2000^2 + 4000^2} = 4472 \text{ m}$$

（3）求 1/2 爆高处的空气密度：

$$\rho = 1.226 \times \left[1 - 2.22 \times 10^{-5} \left(0 + \frac{2000}{2}\right)\right]^{4.256} = 1.114 \ \text{mg/cm}^3$$

（4）求中子剂量：

$$D_{0n} = 8.4 \times 10^7 \times 1000 \times \frac{e^{-2236 \times 1.114/250}}{2236^2} = 0.79 \ \text{Gy} \quad (R = 1 \ \text{km})$$

$$D_{0n} = 8.4 \times 10^7 \times 1000 \times \frac{e^{-2828 \times 1.114/250}}{2828^2} = 0.0354 \ \text{Gy} \quad (R = 2 \ \text{km})$$

$$D_{0n} = 8.4 \times 10^2 \times 1000 \times \frac{e^{-4472 \times 1.114/250}}{4472^2} = 9.31 \times 10^{-6} \ \text{Gy} \quad (R = 4 \ \text{km})$$

（5）求 γ 射线剂量，$r\rho > 2000 \ \text{m} \cdot \text{mg/cm}^3$：

$$D_{0\gamma} = 9.1 \times 10^{-3} \times 2.82 \times 10^8 \times (2 + 1000)^{1.3} \times \frac{e^{-2236 \times 1.114/415}}{2236^2} = 10.1 \ \text{Gy} \quad (R = 1 \ \text{km})$$

$$D_{0\gamma} = 9.1 \times 10^{-3} \times 2.2458 \times 10^{12} \times \frac{e^{-2828 \times 1.114/415}}{2828^2} = 1.29 \ \text{Gy} (R = 2 \ \text{km})$$

$$D_{0\gamma} = 9.1 \times 10^{-3} \times 2.2458 \times 10^{12} \times \frac{e^{-2472 \times 1.114/415}}{4472^2} = 6.25 \times 10^{-3} \ \text{Gy} \quad (R = 4 \ \text{km})$$

（6）计算早期核辐射总剂量：

$R = 1 \ \text{km}$ 时，$D = 0.79 + 10.1 = 10.89 \ \text{Gy}$

$R = 2 \ \text{km}$ 时，$D = 0.0354 + 1.29 = 1.325 \ \text{Gy}$

$R = 4 \ \text{km}$ 时，$D = 9.31 \times 10^{-6} + 6.25 \times 10^{-3} = 6.26 \times 10^{-3} \ \text{Gy}$

从上面的例子可以看出，由于早期核辐射在大气中传播时，会受到空气的严重削弱，即使核爆炸当量大至 1000 kt，距爆心投影点 4 km 处的早期核辐射总剂量也是很小的，对人员已无杀伤作用。如果核爆炸当量更小，爆炸高度更低（空气密度就更大），那么早期核辐射总剂量就更小。所以通常认为：不论核爆炸当量多大，早期核辐射对人员的杀伤半径不会超过 4 km。

如果计算时，不对空气密度进行修正，采用了海平面处的空气密度（1.226 mg/cm³）就会带来较大的误差，下面以 $R = 2$ km 处的数据为例。

$$D_{0n} = 8.4 \times 10^7 \times 1000 \times \frac{e^{-2828 \times 1.226/250}}{2828^2} = 9.96 \times 10^{-8} \ \text{Gy}$$

$$D_{0\gamma} = 9.1 \times 10^{-3 \times 2.2458 \times 10^{12}} \times \frac{e^{-2828 \times 1.226/415}}{2828^2} = 0.6 \ \text{Gy}$$

$$D = 0.6 + 0.009 \ 96 = 0.61 \ \text{Gy}$$

从计算结果可知，不对空气密度进行修正，采用海平面上空气密度算出的早期核辐射总剂量只有 0.61 Gy，这样小的剂量不会造成人员患放射病，而采用了修正空气密度算出的剂量达 1.325 Gy，为轻度放射病的剂量，两者相差一倍，就会得出不同的结论。当然，也不能采用爆高处的空气密度，如果用高度 2000 m 处的空气密度 1.01 mg/cm³ 来计算，在 $R = 2$ km 处，总剂量会有 2.77 Gy，依此判断该处人员患中度放射病，这也是错误的。

四、地形地物的影响

中子和γ射线通过任何物体后，都会受到不同程度的削弱，因而山地、高地、土坎、涵洞、桥墩等地形地物，对早期核辐射都有很大的影响。另外，由于中子、γ射线会被空气分子散射，所以即使躲在高地的背面也会受到一定剂量的照射。例如，万吨级触地核爆炸，由于山坡的影响，山后剂量约为山前剂量的1/2，辐射剂量被削弱58%～62%。具体条件：山高15～27 m，山的坡度为19°～23°，离爆心距离为600～1300 m。在1255 m和1303 m两个距离上，山顶放置的狗出现了重度放射病，而同距离山后坡处的狗仅患中度或轻度放射病。953 m和976 m两处，山顶的狗均出现肠型放射病，而同距离山后坡的狗发生极重度骨髓型放射病，见图4-5-1。

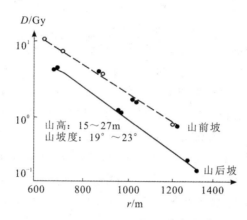

图4-5-1 万吨级触地爆时不同距离上山坡前后的早期核辐射剂量

另一种万吨级空爆时，测得的地形地物背面早期核辐射剂量比正斜面的低30%～50%，见表4-5-2。距离近的、有效高度低的地形地物的防护效果较差。

地形地物对早期核辐射剂量的削弱，如果能达到削弱50%左右，在防护效果上有时会起到关键的作用。比如，没有利用地形防护时受到6 Gy照射，人员就会得致命的极重度放射病，死亡率高达99%；而如果利用了地形进行防护，使剂量能减少一半，那么3 Gy的剂量只能使人患中度放射病，经过治疗一般会康复，即使不经治疗，死亡率也只有3%。

表4-5-2 万吨级原子弹空爆时地形地物对早期核辐射的屏蔽效果

地形地物	离爆心投影点距离(R/m)	地形地物条件			剂量/Gy		削弱量/%
		有效高度/m	正斜面/°	反斜面/°	正斜面	反斜面	
桥墩	680	2.0	30	30	92	84	8
土坎	1085	2.5	1	70	11	6.5	38
高地	1215	5.0	33	30	11	4.9	51
土坎	1585	0.4	1	50	1.7	1.2	31
土坎	1830	0.7	1	80	0.62	0.33	47
高地	2100	3.4	20	22	0.19	0.093	51

五、冲击波的影响

核爆炸冲击波从爆心向外传播时，使早期核辐射传播路径上的空气质量产生了不均匀的重新分布，而且随着冲击波的向外传播，这种不均匀分布是随时间变化的。在冲击波的压缩区内，空气密度高于正常大气，而在压缩区靠近波阵面的狭窄区域内的空气密度则更高。随着冲击波的向外传播，压缩区的后面会形成空气密度很低的稀疏区，在研究它对早期核辐射的影响作用时，往往把它叫作"空腔"。

早期核辐射在空腔中传播时，由于空气密度很小，对早期核辐射的物理衰减很小，也就是说早期核辐射在空腔中传播时，基本上只是几何衰减。由于物理衰减作用的大大减小，使早期核辐射在空腔中能够比在正常条件下传播得更远，杀伤破坏作用大大增强，杀伤半径也有所增加。

空腔对早期核辐射中的瞬发中子、γ 射线没有影响，因为瞬发中子、γ 射线是在空腔形成以前就发射出来了；空腔对 N 俘 γ 射线的影响也不大，因为 N 俘 γ 的作用时间只有 0.3 s 左右，那时空腔还很小；空腔对裂变碎片 γ 射线和缓发中子的影响最大，能使它们在早期核辐射剂量中的份额大大提高，因而使得早期核辐射的总剂量也有很大的提高。

随着冲击波的向外传播，在靠近爆心处的空气密度，在冲击波过后，并不是立即就恢复到正常的大气密度，而是要滞后相当长的一段时间才能恢复到正常，这段时间要比放出大部分早期核辐射的时间长得多，因此冲击波空腔能使早期核辐射的影响效应增大。表 4-5-3 列出了 30 kt 当量的核爆炸在冲击波传播的两个瞬间(爆后 0.765 s 和 5.35 s)离爆心不同距离处的空气密度 ρ 与正常空气密度 ρ_0 之比，可以看到 $\rho/\rho_0 < 0.2$ 时离爆心距离半径大于 600 m。

表 4-5-3　30 kt 当量的核爆炸冲击波传播过程中空气密度分布

爆后时间：0.765 s							
离爆心距离/m	1000	900	800	700	600	500	400	300
ρ/ρ_0	2.34	1.58	0.91	0.456	0.187	0.059	0.00	0.00
爆后时间：5.35 s							
离爆心距离/m	3000	2700	1800	1200	600	400	300	
ρ/ρ_0	1.22	1.10	0.94	0.878	0.122	0.00	0.00	

六、其他因素的影响

除了上述几种因素对杀伤破坏作用有影响外，还有一些因素，例如人员的体质、性别、年龄、精神状态和是否有伤病史等。

本章所列的各度放射病的剂量和发病的情况，都是以下列条件为基础的：(1)人员身体健康、精力充沛、营养状况良好；(2)以前除了接受医疗 X 光检查外，未受过额外的核辐射照射；(3)全身均匀受到照射；(4)这些剂量是在较短的时间内受到的急性照射；(5)没有其他疾病史或受过其他损伤；(6)中子剂量与 γ 射线剂量具有相同的相对生物效应系数。

如果条件与上述条件不同，那么即使接受同样的剂量，临床效应很可能不同。例如在核爆炸时受到光辐射烧伤或冲击波冲击伤的人员，再受早期核辐射照射，所得的叠加效应就会比单纯伤严重些；如果在受核辐射照射后，接受特殊的医疗照顾，严重的放射病也能治好；同样的辐射剂量，对于不同精神状态的人会产生不同的效应，意志坚强、具有献身精神的人，症状可能较轻，而意志薄弱、受照后惶惶不可终日者就会出现较严重的症状。表 4-5-4 列出了军事人员受早期核辐射作用后的预期反应。

表 4-5-4　受 γ 射线和中子照射后的预期反应

剂量/Gy	出现早期症状的人数	战 斗 力	死 亡
0~0.7	不到 5%	战斗力未受损害	无
1.5	6 h 内约为 5%	出现呕吐，视为减低战斗力；如送医院，便失去战斗力	无
6.5	2 h 内 100%	爆后几天间歇出现症状，2~6 d 战斗力明显下降，需要住院	16 d 死亡率达 50% 以上
20~30	5 min 内 100%	立即出现暂时性失能达 30~40 min，恢复期内的人员活动能力受到损害，失去战斗力	约 7 d 后死亡
80	5 min 内 100%	对于执行体力劳动任务的人员立即引发永久性失能，失去战斗力	1~2 d 死亡
180	立即 100%	未要求执行任务的人员永久性失能，失去战斗力	1 d 内死亡

表中所列人员的早期症状包括呕吐、腹泻、干呕、恶心、嗜睡、忧郁、神经错乱；失能指人的活动能力只有受照射前的 50%，或更小。

早期核辐射对不同物体的破坏阈值是针对没有经过核加固物体的，如采取了核加固措施，对早期核辐射就会有较强的抗力。例如经过核加固后的电子元件的抗核辐射能力将增加 1~2 个量级。

另外，地面情况对地面核爆炸的早期核辐射传播有重大影响，从爆心方向来的多次散射，有一半会被地表吸收，升起的尘土会对直射的中子、γ 射线有较大的削弱作用(能减弱三分之一)。

第六节　对早期核辐射的防护

对早期核辐射的防护是比较困难的，其原因不仅在于它有很强的穿透能力及空气的散射效应，而且还在于当人们发现核爆炸闪光后，瞬发中子和部分 γ 射线就已经发射完毕，即使立即采取防护动作进行掩蔽，也没有用处。当然，如果发现闪光后，掩蔽及时，能够减

轻缓发中子和 γ 射线的照射，同时及时采取防护动作进行掩蔽，对防光辐射和冲击波是十分有效的。对于防御早期核辐射，最有效的措施是在核爆炸前进入具有足够防护层的掩体里面。具体的防护原则如下。

一、构筑工事

1. 随时随地构筑工事

在核战争条件下作战，不论是防御还是进攻，只要有可能，就应及时构筑工事。如果时间紧迫，例如在出发地，即使时间不长，也应该构筑适当的工事。个人构筑单人掩体，可以先浅后深，逐步加强，以便在敌人突然实施核袭击时，有掩体可以保护自己。

如果是执行防御任务，就会有较多的时间用来构筑防御工事。简易的工事包括堑壕、交通壕、崖孔、机枪工事、观察工事、避弹所和地下掩蔽部，这些不同类型的野战工事，都能有效地削弱早期核辐射，也能较好地防御光辐射和冲击波。当掩体掩盖土层厚度为 1 m 时，就可将地面的辐射剂量削弱到 1%。

在构筑了大批永备工事的地方，由于工事坚固、覆土层厚，能够有效地削弱早期核辐射。人员在永备工事里面，一般都可避免早期核辐射的杀伤。

2. 构筑工事时防早期核辐射的措施

1）工事应避免或缩小各种孔口

由于早期核辐射在大气中传播时会发生散射，因此有敞口的堑壕、交通壕、单人掩体、机枪工事、观察工事的防早期核辐射的效果较差。空中核爆炸，壕内剂量一般为地面的 1/2；地面爆炸，壕内剂量一般为地面的 1/5。防弹片型机枪工事内的早期核辐射剂量约为开阔地面剂量的 1/26；轻型机枪工事内的早期核辐射剂量约为地面的 1/75；轻型观察工事内的早期核辐射剂量约为地面的 1/135。没有孔口的工事，防护效果较好。防护层厚度为 1.2 m 的土袋人字拱避弹所内的剂量约为地面的 1/300；有 70 cm 以上防护层的轻型钢筋混凝土框架掩蔽部，能把早期核辐射削弱到 1/1400。

2）加强孔口的防护

地下工事要完全避免孔口是不可能的，人在里面总需要通风口和进出口，对于这些必要的孔口，关键是加强对早期核辐射散射的防护。具体的措施：进入掩蔽部的通道要尽可能地小，要有 2～3 个直角转角和 1～2 个填满 10 cm 厚湿草或泥土的门，以防止散射中子进入工事内部。

3）工事上部覆盖的防护层应尽可能厚

每 14 cm 厚的土壤层大约能削弱早期核辐射剂量的 50%，每 10 cm 厚的混凝土层，也能达到同样效果。通常把能够削弱核辐射剂量一半的物质层厚度，称作半值厚度 $h_{1/2}$（或半削弱层），见图 4-6-1。防护层后的吸收剂量 D 可用下式计算：

$$D = D_0 \left(\frac{1}{2}\right)^n \quad (\text{Gy}) \tag{4-6-1}$$

式中：D_0 为防护层前的吸收剂量；n 为半值厚度的数目。

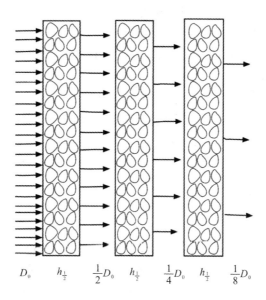

$$D_0 \quad h_{\frac{1}{2}} \quad \frac{1}{2}D_0 \quad h_{\frac{1}{2}} \quad \frac{1}{4}D_0 \quad h_{\frac{1}{2}} \quad \frac{1}{8}D_0$$

图 4 - 6 - 1　半值厚度示意图

实际上，各种物质层对核辐射的削弱能力与很多因素有关：核辐射种类（中子或 γ 射线），核辐射能量（能量高的贯穿能力强，不易被削弱），物质层的核素组成、含量、密度等，这些不可能用过于简单的数值来表达。但在军事应用上，需要简便，并留有一定的余量，用半值厚度来估算早期核辐射的削弱。一些常用于屏蔽核辐射的防护材料的半值厚度值列于表 4 - 6 - 1 中。有时估算物质对早期核辐射的防护效果时，采用 1/10 值厚度 $h_{\frac{1}{10}}$，所谓 1/10 值厚度就是指能将 γ 射线或中子剂量削弱到原来剂量 1/10 时所需的物质层厚度。一些物质的 1/10 值厚度列于表 4 - 6 - 2 中，也可用下式计算：

$$D = D_0 \left(\frac{1}{10}\right)^n \quad (\text{Gy}) \tag{4-6-2}$$

表 4 - 6 - 1　某些物质的半值厚度　　　　　　　　　　　　单位：cm

物质种类	土壤	砖	混凝土	木材	水	铁	铅
γ 射线	14.0	12.6	10.0	30.0	20.0	3.2	2.0
中子流	13.8	13	10.3	11.7	5.5	4.7	8.7

表 4 - 6 - 2　某些物质的 1/10 值厚度　　　　　　　　　　单位：cm

物质种类	土壤	砖	混凝土	木材	水	铁	铅
γ 射线	50	47	35	90	70	10	7
中子流	45	45	35	40	20	15	30

上面两表均为概略计算时可采用的数据，数据的精度能使算出的削弱倍数留有一定的余量，是偏安全的。例如 50 cm 土壤可以削弱 γ 剂量至原来的 1/10，如用土壤的半值厚度

14 cm 计算，50 cm 的土壤就能使 γ 剂量削弱到

$$D = D_0 (1/2)^{50/14} = 0.084 D_0$$

即能把原来的 γ 剂量削弱到 1/12。采用半值厚度或 1/10 值厚度算，两者结果虽有一定的差异，但都在"允许"范围内，因此两个数据都能用。

为了能更好地削弱中子，最好在工事顶盖上的覆土层加湿粘土或其他含水分高的物质，冬天可以泼上水让它结成冰。中子在通过含水层后，能量便被迅速减低，最后被原子核俘获而消失。

二、改良装甲

坦克、舰艇等装甲，能够有效地削弱早期核辐射中的 γ 射线，对中子也有削弱作用。为了使坦克能在中子弹袭击条件下保护坦克乘员，研究人员研制了复合防护层结构的坦克。这种复合防护层装甲由四层构成（见图 4-6-2），最外层为装甲钢板，能大量削弱 γ 射线和部分削弱中子流；塑料板含有大量碳、氢元素的原子核，能有效地将快中子迅速减速，快中子能量被损耗后变成慢中子、热中子；第三层是含有能有效吸收中子的钐、钆、镉、硼、锂等元素的合金板；最里层为屏蔽中子与物质作用产生的次级 γ 射线用的钢板，尽可能将对人产生伤害作用的 γ 射线再一次削弱。

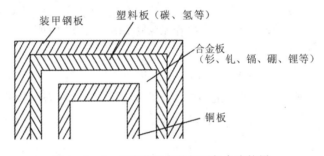

图 4-6-2　坦克装甲车的新型复合防护层

三、使用药物

虽然目前有一些药物对防护早期核辐射有一定的作用，但效率都不高。注射骨髓（自己的更好），可以提供 0.5 的防护系数（辐射损伤的效应相当于所受剂量一半的效应），但要加强护理，这对在核战争条件下来说，是难以做到的。

我国有一种能预防和治疗核辐射损伤的药物——硫辛酸二乙胺基乙酯。临床试用中，对放射性治疗肿瘤累积剂量达 60 Gy 的病人用药，有一定的升高白细胞的作用，对肺、肾、心功能无不良作用，对周围血、淋巴细胞染色体畸变有明显地保护作用。试用后初步认为此药与一般氨疏基类抗放射性药物不同，不是药物直接作用于辐射敏感组织，而是通过某种间接方式，可能是降低了造血组织的辐射敏感性，或提高了辐射抗性，进而促进损伤组织的修复。

许多抗放射性药物，如雌三醇和某些疏氢化合物等，假如恰好在受照前或急性照射后注射或服用，可使核辐射引起损伤程度降低大约一半。

四、监测剂量

1. 估算、测定并登记人员的吸收剂量

在核战争条件下，了解、确定人员实际的受照剂量，对于判断指战员是否受到核辐射损伤，估计部队战斗力具有很重要的意义。由于早期核辐射剂量随着离爆心投影点距离的变化十分明显，加上作战人员在核爆炸瞬间所处的地形、掩体对早期核辐射的防护能力不同，各人所受的剂量可能相差很大，因此最好每人能有一支专用的个人剂量计（如热释光剂量计、玻璃剂量计、化学剂量计或电离室型的剂量笔等），以便具体测定每个人所受的剂量。

如果剂量计不能配发到每个人，也至少应对每一个人员活动点（在一起活动的或相距不远的活动组、班甚至排，离得太远时就不能算是同一个活动点）配发一定数量的剂量笔（或剂量计），以便用有限数量的实测数据，再配以粗略的修正办法，根据个人和实测数据点的相对位置，来估计每个人所受的剂量，然后记录每个人的剂量。

下面提供一个简单的估算法。

（1）参考剂量 D 在 $1\sim100$ cGy 之间时，实测点离爆心投影点 ±200 m 范围内，每向爆心投影点移近（或远）10 m，则实际所受剂量约比参考剂量增加 10%（或减少 3.3%）。

（2）若参考剂量 D 在 $100\sim1000$ cGy 之间时，实测点离爆心投影点 ±100 m 的范围内，每向爆心投影点移近（或远）10 m 则实际所受剂量大约比参考剂量增加 10%（或减少 5%）。

如果核爆炸时，有人员活动的地点，一支剂量计都没有，有两种办法来估计人员受到早期核辐射的剂量：一是采用本书所给出的公式，根据人员所在的地点离爆心距离、核爆炸当量等参数进行计算；二是可以收集人员活动地点地面的砂粒（石英砂）、红砖等，测定它们受核辐射照射后的热释光特性，便知该地点的早期核辐射剂量。当然，最好该处的砂粒、红砖等的热释光本底在战前已经测定过，而且还备有不同剂量的发光曲线可以比较。如果战前没有做这些准备工作，核爆后再做也行，但会引入较大的误差。

每个部队（分队）指挥员、剂量监督人员应在每次遭受敌核袭击后，把每个人的所受剂量登记，并按规定确定本部队（分队）的辐射等级并上报。个人剂量登记信息应随着人员的调动转移。

被配属分（部）队指挥员率本分（部）队向配属单位报到时，应同时报告本分（部）队的简要辐射照射史和已受剂量的水平，以便合成军指挥员正确使用部队。

2. 对个人剂量计显示剂量的分析

核爆炸时，个人剂量计显示的剂量，对判断人员的核辐射损伤有较大的意义。个人剂量计能否确切地反映佩戴者实际的吸收剂量，除了剂量计本身的精确度外，还和剂量计在佩戴时的具体位置有很大的关系。某次千吨级地面爆炸核试验中用人体模型研究体表和体内剂量的分布。体模外壁由铝板制成，内部充满组织等效液体，在体模不同深度和表面不同方位放置了测定早期核辐射剂量的元件，测量结果提供了剂量计佩戴于不同位置时确定修正系数的依据。体模表面不同位置（相对于爆心不同方位）的 γ 剂量，见表 $4-6-3$。

表 4-6-3　体模表面不同方位的 γ 剂量

单位:Gy

体模方向	正对爆心(0°)	侧对爆心(90°)	背对爆心(180°)	侧对爆心(270°)
体模 1	10.34	—	5.55	9.52
体模 2	9.51	9.23	6.89	—
平均	9.92	9.23	6.22	9.52

从表中可以看出:体模表面两侧(90°、270°)的剂量和正对爆心的表面(0°)的剂量,差异不太大。根据推算,迎爆心方向的 90°、0°、270°的整侧表面各处的剂量相差均在±10%以内。也就是说,如果剂量计佩戴在面对爆心一侧时,剂量计的读数基本上能反映朝向爆心一侧的剂量。正对爆心(0°)和背向爆心(180°)一侧表面剂量的差异很大,这是体模本身对射线的削弱。

根据实测数据求相对值,以佩戴在前胸表面的剂量计测得的剂量为 1,则面向或背向放射源时几种吸收剂量的相对值列于表 4-6-4 中。

表 4-6-4　表面 γ 剂量与几种吸收剂量的关系

方　位	干细胞剂量	骨髓剂量	体中心剂量	前表面剂量
面向爆心	0.97	1.05	0.99	1.00
背向爆心	1.75	1.94	1.58	1.00

表 4-6-4 的结果表明:在面向爆心的情况下,佩戴在胸前的剂量笔测出的核辐射、人体模型中中子作用而产生的俘获 γ 和非弹性散射 γ 所组成的表面 γ 剂量,与干细胞剂量(0.97)、骨髓剂量(1.05)、体中心剂量(0.99)等是相当接近的。因此,当核爆炸时,面向爆心时佩戴在胸前的剂量计所测得的数据,基本上能够反映出人体的吸收剂量;但在背向爆心时,前胸剂量计测得的数据比实际的吸收剂量要小得多,必须用表 4-6-4 中的系数来修正,即吸收剂量为干细胞剂量时,应乘上 1.75 的系数;求骨髓剂量时,应乘以 1.94 的系数;求体中心剂量,则以前胸剂量计读数乘以 1.58 的系数。

上面所得的系数是辐射方向对 γ 射线吸收剂量影响的修正,而中子剂量受方向的影响比 γ 射线要大得多,因此对于中子弹或中子剂量占主要份额的近区,则应对中子剂量的方向性进行修正。究竟修正系数为多少,尚需要进一步的理论分析和实验来验正。否则,只凭剂量计的读数来确定人员的核辐射损伤,仍会造成很大的误差,甚至引起对放射病程度的误判。

3. 对受照人员及时进行检查、治疗

人员得了急性放射病后,如果属于骨髓型,所受剂量在 5.5 Gy 以下,经过及时治疗,有的就能较快地恢复健康,有的能够避免死亡。如不及时治疗,死亡率将很高,见图 4-6-3。受照 5.5 Gy 的人群中,死亡率约为 99%;受照 2 Gy 的死亡率约为 3%。

从图 4-6-3 可以看出,人受照剂量在 2.8 Gy 时,死亡率随剂量增大而逐渐加大,受照剂量较大(超过 2.8 Gy)时,死亡率随着剂量的增大,急剧上升。这说明人员所受剂量超过一定值后,剂量若稍有增加,就能显著地加重伤情,增大死亡率。为此,及时地判定人员

所受剂量，使受照人员能得到及时的治疗，具有重要意义。尤其是骨髓型放射病，照射后有一定的假愈期，在假愈期内，症状并不明显，容易错过及时治疗的机会，增大死亡率。

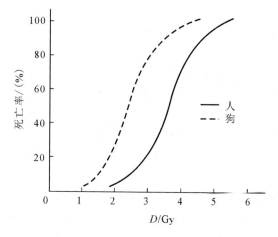

图 4-6-3　人、狗受照的剂量和死亡率的关系

　　对于没有带剂量计的人员，如果处于早期核辐射的杀伤半径内，除了上述的可以通过理论推算、用当地砂粒、红砖等的热释光特性推断外，还可以对伤员进行必要的物理、化学检查。因为人体中含有 0.15% 的 Na 元素，Na 受中子照射后会形成 ^{24}Na。^{24}Na 是 β、γ 放射性物质，半衰期为 15 h；人头发里含有 5% 的硫元素，在快中子作用下会发生 ^{32}S(n, p)^{32}P 反应，^{32}P 是 β 放射性物质。如果用仪器能测出其放射性大小，可以量化地估计伤员的受照剂量。

　　对急性放射病伤员的治疗原则具体如下：

　　(1) 早期使用抗放射性的药物。对有可能受到高剂量照射的伤员，及时给予注射或服用抗放射性药物，这对增强抵抗力，降低死亡率有重要作用。此外，还应对初期反应采取对症治疗措施。

　　(2) 在假愈期，伤员虽外表没有明显的症状，但造血系统仍在不断恶化，因此对于假愈期的伤员(或可能处于假愈期的人员)要随时关注，主要是防止感染、预防出血、保护造血功能。

　　(3) 在急性放射病极期，必须十分重视，并积极抗感染、抗出血，减轻造血系统损伤，维持水电解质平衡。如能平安地度过极期就能抢救生命。

　　(4) 恢复期要注意促进造血系统损伤的修复，加速机能的恢复。

本 章 习 题

　　4-1　什么是早期核辐射？早期核辐射由哪些成分组成？

　　4-2　什么是瞬发中子？什么是缓发中子？早期核辐射中子流的主要成分是什么？

　　4-3　原子弹爆炸、氢弹(装料为氘化锂6)爆炸时，每 kt 当量分别能产生多少瞬发中子？

4-4　中子弹的装料是氘和氚，爆炸时每 kt 当量能产生多少瞬发中子？

4-5　瞬发中子在穿过弹体时，会产生什么结果？热平衡中子和泄漏中子的平均能量各为多少 MeV？

4-6　缓发中子是怎样产生的？为什么在大当量核爆炸时，缓发中子在中子流中的份额会大大提高？

4-7　早期核辐射中的 γ 射线有哪几种来源？哪几种是主要成分？

4-8　核爆中子被 ^{14}N 核俘获，产生 $^{14}N(n, γ)^{15}N$ 反应时，放出的 γ 射线总能量有 10.833 MeV，为什么大量中子被 ^{14}N 核俘获后，平均每个中子只能放出 0.48 MeV？

4-9　试简述早期核辐射在大气中传播具有哪些特点。

4-10　名词解释：① 吸收剂量；② 比释动能；③ 剂量当量；④ 照射量。

4-11　名词解释：① 粒子注量；② 中子剂量；③ γ 射线剂量；④ 早期核辐射剂量。

4-12　在已知空气照射量的条件下，如何换算成其他物质在该处受照的吸收剂量？

4-13　早期核辐射 γ 剂量为何要分近区和远区两种公式来计算？请写出这两种公式。

4-14　为什么计算早期核辐射剂量时，可以把中子剂量与 γ 射线剂量直接相加？

4-15　为什么早期核辐射能使人员发生急性放射病？

4-16　急性放射病是怎样分度和分型的？各度放射病的剂量范围各为多少？

4-17　人员得肠型放射病的吸收剂量值为多少？肠型放射病有何特征？

4-18　人员得脑型放射病的吸收剂量值为多少？脑型放射病有何特征？

4-19　试简述早期核辐射对物体的破坏效应表现在哪些方面。

4-20　2000 kt 的氢弹空爆，爆高 1500 m，空气密度为 1.1 mg/cm³，求离爆心 500 m、4000 m 处的早期核辐射剂量各为多少 Gy。人在该处会得急性放射病吗？通过计算，试总结早期核辐射杀伤距离的规律。

4-21　早期核辐射在大气中传播时，剂量的衰减主要是什么因素造成的？请具体说明。

4-22　针对早期核辐射的防护，构筑工事一般要注意哪些方面？

4-23　试简述坦克装甲车新型复合防护层设计的原理。

4-24　某地下掩蔽部，顶盖为 30 cm 厚的混凝土，覆土约 70 cm。某次 20 kt 空爆时，已知此掩蔽部地面的早期核辐射剂量为 10 Gy，其中 6 Gy 为 γ 剂量，4 Gy 为中子剂量，求人员在地下掩蔽部中受到的照射剂量。

4-25　有一地下掩蔽部，由混凝土构件装配而成，构件厚度 10 cm，顶层覆土 3 m，遭敌 200 kt 氢弹击中，爆高为 600 m，问在爆心投影点所在的地面上，早期核辐射剂量为多少？工事中人员可能受到多大剂量的照射？会不会得急性放射病？

4-26　某部拟在地下构筑指挥所，要求 100 kt 小比高空爆（比高 80 m/kt^{1/3}）直接命中时，工事内人员吸收剂量小于 0.1 Gy。工程兵设计所拟用 30 cm 厚的混凝土构件作顶盖，试求该工事至少该覆土多厚才能满足要求？

4-27　治疗急性放射病伤员有什么原则？

第五章　核电磁脉冲

核电磁脉冲是核武器爆炸时，产生的强脉冲瞬发 γ 射线与周围物质相互作用而形成的辐射瞬变电磁场，它是核爆炸的瞬时破坏因素。当核电磁脉冲作用于某些接收体时，可在瞬间产生很高的电压和很强的电流，损坏电子元器件，使指挥、控制系统以及通信联络失灵。

核电磁脉冲具有能量强度大、峰值场强高、频谱范围宽和覆盖半径大等特点，能通过天线、信号线、电源线、金属管、孔、洞、缝隙、电力线甚至铁轨等耦合途径，进入指挥、控制、通信设备及其他电子设备的内部，使电子元器件被烧毁，焊点被熔化，线路被烧断，晶体管等被击穿，存贮信息被抹去，从而造成通信中断、控制失灵、指挥瘫痪的严重后果。

第一节　核电磁脉冲的形成与耦合

核电磁脉冲是核爆炸瞬发 γ 射线与周围物质（主要是大气）相互作用产生的一种特殊辐射。由于爆炸的空间环境不同，产生的物理过程也有差别，因此核电磁脉冲的形成过程也不同。

一、核电磁脉冲的形成

1. 康普顿电流机制

低层大气中核爆炸电磁脉冲的形成，主要是康普顿电流机制。核爆炸产生极强的瞬发 γ 射线，峰值可达 $10^{14}\sim10^{17}$ Gy/s，平均能量在 1 MeV 左右。1 MeV 的 γ 射线与空气分子作用的主要形式是康普顿效应，其结果是产生大量的康普顿电子。康普顿电子向远离爆心、基本沿原 γ 辐射方向以接近于光速运动。与此同时，在爆点附近产生的大量正离子形成了电荷分离，建立起强度突然增加的径向电场。康普顿电子具有很大的动能，会在它运动的路径上继续使大量空气分子电离，产生更多的电子，并向远离爆心的方向运动。于是，形成了在爆心附近存在多余正电荷、在远离爆心方向存在多余负电荷的区域，这个区域称作源区。源区具有很强的径向电场，在这个电场的作用下，一些电子会向返回爆心的方向运动并形成回电流。回电流会阻止径向电场继续增加，使其趋向于一个稳定值，称为饱和场。饱和场的电场强度可高达 10^5 V/m 的数量级。由于周围大气的密度随高度而变化，及核武器本身结构等原因，康普顿电流和回电流不是球对称的，并随时间而变化，这样就会向四周广大空间辐射出极强的电磁脉冲，如图 5-1-1 所示。

在极端理想化的条件下，如果康普顿电流是完全球形对称的话，就不可能向外辐射电磁能量，也就不存在核电磁脉冲。因为当康普顿电流是球对称的，则电场强度也是径向且球对称的，电场强度的旋度为 0。因此核爆炸能产生向外辐射的核电磁脉冲的必要条件之一是必须存在不对称因素。实际上不对称因素总是存在的，就大气核爆炸而言，不对称因素主要有：① 大地与空气的交界面；② 大气密度随高度的指数分布；③ 地球磁场；④ 核装置本身的不对称性。这几种不对称性往往是交错存在的，对于近地面爆炸，不对称主要由①引起；对于在几千米到几十千米高度上的爆炸，则②是主要的；对于外层空间爆炸，外层空间与大气层的界面和③、④则是主要的不对称因素。不同爆炸高度，核电磁脉冲的强弱是不同的，造成核电磁脉冲随爆炸高度变化主要就是因为高度和不对称因素不同引起的，具体情况如图 5 - 1 - 1 所示。

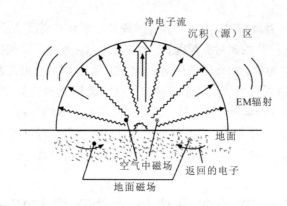

图 5 - 1 - 1　地面核爆炸电磁脉冲示意图

2. 电子与地磁场相互作用机制

高空核爆炸产生的核电磁脉冲的形成主要是电子与地磁场相互作用机制。核爆炸发生在几十千米直至几百千米的高空时，由于高空的空气密度很小，γ 射线在如此低密度的介质中传播时，平均自由程极大，能传播相当远的距离。而向下发射的 γ 射线则会遇到密度越来越大的空气层，与空气分子作用产生大量电离，形成了电磁脉冲电离沉积区（即源区）。这个源区大致呈圆形，中心处厚度可达 80 km，向边沿方向逐渐变薄，其平均厚度可达 40～48 km，在水平方向可延伸到很远的距离。源区的水平范围就是从爆心"看"地球的视距，爆高越高，视距就越大，但达到最大范围后，爆高增高，源区水平范围就不增加了。在源区内，γ 射线与空气相互作用"打"出康普顿电子。高速运动的康普顿电子，受到地球磁场的偏转，围绕磁力线做旋转运动，形成极强的环形电流，向外辐射出很强的电磁脉冲，如图 5 - 1 - 2 所示。

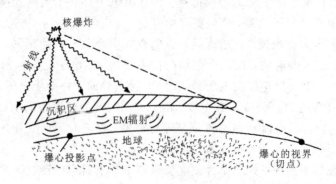

图 5 - 1 - 2　高空核爆炸电磁脉冲形成示意图(源区大小随核爆高度、当量而变化)

3. 等离子体排斥地磁场机制

在核爆炸瞬间，中心区域是高度电离的物质。高温和高压使中心区域快速膨胀，但由于外面的地磁场不能穿透到等离子体内，于是周围的地磁场受到压缩，产生磁流体力学波向外传播。这就是所谓的等离子体排斥地磁力线机制。这种电磁脉冲信号的频率低，出现时间较晚。但在高空核爆炸时，由于高空的空气稀薄，等离子体膨胀速度极快，影响范围大；而在地下核爆炸，地磁场又较密集。因此，这种机制产生的低频电磁脉冲在高空核爆炸和地下核爆炸中比低层大气中爆炸和地面爆炸更为显著。

4. 系统内电磁脉冲

γ 射线或 X 射线照射电子系统、传输线或封闭金属腔体时，可使系统表面或内部发射出康普顿电子或光电子，以致在系统中激起电磁脉冲，即系统内电磁脉冲。高空核爆炸时，由于空气稀薄，γ 射线受到空气的阻挡作用弱（在 105 km 高空处，γ 射线的平均自由程可达 1.7×10^9 m）。在 γ 射线的作用范围内，系统内电磁脉冲可产生于任一接受体上，如正在高空飞行的人造卫星、弹道导弹等飞行器，干扰或破坏电子系统，从而导致飞行器失控或自毁。

系统内电磁脉冲能以不同的方式产生。一种称之为"空腔电磁脉冲"，是在一个密闭的金属腔体内激励出康普顿反冲电子，从而在腔体内产生电场与磁场，此电场、磁场可按空腔频率振荡，并在空腔内部的电路中感应出电压。如果空腔内有空气，则可使空气变成导电性的，这就影响到场的时间特性。这个腔体既可以是导弹、卫星某部分的腔体，也可以是其他的空隙，例如同轴电缆内外导体之间的空间。另一个内部效应，则是康普顿带电现象。处于 γ 射线辐照下的任何物体，都会有一些康普顿电子被打出；同时，这些物体又接收其他邻近物体打出的康普顿电子。可是，一个物体被打出的电子和从其他物体接收来的电子通常是不平衡的。传导电路中不同位置上所增加的电荷，将通过电路而流向远处，从而产生外部信号。绝缘体所得的电荷泄漏很慢，且物体越厚，所得电荷越多。内部的电场和磁场产生瞬时的振荡电压和电流，从而使电子系统受到影响。这种瞬时过程，视系统的几何形状、电路阻抗、材料类型、耦合方式、电子元器件的敏感性、封装条件、导电网络以及其他邻近效应等而定。

二、影响电磁脉冲的因素

虽然产生核电磁脉冲的主要根源是康普顿电流的产生，而导致康普顿电流产生的主要原因是核爆炸产生的 γ 辐射，但是高能中子、热 X 射线和地磁场也是构成核电磁脉冲的复杂波形的重要因素。

对于氢弹爆炸，热核反应过程中产生大量高能中子，这些高能中子在运动过程中与氧、氮的原子产生(n, γ)、(n, p) 和 $(n, 2n)$ 等反应，除释放出次级 γ 辐射外，还释放出质子和 α 粒子流。这些大体上沿径向运动的粒子流将产生与康普顿电流方向相反的电流，同时产生大量次级电子，使得空气电导率增加。由此也同样会产生附加的径向电场。由于质子和 α 粒子流的速度小、射程短，附加的电场比 γ 辐射造成的场小得多。但是高能中子的出现，使得 γ 辐射所建立的径向场发生振荡，且使电流源发生振动。因此，它可能是形成氢弹爆炸时核电磁脉冲前沿部分高频振荡的主要原因。

一般情况下，热 X 射线的发射比瞬发 γ 辐射要晚，热 X 射线是在 γ 辐射已建立的电场和电离环境中使空气发生更多的电离，造成附加的电导率，从而使回电流增加，破坏了原先回电流的平衡状态，而使径向场迅速减小，因此，热 X 射线的作用可能使得核电磁脉冲波形中叠加一个小的脉冲。

高速运动的康普顿电子，在地磁场的作用下，其运动轨道发生偏转，使得康普顿电流的径向分量略有减小，同时出现横向电流分量，这也会影响核电磁脉冲的波形。

核电磁脉冲在传播过程中，在离爆炸源大约在 100 km 范围内，主要是沿大地表面传播，波形没有多大的畸变，保持着核爆炸辐射场的特征。在 100～500 km 范围内，需要考虑核电磁脉冲从高度为 60～90 km 电离层 D 层的反射。反射回到地面的波(称天波)和沿地面传播的波(称地波)的叠加，使得这个区域的波形略有畸变，但由于天波比地波弱得多，而且天波比地波晚到 50 μs 以上(距离愈短滞后愈长)，因此其结果是在原来的波形上叠加另外一个基本相同的波形。由于地波传播中频率高的衰减大，因而反映 γ 辐射的时间频率特点的高频振荡部分衰减很大，以至消失，上升前沿变缓，准半周略有展宽。如果仍然以前三个准半周为主要观察对象的话，大体上保持了辐射场的基本特征。

三、核电磁脉冲的耦合途径

核电磁脉冲主要通过以下几种耦合途径进入目标系统。

(1)天线耦合：暴露在电磁环境中的金属相当于天线，像传输线缆、金属外壳、导线等，但因为电磁波的存在，耦合过程会产生电流或者电压，频率高的电磁波能产生巨大的电流电压，进而损坏电子器件内部，或干扰正常工作，影响操作和使用。

(2)传输线及电源线耦合：正常工作时，很多电子设备都要从壳体引出电源线、地线等到达外界环境。有电磁脉冲攻击时，这些传输线及电源线会出现感应电流，进入电子设备内部进行干扰；同时电磁波也可以通过屏蔽层产生屏蔽电流，对电子设备进行干扰。

(3)缝隙和孔洞耦合：当金属壳体的缝隙与电磁波的波长近似时，就会产生强烈干扰；当孔洞尺寸小于波长时便不会在金属内部产生电磁干扰；当金属壳体的孔洞或缝隙大于波长时，会在内部产生电磁干扰。

(4)地回路耦合：在有电磁波或者大电流通过的情况下，任何回路都能生成电磁场耦合，可以通过周围空气和大地形成耦合回路，在电磁脉冲的干扰下，电流进入大地，通过在大地上产生电位影响电子系统。

第二节　核电磁脉冲的主要特性

核电磁脉冲具有一系列特殊的性质，既不同于一般持续发射的电磁波，也不同于闪电的集中放电。核电磁脉冲的上升时间很短(10^{-8} s)、场强很高，可以在很大范围内干扰或破坏那些没有经过抗核加固、设计不正确的军用和民用的电气电子设备。

核电磁脉冲的波形不仅与核装置的特点和爆炸的性质有关，也与爆炸的方式有关。不同类型的爆炸，在不同距离上，波形的特点也不相同。根据波形的特点，可以把核电磁脉冲传播划分为下列四个区域，即把距离爆心几千米以内的区域称为源区，几千米到近百千米范围内的区域称为近区，100～1500 km 内的区域称为中区，1500 km 以外的区域称为远区。

约为 10^{-7} 量级。百万吨级核武器高空核爆炸时，释放出的总能量为 4.19×10^{15} J，以核电磁脉冲形式辐射的能量约为

$$E_{\text{EMP}} = 4.19 \times 10^{15} \times 0.3\text{‰} \times 10^{-2} = 1.26 \times 10^{11} \text{ J}$$

虽然这些能量分布在非常大的面积上，但对于一个接收器来说，接收到 1 J 左右的能量是可能的。事实上，在极短的时间内，接收几分之一焦耳的能量，就可能造成电气、电子设备暂时故障或永久性的破坏。这一事实表明了核电磁脉冲是一种严重的威胁。

图 5-2-5 显示了一次高空核爆炸产生的电磁脉冲在长架空输电线上感应电流脉冲的典型特征。曲线的细节随具体条件而定，对一条很长的输电线来说，先是在几分之一微秒内，迅速上升到几千安培的电流峰值，随后衰减，衰减过程持续约 1 ms。

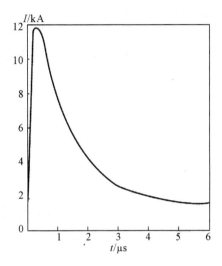

图 5-2-5 高空核爆炸电磁脉冲在长架空输电线上感应电流脉冲的典型特征

五、波形结构特殊

核爆炸产生的电磁脉冲，其波形特征不仅和自然界产生的电磁脉冲不同，和人工产生的其他电磁脉冲也不一样，因此可以根据测得的电磁脉冲波形来判断核爆炸。

1. 源区电磁脉冲的波形特点

在距爆心几千米以内源区的电场可分成垂直电场和水平电场。源区在地面附近主要是垂直电场，而水平电场小于垂直电场 1～2 个量级。源区电场的特点是场强幅值大，峰值在 $(10^4 \sim 10^5)$ V/m 范围；持续时间长，有的达秒量级。在波的前沿部分高频分量丰富。除了前沿的振荡部分外，主要由两个准半周组成，前一个准半周的时间短，为几十到几百微秒，第二个准半周的时间很长。其频谱很宽，从数赫兹到 10^8 赫兹，如图 5-2-6 所示。

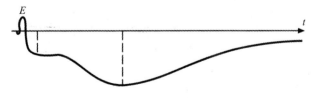

图 5-2-6 源区电场典型波形示意图

2. 近区核电磁脉冲的波形特点

随着距爆心距离的增加，电场波形的高频分量迅速衰减，幅度也随着下降，总的持续时间变短，负半周中拖得很长的后尾消失，过渡到持续时间几百微秒的近区核电磁脉冲波形。

近区范围内的核电磁脉冲，主要是辐射场。到达测量点的电场，基本上是沿地面传播的地波，由电离层反射回来的天波分量影响较小。因此，近区的核电磁脉冲波形与核弹的性质有关，不同类型的核爆炸，波形特点也不同。但不论是原子弹还是氢弹爆炸，不论是地面还是低空爆炸，近区波形的第一准半周总是负极性的，如图 5 - 2 - 7(a)所示。

近区波形的频谱分布为连续谱，频谱分布如图 5 - 2 - 7(b)所示。由图可见，近区核电磁脉冲的频谱分布在 100 kHz 以下，主频在 10 kHz～20 kHz 附近，但是随着距离的增加，高频分量损失较多，频谱分布逐渐向低于 100 kHz 转移，且主频率也逐渐低于 10 kHz～20 kHz。

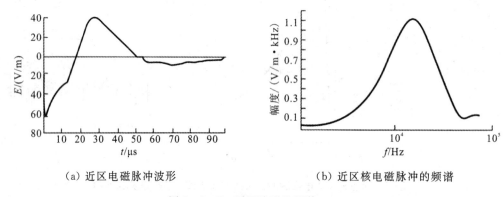

　　（a）近区电磁脉冲波形　　　　　　　　　　（b）近区核电磁脉冲的频谱

图 5 - 2 - 7　近区波形及频谱

3. 中区核电磁脉冲的波形特点

距爆心 100～1500 km 内的区域为中区。在 500～1000 km 范围内，地波已有畸变，天波的贡献也逐渐增大，而且两者的时差也进一步缩短，不仅应考虑一次反射天波，而且要考虑二次以上的天波。在这个距离上的波形已经有了比较大的变化，上升前沿的陡度明显变慢，出现了较多的准半周，整个波形的持续时间明显增长。波形较为复杂，只有通过频谱分析并找出其传播过程中的衰减规律才有可能找出与近区波形特点的内在联系。图 5 - 2 - 8 和图 5 - 2 - 9 所示为中区不同距离上测得的两条核电磁脉冲垂直电场波形。

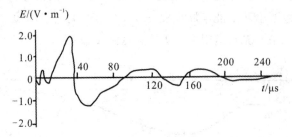

图 5 - 2 - 8　距爆心几百千米的地面上测得的核电磁脉冲垂直电场波形

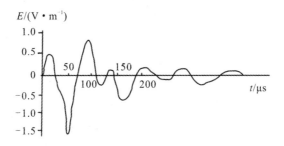

图 5 - 2 - 9　距爆心 1000 千米处测得的核电磁脉冲垂直电场波形

4. 远区核电磁脉冲的波形特点

在 1500 km 以外，核电磁脉冲信号由于经过电离层和地面（水面）无数次的反射，以至于最后演变成一个由大气波导所决定的比较规则的波形。图 5 - 2 - 10（a）和（b）中为两条万吨级原子弹小比高爆炸时，几千千米之外测到的核电磁脉冲远区波形。

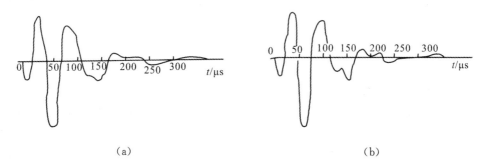

（a）　　　　　　　　　　　　　　　　　　　　（b）

图 5 - 2 - 10　原子弹小比高爆炸时在几千千米外测得的两条核电磁脉冲远区波形

图 5 - 2 - 11 为当量 1400 kt、爆高 400 km 的高空核爆炸时，距爆心投影点 5000 km 处地面上测得的核电磁脉冲垂直电场的波形，其场强大约为 10 V/m，信号的总持续时间大约为 600 μs。

├─┤50 μs

图 5 - 2 - 11　高空核爆炸远区核电磁脉冲波形

第三节　核电磁脉冲的杀伤破坏作用

不论是地面爆炸、空中爆炸，还是高空核爆炸，对于既不在源区内又不靠近源区的地方来说，接收到的电磁脉冲能量一般是不大的，但由于一些电气、电子系统和长导线或大面积的金属体相连，从而可能在相当大面积上收集到这种电磁能量，这些电磁能量集中起来作用在某个敏感的易损的元器件上，也会造成这些设备被干扰或损坏。

最著名的核电磁脉冲造成破坏的实例是 1962 年 7 月 9 日，美国在太平洋约翰斯登岛进行的一次当量为 1400 kt、爆高为 400 km 的高空核爆炸。核爆炸时，距该岛 1000 km 的檀香山有许多防盗窃警报警器一齐发出警报；装在输电线上的断路继电器一个个像"炒爆米花"似的烧断炸开；夏威夷瓦胡岛上有回路相连的 30 行路灯保险丝同时被熔断而失效，而单个路灯的同类型保险丝却未受影响。从这个例子可以看出：单个路灯，由于连线很短，接收的核电磁脉冲能量较小，所以保险丝没有被熔断；而与 30 行路灯线路相连的保险丝，受到很长导线上接收到的核电磁脉冲能量的冲击，比连接单个路灯情况时的能量大几十倍，所以保险丝就被烧断了。

这种由长导线、有效接收体接收来的核电磁脉冲能量，集中起来引入电气、电子系统某一敏感、易损元器件上的现象，很像光线的聚焦，所以有人称它为核电磁脉冲能量的"聚焦效应"。一个系统对核电磁脉冲能量耦合的基本方式有三种：电感应、磁感应和电阻耦合。

（1）电感应耦合。电感应耦合是指入射电磁脉冲的电场在导体长度方向上的切线分量使导体表面产生感生电流。

（2）磁感应耦合。磁感应耦合发生在形成闭合回路的导体内。入射电磁脉冲的磁场垂直于回路平面的分量，在该回路中引起电流的流动，该回路的形式可以是无形的或任意连接的导体，甚至在混凝土中的钢筋也能构成回路。

（3）电阻耦合。当导体沉浸在一种导电介质（例如电离了的空气、盐水或土地）中时，能够发生电阻耦合。如果上述两种耦合方式之一在介质中感生了电流，那么导体形成了另一条通路，并与该介质一起共同分配这个电流。例如有一根导线（裸线）埋在离地表一定深度的地下，入射电磁脉冲场照射地表面，使地下有传导电流流动，此时裸导线上也会出现相应的电流。

由上述三种耦合方式可以看出：凡是导体都能够在核电磁脉冲场中耦合到能量。

这些能从核电磁脉冲场中耦合到能量的导体，称为核电磁脉冲能量收集器。不但天线和明显的金属导体能作为核电磁脉冲能量收集器，而且有许多想象不到的物体，它们也会像天线那样耦合核电磁脉冲的能量，成为核电磁脉冲能量收集器，例如汽车、火车、轮船、飞机的金属壳体，架空的输电线路，铺在地面上的铁轨等都是良好的核电磁脉冲能量收集器；甚至混凝土建筑内部的钢筋骨架，室内水管、暖气管道、深埋的电缆线及管道等也可作为核电磁脉冲能量收集器在核电磁脉冲场中的耦合能量。当导体的尺寸与辐射波长量级相近时，导体对应于该辐射频率是共振的，耦合电磁场能量效率就很高，此时，可以把该导体看作是一根天线。由于核电磁脉冲的频谱很宽，所以总有一部分能量会被某些合适的导体最有效地耦合吸收。但粗略地说，一个收集器所能收集到的核电磁脉冲能量的大小与导体的尺寸成正比，导体面积越大、导线越长，收集到的能量就可能越多。

一、对人员的杀伤作用

美国曾利用能产生强大电磁脉冲的设备，模拟核爆炸的电磁脉冲，对猴子和狗做了大量的试验，无论是单次还是多次重复地对动物施加瞬时强电磁脉冲，都没有发现有害影响。他们认为除了靠近地面爆炸的地方（在离爆心很近处，其他效应总是主要的）以外，来自核爆炸的电磁脉冲对人的伤害作用不会比一定距离上雷电的作用更大，然而如果这个人与某种核电磁脉冲能量的有效收集器（如长导线、水管或其他管路系统、大的金属物体）相接触，就有可能受到一次猛烈的电击。

国内外核试验中，都有动物处于场强高达 $10^4\,\mathrm{V/m}$ 的源区中，也没有发现因核电磁脉冲作用而引起伤亡。

这些试验说明核电磁脉冲对于人员和动物没有直接的杀伤作用。

二、对电气、电子系统的破坏作用

1. 电气、电子系统受损类型

核电磁脉冲对电气、电子系统的损害一般有以下模式：① 核电磁脉冲在不接地的电气、电子设备外壳上引起的电流，会耦合到壳内敏感的电路上，或通过电缆感应传输到内部电路，改变电路的工作状态；② 快速数字电路对电流瞬变过程非常敏感，逻辑状态可能发生翻转而产生错误；③ 半导体或固体电路可能被击穿；④ 其他元器件的失效模式，可能与热效应有关。这些失效模式，归纳起来可以分为两种受损类型：永久性损坏和瞬时工作干扰。

（1）永久性损坏是指电气、电子系统受到核电磁脉冲引起的强电瞬变后，不经过修理便不能正常工作。这是因为电气、电子系统在核电磁脉冲作用下，引入的能量超过了系统中某些敏感元器件所能承受的极限，如半导体结被击穿、保险丝被熔断等，不经修理系统便不能正常工作。

（2）瞬时工作干扰是指电气、电子系统受到核电磁脉冲作用时，遭受较弱的电瞬变冲击，引入的能量尚不能使某些敏感元器件损坏，但已能使系统的工作状态有暂时性的改变，导致错误动作，引入干扰信号或操作失灵等，使系统在短时间内不能正常工作。

2. 易遭受永久性损坏的元器件

对核电磁脉冲作用下引起的强电瞬变很敏感的元器件，很容易被永久性损坏，如：

（1）有源电子器件（特别是高频晶体管、集成电路和微波二极管）。

（2）无源电元件和电子元件（特别是那些额定功率或电压极低的元件或精密元件）。

（3）半导体二极管和硅可控整流器（特别是那些接在公用设施上或长电缆线的电源中所用的）。

（4）引爆器、雷管和其他带炸药的器件。

（5）含有预置氧化剂的火箭装料。

（6）电表、指示器或继电器。

（7）绝缘射频及电源电缆（特别是那些接近于最高额定值工作的和暴露于潮湿、易磨损环境里的）。

3. 易遭受瞬时工作干扰的器件或系统

易遭受瞬时工作干扰的器件或系统如下。

（1）低功率或高速数字处理系统。

（2）经过接线的储存单元，例如磁心储存器、磁鼓、缓冲器（中间转换器）。

（3）飞行中的控制系统。

（4）电源线上的保护或控制系统。

（5）采用数据录取或信号处理同步用的长积分时间或长循环时间的子系统。

4. 造成瞬时工作干扰和永久性损坏的能量值

1）核电磁脉冲对系统造成损害的条件

核电磁脉冲能否对一个电气、电子系统造成损害（受到瞬时工作干扰或损坏）、损害的程度如何，主要取决于以下三个方面。

（1）系统对核电磁脉冲能量的收集。系统所处的环境，核电磁脉冲的场强较高，或者系统对核电磁脉冲能量的收集效率较高，都有可能收集到较多的能量，造成损害。

（2）加到系统中敏感、易损元器件上的份额。即使系统引入了较多的能量，如果系统采取了核加固措施，使这些能量不能都加到敏感、易损的元器件上，则很可能不会造成损害，或者会减轻损害，因此是否受到损害和受损害程度与系统电路设计关系很大。电路设计时，应使得引入的核电磁脉冲能量加到敏感、易损元器件上的份额尽量地小。

（3）元器件本身或电路的敏感性。元器件本身对电瞬变的敏感性差别很大；硅微波半导体二极管的敏感性比电子管要大得多。表 5-3-1 列出了不同元器件被烧毁的最低能量，可以看到电子管与隧道二极管被烧毁的最低能量相差达 10^7 倍。现代电子工程的趋势是大量采用对电瞬变更加敏感的晶体管和集成电路；数字电路对电瞬变的敏感性大于模拟电路，而现代电子工程的趋势又是大量采用数字电路，这对抗核电磁脉冲损害是不利的。

表 5-3-1 一些元器件被烧毁的最低能量

型　　号	材　　料	最低能量/J	其他数据
2N36	锗	4×10^{-2}	PNP 声频晶体管
2N594	锗	6×10^{-3}	NPN 开关晶体管
2N398	锗	8×10^{-4}	PNP 开关晶体管
MC715	硅	8×10^{-5}	数据输入门集成电路
1N238	硅	1×10^{-7}	隧道二极管
2N3528	硅	3×10^{-8}	硅可控整流器
67D-5010		1×10^{-4}	CE 变阻器（额定 30J）
6AF4		1×10^{0}	超高频振荡器真空管

2）损坏和干扰能量阈

系统是由元器件构成，因此了解元器件性能恶化和失效的性质与程度，有助于确定该系统是否会在核电磁脉冲作用下受到损坏。表 5-3-2 所列为造成仪表等的永久性损坏的最低能量。可以看出点燃可燃气体等的最小焦耳能量和造成半导体损坏的最小焦耳能量有相同的数量级。

表 5-3-2 造成永久性损坏的最低能量

名　　称	最低能量/J	故　　障	其他数据
继电器	2×10^{-8}	接点熔焊	波得—勃隆非(539)小电流继电器
继电器	1×10^{-1}	接点熔焊	西格马(IIF)IA 继电器
微安表	3×10^{-8}	指针打弯	辛普生微安表(型号 1212C)
炸药包	6×10^{-4}	点燃	EDW8A 用于 $10 \mu s$ 引爆器，MRI
电焊管	2×10^{-5}	点燃	N83.5 W，用于 $5 \mu s$ 引爆器
可燃气体	3×10^{-8}	点燃	丙烷-空气混合物，1.75 mm 点燃间隙

造成瞬时工作干扰的最低能量大约比损坏最敏感的半导体元件所需能量要低 1～2 个数量级，具体数值见表 5-3-3。

表 5-3-3 产生瞬时工作干扰的最低能量

名　　称	最低能量/J	故　　障	其他数据
逻辑线	3×10^{-9}	电路失灵	典型逻辑倒相门
逻辑线	1×10^{-9}	电路失灵	典型触发晶体管组合
集成电路	4×10^{-10}	电路失灵	西凡尼亚 J-K 触发单块集成电路(SF50)
磁心	2×10^{-9}	接线抹擦	布罗快速计算机磁心储存器(FC2001)
磁心	5×10^{-9}	接线抹擦	布罗中速计算机磁心储存器(FC8001)
磁心	3×10^{-9}	接线抹擦	RCA 中速磁心储存器(269141)
放大器	4×10^{-11}	干扰	典型高增益放大器内，能观察到的最低能量

5. 损坏机制

1）元件损坏机制

半导体晶体管元件的损坏可能是由于 P-N 结的表面击穿、内部击穿、介质击穿等原因造成的。

表面击穿，往往是在结的周围形成了一个高漏电通路，而使结的作用失效。内部实际的结本身并不一定遭受破坏，因而只要把表面重新进行浸蚀加工，就可使结的正常功能恢复。

内部击穿是结内部高温使结参数发生变化所致。这种高温使合金或杂质原子扩散，致使结整个遭到破坏，或使其性能发生剧变。电流足够强而集中的，可使得结内的热点熔化，产生跨结的电阻通道。

在介质击穿时，过大电流能形成一条产生电弧放电的通路，使结内发生穿透，形成针孔，造成结短路。

由于晶体管的多结性质，除上述的单结破坏机制之外，还有另一种称为"穿通"的机理。

反偏结的耗尽区宽度随结两端电压的增高而增大，晶体管的集电极—基极结通常为反向偏压，而且宽度小，耗尽区宽度有可能伸展至基极，从而出现明显的短路现象。在这种情况下，所得的电流很大，足以使结遭到损伤。

正向偏压时结的失效，主要是脉冲期间大电流引起的升温所致。从试验中发现，正向偏压模式的失效需要较大的功率。

2）电阻、电容器的失效机制

总的来说，在核电磁脉冲感应的高电平瞬态过程中，电阻比其他元器件更为坚固。对于宽度很窄的瞬态过程，基本的失效机制似为电压击穿，或是在器件内部或外部跳火，导致击穿电压电平降低，与电阻性材料并联的漏电增大，以及由于很多能量耗散而产生热梯度使结发生碎裂。

数据表明电阻是不易损坏的元件，例如 2 W 线绕电阻的最大安全电压为 8～20 kV，金属膜电阻的最大安全电压为 200～5000 kV，碳质合成电阻的最大安全电压为 100～2400 kV。试验是用宽度为 20 μs 的高电平脉冲进行的。

电容器的失效数据如表 5 - 3 - 4 所示。试验在未加偏压的器件上进行，所用的激励脉冲为矩形。被试电容器在达到临界电压之前，仍起电容器的作用。当达到此电压之后，其响应则视被试电容器的类型而定。

表 5 - 3 - 4　普通电容器的失效水平

电容器及其规格	电压/V	脉冲宽度/μs	能量/μJ	失　　　效
腐蚀钽箔，0.5 μF，100 V(DC)	正极性＞250 反极性＞250	0.1 0.1	＞1300 ＞1300	无
固体钽，0.56 μF，35 V(DC)	正、反极性＞80	0.1	＞490	无
湿钽块，5.0 μF，50 V(DC)	正、反极性＞32	0.1	＞190	无
陶瓷，DD - 500，50 pF，1000 V(DC)	10000/7300①	—	—	有
固体钽，472X9035A2，0.004 μF，35 V(DC)	正极性 160/90① 反极性 110/65①	0.25② 0.7	86③ 61③	有 有
陶瓷，5HK - E10，1000 pF，1000 V(DC)	6000/4900①	—	—	有
固体钽，225X9035B2，2.2 μF，35 V(DC)	正极性 150/90 反极性 110/65	5.5② 1.2	3500③ 3300③	
C100K，10 pF	1000	8		无 (10 个脉冲)
96P，1 μF，200 V(DC)	1000	8		无 (10 个脉冲)
CL25BL101TB3，100 μF，75 V(DC)	反极性 2250	2		无 (13 个脉冲)

注：① 意为"平均/最小"；② 脉冲宽度系指电压波形上的从起始到下降至低点的时间（相应于电流波形上的陡然上升）；③ 试样的最低能量。

非极性介质电容器经受微秒级脉冲激励时，击穿电压一般为其直流额定电压电平的 $4\sim6$ 倍。击穿时，电压迅速下降，而电流却相应增高，出现飞弧现象。这种击穿所造成的后果，是降低电容器的漏电阻和因此而来的击穿电压电平。器件遭受损伤的程度，视击穿所耗散的能量和击穿的位置而定。在某些情况下，发现电容有变化，甚至出现器件破裂现象。

各种电解电容器所呈现出的易损性，具有较宽的范围，随电容、电压额定值和构造而发生变化。固体钽电容器的失效电平较低，与半导体电平大致相同。钽器件对矩形脉冲的响应，随电容的负载而发生变化。总的说来，在电压达到某一临界值之后，器件的电导有所增大，电流随时间而增大（电容器两端的电压下降），直到电压剧降和电流剧增。

3）电缆失效机制

电缆是系统中的重要部件，它受到核电磁脉冲引起的瞬变，也有可能遭到永久性损坏。对于像发射机输出电缆那样有电应力的电缆，这个问题特别重要。发射机加到电缆上的电压与电缆电压击穿额定值之间的差值可能小到电磁脉冲的瞬变会造成绝缘击穿的程度。电缆绝缘击穿强度受绝缘层中小缺陷部位介质强度的限制。在电缆上，击穿是从一个小气团开始的，一开始气团中发生火花放电，造成局部加热，于是绝缘层熔软而炭化，最后由于机械效应或导线之间介质炭化轨迹形成短路而使电缆失效。一种可能发生的机械效应是介质变形，即同轴电缆内导线偏心而碰到外导线。

4）瞬时工作干扰机制

核电磁脉冲引起的瞬变，能使数字逻辑电路失灵，这可能是由输入端的干扰造成的，也可能由直流或地线干扰造成的。

计算机磁心储存器储存的信息，可能被附属接线中的电磁脉冲电压感应所擦掉，这种磁心储存器操作失灵的可能性要比磁盘的高得多。

三、对非电气、电子设备的破坏作用

核电磁脉冲对于非电气、电子设备，如一般的武器、装备、被服、工事建筑物等本身不会造成破坏，而这些物体附属的电机、电子仪器，尤其是电子计算机等则仍有可能受到核电磁脉冲的作用的影响或被破坏。

数字计算机对核电磁脉冲极其敏感。核电磁脉冲能引进假信号或抹去储存器中的信息，致使计算机储存信息丢失。宇宙飞船或洲际弹道导弹的轨道控制，即使极短时间的停顿或干扰，其后果都不堪设想。在一个防空系统中，核电磁脉冲有可能"擦掉"所有超地平线巡逻飞机、船只或远处传感器提供的数据记录。这种潜在的短暂中断，会给敌方轰炸机提供足以摧毁这个防空系统的机会。在核试验场上，如果核电磁脉冲对测量系统产生干扰，能使一个经过长时间准备、耗资巨大的测试项目完全失败。电力站的计算机，如果程序控制功能受到影响，会使得涡轮机开关、锅炉调整点控制和燃烧器失灵，造成严重的事故。

在某些核电磁脉冲模拟试验中，发现了一种"雪崩效应"，即少量核电磁脉冲能量的引入，会把系统中原来储存着的电能瞬间释放，爆发电子/电气"山崩"，使得元件烧毁或整个系统失效。核电磁脉冲的"火星"，能在适当条件下点燃装料、空气混合物或引爆军火，造成严重的损失。

第四节　高空核爆电磁脉冲的波形

　　高空核电磁脉冲主要集中在高频部分，具有覆盖范围广、强度大和频谱宽的特点，可以通过天线、孔缝、线缆等耦合作用，对电子设备造成较大的威胁。本节介绍高空核电磁脉冲（high-altitude nuclear electromagnetic pulse，HEMP）的波形和特点。

　　如图 5-4-1 所示，高空核电磁脉冲可分为三个部分。① 早期（$0 \leqslant t \leqslant 1 \ \mu s$）部分，记作 E_1，是核爆炸瞬发 γ 激励的康普顿电子运动产生的。② 中期部分，其中 $1 \ \mu s \leqslant t \leqslant 100 \ \mu s$ 部分，记作 E_{2a}，散射 γ 激励源产生的场占主要成分；$1 \ ms < t < 10 \ ms$ 部分记作 E_{2b}，是由高能中子和空气分子的非弹性碰撞产生的 γ 激励贡献的。③ 晚期部分，时间从 1 秒到数百秒之间，记作 E_3，是由各种空间碎片和空气离子在地磁场中运动感应产生的电场，称之为磁流体力学（Magneto Hydro Dynamics，MHD）电磁脉冲。其中早期核电磁脉冲是主要部分，也最为常见，且对电子器件及电子系统破坏最严重。

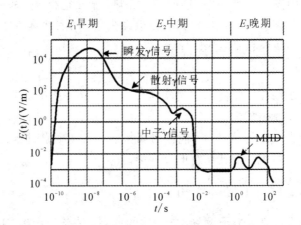

图 5-4-1　高空核爆电磁脉冲环境

　　国际上关于高空核爆电磁脉冲波形的表述已有多种不同标准。目前，较有影响的标准有美国国防部制定的一系列军用标准和手册、学术出版物标准、Bell 实验室标准和国际电工委员会（IEC）制定的 HEMP 标准等。尤其是国际电工委员会和美军标等陆续制定了新的 HEMP 波形表述标准。

一、高空核爆电磁脉冲表达式

　　高空核爆电磁脉冲辐射场的典型波形，通常都以双指数解析函数来描述：

$$\boldsymbol{E}(t) = (E_{h0}\boldsymbol{\alpha}_h + E_{v0}\boldsymbol{\alpha}_v)(e^{-\beta t} - e^{-\alpha t}) \tag{5-4-1}$$

其中：$E_{h0} = 50 \ kV/m$，表示垂直极化时场强峰值的模；$E_{v0} = 15 \ kV/m$，表示沿电场水平极化时场强峰值的模；$\boldsymbol{\alpha}_h$ 为沿电场水平极化方向的单位矢量；$\boldsymbol{\alpha}_v$ 为沿电场垂直极化方向的单位矢量；α 和 β 为表征脉冲前、后沿的参数。根据高空核爆电磁脉冲的基本理论模型，采用指数上升的 γ 源进行计算时，并不能涵盖所有状况，但在工程上却能给出相对合理的电磁场。

对上式作傅里叶变换，其频域表达式为

$$\boldsymbol{E}(\omega) = (E_{h0}\boldsymbol{\alpha}_h + E_{v0}\boldsymbol{\alpha}_v)S(\omega) \tag{5-4-2}$$

其中：$S(\omega) = \dfrac{1}{\beta + j\omega} - \dfrac{1}{\alpha + j\omega}$，其能量谱密度为

$$S_0(\omega) = \frac{E(\omega)^2}{\eta} \tag{5-4-3}$$

脉冲在频率 ω 时累积的总能量为

$$W = \frac{1}{\pi} \int_0^\omega S_0(\omega) \mathrm{d}\omega \tag{5-4-4}$$

总的来说，辐射场强典型表达式为

$$E(t) = E_0 k(\mathrm{e}^{-\beta t} - \mathrm{e}^{-\alpha t}) \tag{5-4-5}$$

式中：E_0 为峰值场强；k 为修正系数。

高空核爆电磁脉冲传至地面的电磁波可以近似为平面波，电场强度 $E(t)$ 和磁场强度 $H(t)$ 在平面波中换算关系为

$$H(t) = \frac{E(t)}{\eta} \tag{5-4-6}$$

式中：$\eta = 377\ \Omega$，为自由空间波阻抗。

如图 5-4-2 所示，定义脉冲波形的时域参数：前沿即上升时间 $t_r = t_3 - t_1$；后沿即下降时间 $t_f = t_7 - t_5$；$t_{hw} = t_6 - t_2$ 为半峰宽；$t_{p1} = t_4 - t_1$ 为上升峰值时间；$t_{p2} = t_7 - t_4$ 为下降峰值时间；$t_{pw} = t_7 - t_1$ 为脉冲宽度。

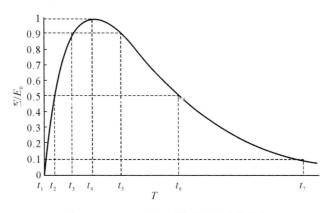

图 5-4-2 双指数型脉冲波形参数定义

二、高空核爆电磁脉冲辐射环境的波形标准

目前，高空核爆电磁脉冲的表述在不同时期不同国家有不同的标准，在 1976 年我国推荐的早期 HEMP 波形中取 $\alpha = 2.6 \times 10^8 /\mathrm{s}$，$\beta = 1.5 \times 10^6 /\mathrm{s}$，$k = 1.04$，$E_0 = 50\ \mathrm{kV/m}$。Bell 实验室提出的高空核爆电磁脉冲环境参数为：$\alpha = 4.76 \times 10^8$，$\beta = 4.0 \times 10^6$，$k = 1.05$，$E_0 = 50\ \mathrm{kV/m}$。1985 年，美国国防部（DOD）颁布的军标 DOD-STD-2169 认为其 E_1 成分标准为 $\alpha = 4.76 \times 10^8$，$\beta = 3.0 \times 10^7$，$k = 1.285$，$E_0 = 50\ \mathrm{kV/m}$。1996 年国际电工委员会（IEC）

制定了 IEC 61000 - 2 - 9 标准,其中规定早期核电磁脉冲的 $\alpha=6.0\times10^8$,$\beta=4.0\times10^7$,$k=1.3$,$E_0=50$ kV/m。值得注意的是,1996 年修订的美军标 MIL - STD - 461E 中,HEMP 的标准波形采用了 IEC61000 - 2 - 9 中的 HEMP 波形。另外,1997 年颁布的美军标 MIL - STD - 464 中,规定在无特定电磁脉冲环境要求的情况下,IEC 标准中 HEMP 波形为默认的空间电磁环境,用于系统的抗电磁脉冲加固性能的考核。由于国际上 HEMP 的标准已发生了变化,其趋势是前沿变快的同时脉冲的宽度变窄,我国再沿用 1976 年的 HEMP 标准已不合理。2003 年,经抗辐射加固专业组讨论,根据数值模拟的计算结果,考虑到试验技术等方面的因素,我国 HEMP 的标准暂定为前沿 5 ns、半高宽 80 ns。表 5 - 4 - 1 是这几种 HEMP 波形参数的比较。

表 5 - 4 - 1　各种典型 HEMP 波形标准参数对比

标　准	颁布日期	$E_0/(\text{kV/m})$	α/s^{-1}	β/s^{-1}	k	t_r/ns	t_{hw}/ns	j
我国早期标准	1976 年	50	2.6×10^8	1.5×10^6	1.04	7.8	483	2.350
Bell 实验室	1975 年	50	4.76×10^8	4.0×10^6	1.05	4.1	184	0.891
DOD - STD - 2169	1985 年	50	4.76×10^8	3.0×10^7	1.285	3.1	31	0.151
IEC61000 - 2 - 9	1996 年	50	6.0×10^8	4.0×10^7	1.30	2.5	23	0.114
抗辐射加固新标准	2003 年	50	3.4×10^8	1.0×10^7	1.15	5	80	0.401

以上几种电磁脉冲的时域波形如图 5 - 4 - 3 所示,α 越大,时域脉冲的上升沿越陡;β 越大,时域脉冲的下降沿也越陡。

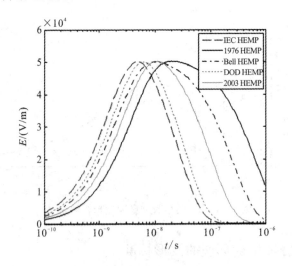

图 5 - 4 - 3　各种典型高空核爆电磁脉冲标准的时域波形

从图 5 - 4 - 3 可以看出,各标准峰值场强幅值基本为 50 kV/m,但上升时间 t_r,下降时间 t_f 等时域参数变化较大,主要分为三种类型:较长(我国早期标准)、中等(Bell)、较短(IEC,DOD)。基本趋势是前沿变快,持续时间变短。下面再从频谱、归一化累积能流谱和总的能量密度等方面比较脉冲涵盖的频谱范围、频域的能量分布。

对于形如式(5-4-1)的双指数函数表述形式的 HEMP 波形,其频谱响应由傅里叶变换得到:

$$E(f) = \int_{-\infty}^{+\infty} E(t)\mathrm{e}^{-\mathrm{j}2\pi ft}\,\mathrm{d}t = \frac{E_0 k(\alpha - \beta)}{(\mathrm{j}2\pi f + \beta)(\mathrm{j}2\pi f + \alpha)} \tag{5-4-7}$$

由帕斯瓦尔定理,定义能谱 $S(f)$ 来描述能流随频率的变化,表达式为

$$S(f) = \frac{2\,|E(f)|^2}{Z_0},\ Z_0 = 120\,\pi\Omega \tag{5-4-8}$$

将上式在频域积分(远场一般 $f > 1\,\mathrm{kHz}$),得到早期高空核爆电磁脉冲 E_1 波形的累积能流:

$$W_{\mathrm{t}} = \int_{10^3}^{+\infty} S(f)\,\mathrm{d}f$$

$$W_{\mathrm{f}} = \int_{10^3}^{f} S(f)\,\mathrm{d}f$$

$$W = \frac{W_{\mathrm{f}}}{W_{\mathrm{t}}} \tag{5-4-9}$$

定义 W 为归一化累积能流谱。

脉冲包含的总的能量密度 j(辐射能量密度,$\mathrm{J/m^2}$)可表示为

$$j = \frac{1}{Z_0}\int_0^{+\infty} E^2(t)\,\mathrm{d}t = \int_0^{+\infty} S(f)\,\mathrm{d}f \tag{5-4-10}$$

根据式(5-4-10)从时域或频域可以计算出不同标准波形的总能量密度,结果列于表 5-4-1 中。可以看出我国早期波形标准能量密度最大,为 2.350 $\mathrm{J/m^2}$;Bell 实验室波形标准居中,约 0.891 $\mathrm{J/m^2}$;IEC 波形最小,仅有 0.114 $\mathrm{J/m^2}$。

通过对各种典型电磁脉冲波形标准的时域参数、频谱、归一化累积能流谱和能量密度的比较,可以看出标准变化的基本趋势是脉冲前沿变陡、脉宽变窄、频谱变宽,也就是说脉冲波形的高频成分加强的同时,低频成分却大大地削弱了。通过对电磁场的频谱分析发现有 90% 的频谱集中在 0 MHz～100 MHz 频带内,其中 10 kHz～10 MHz 频谱幅度最高。

标准的变化相应会给 HEMP 的模拟、测量、效应及考核等各个方面带来重要影响。适用范围广泛的通用设备和系统可以选用 IEC61000-2-9 的波形表述形式,而在关键电子化系统效应等方面的研究则以选用效应影响程度较高的 Bell 实验室波形标准为宜。

第五节 核电磁脉冲的防护

核电磁脉冲的防护是个系统工程,在各个环节中都要遵守对核电磁脉冲的防护规定,稍有疏忽,就会使防核电磁脉冲的努力毁于一旦。

核电磁脉冲防护难度较大,因为除了核电磁脉冲本身具有场强高、频谱宽、作用范围大等特性以外,它还能通过"聚焦效应"吸收能量,此外还有防护措施的易破坏性。即使对一个经过核加固设计、抗核电磁脉冲措施考虑得比较全面,甚至通过了核电磁脉冲模拟试验考核过的电气、电子系统,也可能由于安装和维护时的疏忽,使防核电磁脉冲的努力全部白费。最常见的错误是,设备在安装时不注意,无意中造成了"环形天线",增加了对核电磁脉冲磁场耦合;有时,一个系统的完整屏蔽体却被使用者无意中引入一根导线,从而使屏蔽体的屏蔽作用遭到破坏;完整屏蔽体的屏蔽门上镀锡的接触片,却被"热心"的维护人

员刷上了油漆，从而使整个屏蔽体的性能大大降低。所以，要做好对核电磁脉冲的防护，必须进行普及教育，要使有关人员懂得核电磁脉冲防护的重要意义和基础知识。作为核防护来说，了解一下对核电磁脉冲的防护原则是必要的，可以用这些原则去处理一些具体问题。

一、降低核电磁脉冲的环境水平

降低核电磁脉冲环境水平的有效办法是"屏蔽"。屏蔽能使电气、电子系统工作间的核电磁脉冲水平大大降低。

1. 屏蔽作用的基本原理

1）静电屏蔽

静电屏蔽是用高电导率的金属材料制成容器，将给定空间屏蔽起来，使屏蔽空间内的电力线终止于屏蔽体的内表面，外部空间的电力线终止于屏蔽体的外表面。静电屏蔽体必须将屏蔽体接地，屏蔽体维持地（零）电位，其主要作用是隔断电力线。当屏蔽体外电荷分布发生变化时，屏蔽体外表面上电荷分布随之发生变化，在接地线上将有瞬时电流流通（稳定后消失），以保证屏蔽体内电场分布不变。为了提高对变化电场的屏蔽效果，屏蔽体的电导率应大，接地线要短，接地电阻越小越好。

2）静磁屏蔽

用高磁导率材料制成的屏蔽体，可将磁力线"压缩"在屏蔽体厚度范围内，从而起到静磁屏蔽作用，其原理见图 5-5-1。

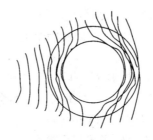

图 5-5-1　静磁屏蔽原理图

静磁屏蔽体的磁导率和厚度越大，屏蔽效果越好；而被屏蔽的空间越小，屏蔽效果越好。静磁屏蔽体的缝隙或开口不能切断磁力线，否则将降低屏蔽效果。为提高屏蔽性能，有时使用多层组合体或很厚的壁。静磁屏蔽体如接地，则能同时起到静电屏蔽体的作用。

3）电磁屏蔽

静电、静磁屏蔽只有在直流或低频时才有效果。当频率升高后屏蔽体中的涡流作用加大，磁场从屏蔽体中被"排挤"出来，这样屏蔽体的高导磁性立即失去意义。所以，在高频范围内需采用电磁屏蔽体。

电磁屏蔽原理是依靠高频电磁波在屏蔽体表面上的能量反射，以及在屏蔽体厚度内高频能量的损耗（涡流损耗）。频率越高，屏蔽体越厚，则在屏蔽体内的涡流损耗越大，高频能量的损耗也越大。能量反射是由于介质与金属的波阻抗不一致引起的，两者彼此相差越大，由反射引起的屏蔽衰减也越大。同时，反射也与频率有关，频率越低，反射越严重。

电磁屏蔽体如接地，则可同时起到静电屏蔽作用；如不接地，对防止磁漏也有效，但是会增加静电耦合干扰,故一般要求接地。

电磁屏蔽体依靠屏蔽体内流过高频电流(而且电流必须在抵消干扰磁通的方向上)而起到屏蔽作用,如果在电流流通方向上有横切缝,则此缝将具有天线效应(产生辐射),从而将大大降低屏蔽体的屏蔽作用。多层屏蔽体能够提高屏蔽性能。

2. 屏蔽的具体措施

按屏蔽体结构分类,可以将屏蔽分为完整屏蔽体(屏蔽室、屏蔽机箱、屏蔽盒等)、非完整屏蔽体(带有孔洞、金属网、波导管及蜂窝结构的屏蔽设备等)。

对于一个较小的独立电子设备,可用金属板把它完整地包起来;对于一个比较大的电气、电子系统,则要求屏蔽体把整个系统完全地封闭起来。图5-5-2是将一个大系统完整屏蔽起来的示意图。从图中可以看到该系统有两间工作间,中间有电缆连接。好的屏蔽,要求把两间工作间全部用铁皮包起来,两工作间之间的电缆线也要用铁管(或屏蔽电缆的屏蔽层)包好,并与两工作间屏蔽体焊接;必要的进出口,也要用屏蔽门,门与屏蔽间的壳体应有良好的电接触;对于人要在里面工作的屏蔽间,可以考虑使用波导管(最好有90°的拐角)通风。一根很细很长的金属波导管具有高通滤波器的特性,它能使半波长大于波导管直径的电磁波大大衰减。但是,波导管内不能有其他金属导体(包括各种金属导线和管子)存在,否则,导线会像天线那样把电磁波引入屏蔽间内,使屏蔽失效。

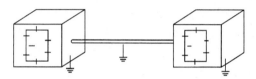

图5-5-2　对系统完整屏蔽的示意图

土壤能屏蔽核电磁脉冲或衰减其强度,把工事建在很深的地下,将电缆深埋于地下,也可以大大降低核电磁脉冲的环境水平。

二、降低核电磁脉冲能量的收集效率

任何长的导线都能较多地吸收核电磁脉冲的能量,尽量缩短系统连接的导线和天线,设备之间也要尽量靠近,避免用长线连接。因为潜在的"环形天线"能够很有效地通过磁耦合吸收能量,一个系统若干设备间的电缆布局或一台仪器内部的电路布局,应尽量避免形成"环形",见图5-5-3(a)。不论是设备之间或仪器内部的电路设计布局,都应该采用像图5-5-3(b)所示那样的"树"形布局或布线。

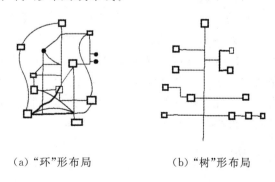

(a) "环"形布局　　　　　　　　(b) "树"形布局

图5-5-3　系统的布局或电路布线方式选择

　　另外，还有一条很重要的防护措施，就是应该尽量避免与可能成为能量收集器的金属壳、金属管道等接触或靠近。

　　对核电磁脉冲的防护来说，不良的接地可能比不接地更坏。一般的接地，如连接仪器的机壳、天线系统的下端，或用一根金属棍打入地下等，这些都可以认为是"接地"了，但对核电磁脉冲的防护来说，这还不行。不好的"接地"反而会引进干扰，防核电磁脉冲必须要有接地电阻很小、极为良好的接地点。

三、减少加到敏感元件上的能量份额

　　除了采取了前述的两个措施之外，为了保护电气、电子系统能可靠地工作，还可以在一些设备上增加保护装置，以减少加到敏感元件上的能量份额。这种装置应能制止或吸收无用及错误的信号，而让有用信号顺利地通过，具体的措施一般如下。

　　(1) 限幅技术：使用限幅技术，限幅电平应高于工作电平。电火花隙等介质击穿限幅器件虽能承受核电磁脉冲的强大能量，但对上升时间很快的前沿却无能为力。齐纳稳压二极管等半导体击穿限幅器件的反应速度虽然比较快，但却承受不了大的能量，容易烧坏。压敏电阻器之类的非线性电阻限幅器件体积和质量都很大，而且有毫安级的漏电流。因此，限幅器件必须同滤波器等器件联合使用，才能发挥作用。

　　(2) 滤波技术：由于截止频率低于 10 kHz 的大电流滤波器难以制作，最好把滤波器紧接在限幅器之后成对地使用，这样能有效地抑制核电磁脉冲。滤波器有反射滤波器和损耗滤波器两大类。

　　反射滤波器是利用电抗组成的网络，将不需要的频率成分的能量反射掉，只让所需要的频率成分通过，按其频率特性可分为低通、高通、带通和带阻滤波器。反射滤波器有三种缺点：① 不能消除不需要的信号，只是简单地把信号反射到其他位置；② 插入损耗主要取决于源阻抗和负载阻抗；③ 包含一些电抗元件，这可能引起寄生共振，并提供插入增益而不是损耗。

　　损耗滤波器不是靠将不需要的频率成分的能量反射的办法，而是靠将不需要的频率成分的能量损耗的办法来对核电磁脉冲加以抑制。损耗滤波器有铁氧体做成的柱状、管状及环状等形式。

　　反射滤波器和损耗滤波器各有优缺点，往往可以联合使用，取长补短，以获得更好的效果。

　　对于电源线引入的脉冲干扰，一般均采用滤波方法去除干扰。采用电涌保护器件是从能域上防护核电磁脉冲的方法。该器件是一种非线性器件，它能把电压限制到安全电平。有两种电涌保护器件：开关型和非开关型。开关型器件是击穿器件，如充气电火花隙和闸流管。施加到这些器件上的电压超过击穿电压时，电阻就从极高值变成极低值，从而为浪涌电流提供一个并联路径。非开关型器件是一些箝位电压器件，如齐纳型、变阻器型、二极管型。这种器件是高度非线性的，当外加电压高于箝位电压时，会产生一个电阻突变。当运行理想时，非开关型器件可将浪涌电压限制到箝位电压。

四、改进电路设计及加固元器件

　　改进电路设计及选用加固元器件也是核电磁脉冲防护的有效措施。

　　改进电路设计，能使系统不易受核电磁脉冲的干扰，例如增加或选用那些具有较高电压与开关阈的数字逻辑电路。长的接线中采用编码信号传递，可以使核电磁脉冲扰乱系统的情况降低到最少，如图 5-5-4 所示。

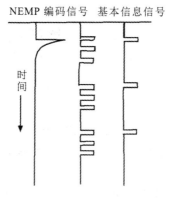

NEMP 编码信号　基本信息信号

时间

图 5-5-4　采用编码信息传递

　　采用那些比较难于翻转的储存系统（例如磁鼓或磁盘），储存处理过的信息中的重要部分是有好处的。

　　核电磁脉冲事件的探测可以用来校正错误，或给出"核电磁脉冲可能引进错误"的信号。采用高灵敏、快速反应的核电磁脉冲探测电路，一旦感应到核电磁脉冲即可采用相应的保护措施如通过断电、断开输入端等。

　　此外，核电磁脉冲防护还可以使用为抗核电磁脉冲加固过的电缆，采用平衡馈电、差动信号等技术，或用光缆代替电缆。

五、时间回避

　　时间回避法是从时域上防护 NEMP 的方法。在无法采用上述防护措施的地方，如空中导弹、卫星或飞机中则可以采用时间回避法。即利用灵敏度极高的传感器在高强度电磁场到来之前关机，将电源切断，或将信息转移到非挥发性储存器中，待电磁干扰过后再使设备重新接通电源，开机恢复工作，以免信息受到严重干扰或被损坏。

六、系统内电磁脉冲的防护

　　电磁屏蔽只对大气中传播的核电磁脉冲有效，受 γ、X 射线辐照的电子系统，在空腔内产生空腔电磁脉冲，在电缆内产生注入电流，在一般系统中称为位移电流。因此，为减弱系统内电磁脉冲，必须设法降低射线通量和材料的电子发射率。这些具体方法有：

　　（1）利用铅或钢筋混凝土等密度大的物质屏蔽射线；

　　（2）采用原子序数低的材料作系统构件或在系统构件的表面上涂覆一层足够厚的低原子序数物质（0.02 cm 即可），以降低电子发射率；

　　（3）减小系统内部的自由空间体积，如采用高密度线路封装、减小机壳容积和内部充填等办法；

　　（4）采用抗辐射电缆，如选用低原子序数的材料制作的电缆。

　　核电磁脉冲是大面积杀伤效应，防护是一个复杂的系统工程，不仅要考虑单机的自身防护，还应考虑群机（系统）的相互影响。特别是地面设施间通过回路，包括电源线、地回路、信号传输线，整个系统群的电磁防护首先要控制回路，切断可能的联系。因此防护的原则是：立足单机，着眼群机（系统）。

第六节　核电磁脉冲的利用

一、作为特殊的作战手段

作为战略进攻一方，可利用先遣导弹在敌方实施高空核爆炸，产生强大的核电磁脉冲干扰或破坏敌方各种探测、预警电子系统，甚至干扰或破坏其地下发射井中拦截导弹的电子系统，从而协助弹道导弹的突防。

作为战略防御一方，可利用高空核爆炸的核电磁脉冲干扰或破坏来袭弹道导弹的电子系统，使其失控或自毁。

二、用作核侦察信号

核电磁脉冲是核爆炸的一种次级信号，它的作用范围却远远超出了包括核辐射在内的其他核爆炸信号，可以用它进行远距离核爆炸探测：平时作为核爆炸监督，战时用于监测己方发射远程导弹的爆炸效果。

1. 利用核电磁脉冲探测核爆炸的优点

1）取得数据快

核电磁脉冲虽然是伴随核爆炸瞬发 γ 射线而产生的次级信号，但它是与瞬发 γ 脉冲同时展开，几乎没有滞后。核电磁脉冲一经产生，就以光速传播，并且整个过程持续时间也只有微秒量级，即使几千千米以外，也在瞬间就可以探测到，取得数据极为迅速，它比通过声波、地震波等探测核爆炸要快得多。这样，就可以为采取防护措施留下更多的时间。

2）可探测距离远

图 5-2-10 所示均是离核爆炸地点几千千米以外测到的核电磁脉冲波形，说明能在很远的距离上测出各种不同当量大小的核爆炸。美国 1962 年修订版的《核武器效应》一书的附录 C 列出了"核爆炸侦察"的几种方法，对于核电磁脉冲的探测距离提供了以下的数据"倘若在接受站附近没有很高的噪音本底，就有可能在远达 5000 km 之外侦察到 1 kt 爆炸的电磁信号。这种办法预计也可用于侦查高达近 1000 km 高度上的空中爆炸。利用无线电测向设备测信号源的方位角时，误差精度达 2°。这等于说在 1600 km 远的距离上测量误差不会超过 50 km。爆炸后几分之一秒的时间内就可以收到电磁信号"。

3）近区波形与核爆炸性质有关

核电磁脉冲是核爆炸瞬发 γ 的次级效应，而瞬发 γ 与核爆炸机制及弹体结构密切相关。因此，核电磁脉冲近区波形中包含了大量核武器信息，对于核侦察十分有用，可通过"核诊断"来分析核爆炸机制。

2. 利用核电磁脉冲探测核爆炸的缺点

1）易受雷电及其他无线电信号干扰

核电磁脉冲易受雷电及其他无线电信号干扰，因此探测时需要采取一系列的鉴别方法，特别是在远距离上探测核爆炸时，由于信噪比比较小，更需采取措施，否则很容易发生"误报"。

2）不能探测水下核爆炸和地下核爆炸

因为水下核爆炸和地下核爆炸的电磁脉冲很弱，并被水层和土壤大大削弱，不能传播到很远距离上，所以不能利用核电磁脉冲探测水下和地下核爆炸。这一缺点目前可用地震法、次声法等探测方法来弥补。

3）核电磁脉冲和当量的相关性较差

核电磁脉冲的波形特征主要取决于爆炸环境，与核爆炸当量的关系是通过瞬发 γ 射线联系的（常称 γ 当量），一方面这个关系比较弱（电场强度近似与 γ 当量的对数成正比），另一方面 γ 当量与总当量的关系还取决于核反应的性质和核弹结构，因而通过核电磁脉冲来确定当量不够可靠、误差较大。

三、作为判定核爆炸性质的手段

核电磁脉冲近区波形包含着核反应机制、弹体结构的信息。

1. 准半周特点

原子弹波形有三个过零的准半周，而氢弹波形的过零准半周多于三个，如图 5-6-1 所示。原子弹波形的第一准半周前沿上出现的拐点，称为第 I 类型拐点。氢弹波形的第一准半周前沿上出现的拐点，称为第 II 类型拐点，第 II 类型拐点是区别爆炸性质的一个特征点。氢弹波形的第一准半周上附加的 A、B、C、D 四个高频振荡是氢弹波形的又一特征点。弹体结构不同、反应过程不同，振荡的幅度大小、强弱稍有差异。

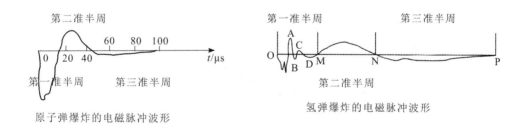

图 5-6-1　核爆炸的电磁脉冲波形

2. 波形极性

不论地面爆炸，还是低层大气中空爆，不论原子弹爆炸，还是氢弹爆炸，近区实测垂直电场波形的第一个准半周总是"负极性"，这表示测点处电场矢量的方向是由地面垂直向上。

3. 频谱特性

从图 5-6-2 中可以看到，氢弹爆炸产生的核电磁脉冲，主频率落在 7 kHz～8.6 kHz 的范围内；原子弹产生的电磁脉冲，主频率有 95% 的概率落在 15.25 kHz～18.99 kHz 的范围内。一般雷电产生的电磁脉冲主频率在氢弹和原子弹之间，而氢弹和原子弹之间却没有主频率重叠区。因此从原理上讲，可以根据核电磁脉冲信号频谱分析的主频率数据，来区分原子弹爆炸和氢弹爆炸。

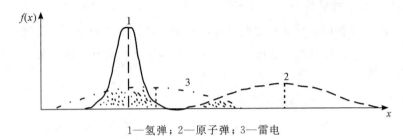

1—氢弹；2—原子弹；3—雷电

图 5-6-2　雷电、氢弹、原子弹信号主频率的分布曲线

四、作为核防护、核测量装置的开机信号

由于核电磁脉冲信号传播快、场强高，而且"走"在核爆炸其他杀伤破坏效应的前面，故可以用它作为重要的地下指挥部防护机构的开机信号。在核爆炸后，冲击波尚未到达之前，防护机构接收了核电磁脉冲信号后，立即开始动作，关闭通风口、防护门等，为人们取得防护的主动权。这种控制装置的特点是，通风口、防护门的关闭，既不会关得太早，使人感到不方便，也不会关得太晚而影响防护效果，关闭及时且恰到好处。

核电磁脉冲目前已被用作核爆炸观测仪自动开机装置的开机信号，从它与光信号的相关性便可判定是否为核爆炸，确定是核爆炸后便自动开机测量。核试验场许多测试仪器也采用了核电磁脉冲和光信号复合开机方案，使得有些设备，平时不工作，处于待命状态，一旦接收到核爆炸信号后便自动开机记录，大大节约了人力和物力。

本 章 习 题

5-1　什么是核电磁脉冲？核电磁脉冲具有哪些特点？

5-2　简述低层大气中核电磁脉冲形成的机制。

5-3　简述高空核电磁脉冲的特点。

5-4　简述系统内电磁脉冲的形成机制。

5-5　核电磁脉冲进入目标系统主要有哪些途径？

5-6　简述核电磁脉冲的主要特性。

5-7　简述核电磁脉冲的波形特点。

5-8　从物理原理层面阐述核电磁脉冲能量耦合的几种方式。

5-9　核电磁脉冲对电气、电子系统的损害有哪两种类型？试列举易受影响的器件或系统？

5-10　核电磁脉冲对一个电气、电子系统造成损害主要取决于哪些方面?

5-11　简述核电磁脉冲对元件、电阻、电容器、电缆的损害机制。

5-12　高空核爆电磁脉冲不同时期主要是由哪些物理过程组成的?

5-13　试归纳各种典型 HEMP 波形标准参数的区别。

5-14　核电磁脉冲屏蔽的基本原理有哪些?

5-15　核电磁脉冲屏蔽的措施有哪些?

5-16　简述利用核电磁脉冲探测核爆炸的优、缺点。

5-17　为什么说核电磁脉冲可作为判定核爆炸性质的手段?

第六章　放射性沾染

放射性沾染是指核爆炸产生的放射性物质对地面、水域、空气和各种物体的污染。放射性沾染是核武器特有的杀伤效应之一，从放射性物质释放出的 β 辐射和 γ 辐射会对人体或物体将造成杀伤。放射性沾染产生的核辐射，作用的时间较晚，为了与早期核辐射相区别，也称之为剩余核辐射。

第一节　放射性沾染的形成

核爆炸放射性沾染的来源：一是放射性烟云沉降下来的落下灰；二是核爆炸中子流作用于地面（或物体）产生的感生放射性物质。落下灰粒子中的放射性物质，绝大部分来自重核裂变形成的裂变产物，有的落下灰粒子中还含有弹体物质被中子激活形成的感生放射性物质和来不及裂变的核装料，但这两种放射性物质在落下灰中的活性可以忽略不计。我们将核爆炸地域沾染区称为爆区，将放射性烟云在扩散、飘移的路径上降落的放射性落下灰所形成的沾染区称为云迹区。地面核爆炸爆区、云迹区和空中核爆炸云迹区的沾染大部分是由落下灰沉降所致的，而空中核爆炸爆区的沾染则主要来自感生放射性物质。

一、落下灰

核爆炸在极短时间、有限空间内释放出巨大能量，形成了高温、高压的火球，火球急剧膨胀、扩大，迅速上升，体积增大并变冷，逐渐变成一团烟云，烟云内部发生着如图 6-1-1 所示的激烈的内循环运动，由于这种激烈的内循环运动，加上烟云的迅速上升，会在爆心投影点附近产生一股强烈的、向上抽吸的上升气流，使更多的空气从环底被吸入，并将地面掀起的尘土、碎石卷进去，形成了从地面升起的尘柱。尘柱带来了大量地面物质，熔融后与放射性裂变产物混合形成了颗粒较大的落下灰粒子，并较快地沉降在爆区和近云迹区的地面上。放射性烟云上升到一定高度，就不再上升了，此时的烟云称为稳定烟云。随后，烟云边缘起毛，轮廓开始模糊，并逐渐被风吹散。在稳定烟云中，放射性物质在垂直方向上的分布随爆炸方式而各不相同。地爆时，稳定烟的蘑菇头中，约含总放射性物质的 90%；尘柱中仅含总放射性物质的 10% 左右，主要集中在尘柱上部三分之一体积内。小比高和中比高空爆时，开始放射性物质几乎全部集中在蘑菇头中，当尘柱上升与蘑菇头相接时，尘柱上端会有一定量或很少量的放射性物质。大比高空爆时，由于尘柱与烟云不相接，所以尘柱中几乎没有放射性物质。在烟云中，放射性物质在水平方向上的分布以烟云（或尘柱）中心为轴，近似轴对称分布。放射性物质在轴心附近最强，随距轴心距离的增加而减小，在烟云

（或尘柱）的边缘最小。放射性落下灰随着烟云的发展而逐渐形成，落下灰粒子的形成过程可以用图6-1-2来概略地说明。

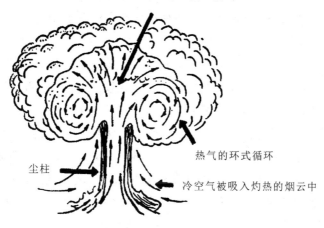

图6-1-1　放射性烟云形成过程中的环式运动示意图

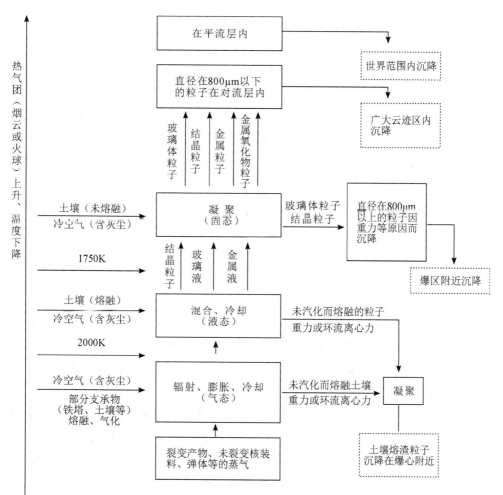

图6-1-2　放射性落下灰粒子的形成过程

核爆炸产生的极高温度，使得裂变产物、未裂变的核装料连同弹壳和核弹各部件材料（包含少量感生放射性物质），都被汽化形成热气团（泛指火球或烟云，下同）。热气团经过辐射、膨胀与冷空气混合而逐渐冷却。地面环境物质如土壤、岩石、房屋建筑等汽化后混入热气团，加速了热气团的冷却和凝聚，一部分熔融而未汽化的土壤借重力首先沉降在爆区的爆心附近。

热气团继续冷却，经过结晶过程和不同程度的共凝，加上又有一些冷空气和地面物质的混入，因此又有更多的大颗粒落下灰凝聚而沉降在爆区附近，称为"爆区沉降"。

凝聚发生在落下灰粒子固化前。凝聚生长有以下几种途径：

(1) 粒子表面饱和蒸气压的不同，引起小粒子数目的减少，大粒子数目的增多。

液态粒子在凝固前，小液滴粒子的表面蒸气压比大液滴要大。小液滴粒子为了保持其原来的表面饱和蒸气压，也为了保持它的表面蒸气压与环境蒸气压的平衡，小液滴粒子不断蒸发。由于大液滴粒子的表面蒸气压较小，气相中的蒸气分子不断地向大液滴粒子表面凝聚。这样，小液滴粒子不断减少，而大液滴粒子越来越多。

(2) 固化前液态粒子的碰撞加速凝聚。

最早凝聚的液滴很小，其运动方式是布朗运动。运动的结果是液滴粒子相互碰撞而凝聚变大，对于 $0.1~\mu m$ 以下粒子的增大，这种途径是主要的；但是，随着粒子的增大，布朗运动很快削弱，对于 $0.1~\mu m$ 以上的粒子来说，经布朗运动而凝聚的速度是非常缓慢的。

热气团中的湍流，加快了 $0.5~\mu m$ 以上的粒子相互碰撞速度，粒子碰撞时的粘连使粒子越来越大，由于重力便逐渐沉降在爆区附近的地面上。

很微小的放射性粒子会随烟云继续上升，有的可上升到对流层顶，有的则进入平流层。上升高度取决于当量与爆高，当量越大，爆高越高，烟云一般升得也越高。

留在对流层的微粒会随着雪、雨的净化作用而逐渐沉降到地面；而到达平流层的粒子，由于平流层内垂直运动很慢，因此会在平流层中滞留很长时间。

滞留在对流层顶中的小颗粒，会被高空西风带携带环绕地球运动，并逐渐沉降到地面。在平流层中的微粒，可以在空中滞留几个月到几年，因此裂变产物中短寿命的核素已衰变殆尽，只剩下了半衰期较长的核素，其中最重要的是 ^{90}Sr 和 ^{137}Cs 等。

裂变产物在凝结成落下灰粒子的过程中，由于各核素之间物理、化学性质的差别，使得不同粒子中所包含的放射性核素不同，这种现象叫作"分凝"。正是由于这种分凝现象的存在，使得不同弹种、不同爆炸方式的核爆炸所形成的沾染场，其辐射性质在不同地点和不同时间是不一样的。

地面核爆炸时，裂变产物、弹体物质，加上成千上万吨土壤被汽化卷入热气团中，由于汽化了的土壤分压是裂变产物分压的一百多万倍，其中熔点高的成分（如氧化钙、氧化镁和二氧化硅等）将首先凝聚。在落下灰粒子生成的过程中，并不是所有的放射性核素同时凝聚到粒子上的，而是难熔元素的氧化物先凝，然后是按照元素单质的熔点从高到低相继凝聚到粒子上。气体元素（如氪、氙等）则不凝聚到粒子上，除非它们很快衰变成其他元素。裂变产物中各元素的凝聚情况和放射性核素难熔行为增加序列如表 6-1-1 和表 6-1-2 所示。

表 6-1-1　裂变产物中各元素凝聚情况

分　类	元　素	熔融性质
非常难熔物	Zr、Nd、Y、Mo	金属沸点和金属氧化物沸点都大于 2500 ℃
难熔物	Sr、La、Ba、Ce	2500 ℃＞金属沸点＞1000 ℃ 金属氧化物沸点＞2000 ℃
易熔物	Rb、Cs	1000 ℃＞金属沸点＞0 ℃ 500 ℃＞金属氧化物沸点＞6 ℃
挥发物	Br、Xe、Kr	平时呈气态

表 6-1-2　放射性核素难熔行为增加序列

序列	1	2	3	4	5	6	7	8	9(最难熔)
元素	^{90}Sr	^{103}Ru	^{129}Te	^{140}Ba	^{91}Y	^{141}Ce	^{99}Mo	^{147}Nd	^{96}Zr(^{144}Ce、^{143}Pr)

在放射性核素凝聚到粒子上的过程中，由于粒子大小、密度和形态不同，使得粒子受到风、重力和烟云中湍流的影响也不同，结果使粒子发生分离，从而也引起核素组成的变化。这种分凝过程造成了先形成的粒子中 Zr、Nd、Y、Mo 等元素含量较高；而沸点、熔点较低的元素含量较低。这些刚形成的粒子表面具有吸附作用，能够吸附那些还是气态的元素，使其积存于粒子表面。显然，先形成的粒子容易形成大粒子，大粒子会比小粒子更快地沉降在离爆心较近的地方。

落下灰粒子与环境物质接触后，有可能发生进一步分凝，例如海面爆炸时，落入海中的落下灰，易溶出的元素会被海水溶解出来，落下灰粒子还会被吸附在(放射性的、非放射性的)大粒子表面上。

1. 落下灰的形态

落下灰常见的外形有球形、椭球形、液滴形。这是由于汽化物质冷凝首先形成液滴，之后，冷却快的，固化为液滴形粒子；冷却慢的，由于液体表面张力作用会凝聚成球形粒子。如果这些粒子凝固之前发生了碰撞，几个粒子就可能粘连在一起，形成花生形、哑铃形、纺锤形或一颗大粒子周围粘连多颗小粒子等不规则形状。落下灰通常具有以下几种状态：

(1) 玻璃体粒子。土壤在高温下汽化后混入了裂变产物、感生放射性物质等，然后冷却液化、固化成玻璃状粒子，最大粒子的直径可达 1 cm。

（2）土壤熔渣粒子。土壤熔渣粒子是指土壤进入热气团后被熔融，但未汽化，而又在早期离开热气团的粒子。小的直径为几十微米，呈球形、椭球形；大的直径达几厘米以上，呈不规则形状。

（3）金属粒子。金属物（如铁塔、铁桥）被核汽化或熔融，会产生许多金属粒子，直径约几至几百微米。

（4）金属氧化物粒子和结晶粒子。

（5）水滴或雾粒。水面或水下爆炸时，裂变产物溶于水中，形成放射性雾或水滴沉降在下风方向。在离爆心较远处，由于水分蒸发，落下灰可能形成结构松散的固体微粒、海盐结晶浆液。

2. 落下灰粒子的大小

落下灰粒径与比高、离爆心距离等有关。落下灰粒径通常地爆时比空爆的要大，而尘柱与烟云相接的核爆炸要比不相接的大。这是因为地爆时火球触地，有大量地面物质混入，因而形成了颗粒较大的落下灰；小比高空爆的尘柱能较快地与烟云相接，尘柱带进的尘土进入烟云时，烟云温度已大大降低，熔融的尘土虽仍能与裂变产物凝聚的粒子黏附或混合，但形成的落下灰颗粒则要比地爆时形成的小；中比高空爆时尘柱与烟云相接的时间更晚，尘柱带进的尘土与裂变产物形成的微小颗粒只是局部吸附或机械混合，所以此时形成的落下灰基本上是由裂变产物凝结而成的小颗粒；大比高空中爆炸时，由于尘柱进不了烟云，故落下灰只是裂变产物和弹体蒸气凝结而成，粒径更小。

3. 落下灰粒子的密度

落下灰单颗粒子的密度主要与粒子内部结构有关。地爆落下灰，由于有地面物质的混入，一般大粒子的密度比小粒子的密度小；空爆落下灰，由于混入的地面物质极少，其密度基本上不随粒子大小变化，见表 6-1-3。

表 6-1-3　空、地爆不同时落下灰粒子的密度

爆炸方式	空　　爆	地　　爆			
落下灰粒径/μm	7.1	1632	836	489	431
粒子密度/kg·m^{-3}	2.71×10^{-3}	2.38×10^{-3}	2.4×10^{-3}	2.49×10^{-3}	2.50×10^{-3}

4. 落下灰的放射性核素组成

落下灰的主要成分是裂变产物，而裂变产物是几百种放射性核素的集合，其中一些含量很少、半衰期很短的放射性核素在落下灰降落之前已基本上衰变殆尽，所以研究落下灰的放化组成时，通常挑选裂变产物中半衰期较长、产额较高、毒性较大且易被生物机体吸收的几种放射性核素来讨论。这些放射性核素的裂变产额较高，射线能量也较高，进入体内后毒性较大，所以特别重要。这些重要裂变产物由于衰变，含量会逐渐减少。在同一时间内，其他核素在衰变时又可能生成这种核素。对某一种放射性核素来说，往往会经历"减少—增多—减少—消亡"的过程，其结果使得落下灰在不同时间内的放化组成是变化的，每

一种核素的含量也是变化的。爆后 10 d 内落下灰的放化组成见表 6-1-4。

表 6-1-4 地爆地面落下灰的放化组成

放射性核素	爆后时间/d	放化组成/(%)	
		范围值	平均值
I(包含^{131}I、^{132}I、^{133}I、^{135}I)	2~10	1.3~17	9.4
^{132}Te	2~10	0.84~4.2	3.1
^{89}Sr	2~10	0.01~0.26	0.13
^{90}Sr	2	0.29~0.54	0.47
^{140}Ba	2~10	0.26~6.5	2.7
^{99}Mo	2~10	6.6~17	13
^{95}Zr	7~10	1.4~3.0	2.2
总稀土元素(包含 La、Ce、Pr、Pm 等 La 系元素和 Y)	4~10	19.8~51	47
^{239}Np	7~10	15~38	26
^{237}U	7~10	12~17	15

从表中可以看出，在爆后 10 d 内，地面落下灰中混合 I 约占 10%，Sr 低于 1%，总稀土的含量较高，若核弹有 ^{238}U 材料，则 ^{237}U 和 ^{239}Np 所占的份额也高。^{239}Np 是 ^{238}U 俘获中子形成 ^{239}U，经过 β 衰变而产生的；^{238}U 在中子作用下如果发生(n, 2n)反应，就有 ^{237}U 产生。^{239}Np、^{237}U 之间的相对比例，主要取决核爆炸时的中子能谱：低能中子注量高时，生成 ^{239}Np 的概率大；高能中子注量高时，生成 ^{237}U 的概率大，故可根据放化分析得到的两者相对比例了解核弹的反应情况。

5. 落下灰的溶解度

落下灰的溶解度对于落下灰的科学研究、生物效应、洗消剂的选择等有很重要的作用。

1) 基本特点

落下灰的主要成分都是金属、金属氧化物或氢氧化物，有时还和混入的地面物质一起被高温烧制成玻璃体，玻璃体是很难溶于水的。落下灰中少量的感生放射性核素，如 ^{24}Na 易溶于水，而 ^{56}Mn 则难溶于水，未裂变的核装料难溶于水。

由于难溶于水，落入物体缝隙或粗糙表面的落下灰，很难用水冲洗去除。正因为它难溶于水，所以落入水中的落下灰，则较易用过滤或凝结、沉淀的方法来去除。

从落下灰的成分来看，它们都是能够溶解或部分溶解于酸性溶液或各种络合剂中。气溶胶落下灰样品中放射性碘的含量为同一处地面落下灰的 2.5 倍，而碘、碘化物是易溶于碱性溶液的。

2) 溶剂性质对溶解度的影响

(1) 溶剂的 pH 值对落下灰溶解度影响很大，总的趋势是：pH 值越小，溶解度越大；反之亦然。但对气溶胶样品来说，pH 值在 6~7 之间时溶解度最小，在酸性或碱性溶液中，溶解度随溶剂的酸性或碱性的增大而增大，见表 6-1-5。

表 6-1-5　地爆爆区落下灰在几种溶剂中的溶解度

溶　　剂	pH 值	溶解度/%
盐酸	1	35～60
胃液	1.5	33～56
水	6.5	7.3～10
组织液(腹水)	7.5	4.1～5.6
模拟肠液	1.3	4.1～6.3

落下灰在 pH 值相同的各种溶剂中,溶解度差别不明显。触地爆地面落下灰在 pH 为 1 的磷酸、硫酸或硝酸溶液中,其溶解度差异不大;在 pH 值为 6.5 左右的蒸馏水、自来水(北京)、东海水(上海)、长江水(武汉)和黄河水(兰州)中的溶解度差异也不明显。

(2)溶剂中加入洗涤剂后,溶剂 pH 值略有升高,但溶解度不但没有减小,反而有所增大。如果在加入洗涤剂的同时加络合剂(六偏磷酸钠、草酸等),落下灰的溶解度有明显增大,而且溶液的 pH 值越小,增大的幅度越大。

3)落下灰性质对溶解度的影响

(1)落下灰放化组成对溶解度影响很大。地爆时地面落下灰一般难溶于水,空爆爆区沾染主要由感生放射性^{24}Na 组成,所以易溶于各种溶液之中。

(2)落下灰粒径大小对溶解度也有影响。通常粒子越小,溶解度越大;反之亦然。因大粒子一般混有地面物质,并在高温下烧成熔渣或玻璃体,而小粒子则为较纯的裂变产物,如表 6-1-6 所示。

表 6-1-6　不同粒径落下灰的溶解度

平均粒径/μm	22	38	65	100	145	250	660
溶解度/%	2.87	1.14	1.26	1.07	1.06	0.47	0.1

注:地爆下风方向 5～6 km 处的落下灰,在爆后 22 d 测定,溶液 pH 值为 5.5。

(3)落下灰的"年龄"对溶解度有影响。空爆后从烟云中取得的样品,在爆后 3 d 至 100 d 内,多次用酸性、中性和碱性溶液进行溶解试验,结果如下:在 pH 值为 1 的盐酸溶液中,随着落下灰"年龄"增大,溶解度略有增大,变化不明显;在中性和 pH 值为 13 的氨水中,爆后最初一段时间内,随着"年龄"增大,溶解度也增大,之后时间增大,溶解度反而减小,溶解度峰值出现在爆后 20～40 d 之间,而且溶液的 pH 值越大,峰值出现越晚。

(4)溶解度与爆炸方式有关。由于空爆落下灰粒子比地爆的小,而且混入的土壤、岩石、金属极少,不易烧结成玻璃体或金属粒子,所以空爆落下灰比地爆的溶解度要大。

4)溶解条件对溶解度的影响

(1)搅拌能增大落下灰的溶解度,但搅拌一定时间后,溶解度便不再增大。

(2)温度升高,落下灰溶解度有缓慢增大趋势。温度对落下灰在酸性溶液中溶解度的影响如表 6-1-7 所示。

表 6 - 1 - 7　温度对落下灰在酸性溶液中溶解度的影响

温度/℃	15	45	75	99
溶解度/%	34.5	38.3	41.7	40.5

6. 落下灰的放射性比度

(1) 单颗落下灰粒子的放射性活度与粒径大小有关：粒径越大，活度越大；反之亦然。大小差不多的粒子，空爆落下灰的活度大于地爆。

(2) 单颗落下灰粒子的放射性比度（单位质量落下灰所具有的活度）与粒径大小有关：粒径越大，比度越小，反之亦然。空爆落下灰的放射性比度大于地爆落下灰，见表 6 - 1 - 8。

表 6 - 1 - 8　不同爆炸方式下落下灰爆后 1 h 的放射性比度

单位：$Bq \cdot g^{-1}$

爆炸方式	直径 10 μm 的粒子	直径 50 μm 的粒子
万吨级触地爆	—	5.92×10^{10}
万吨级塔爆	—	7.4×10^{10}
十万吨级塔爆	1.33×10^{12}	2.33×10^{11}
十万吨级大比高空爆	2.32×10^{14}	—
万吨级大比高空爆	4.33×10^{12}	—

(3) 落下灰混合灰的放射性比度。混合灰指的是取得的落下灰样品中，除了落下灰粒子外还包含取样时混入的土壤、尘埃等杂质的落下灰。由于它不是纯落下灰，所以混合灰的比度远小于单颗粒子的比度。空爆混合灰的比度远大于地爆混合灰，地爆混合灰离爆心越近比度越大。

7. 落下灰的 γ 光子平均能量和 β 粒子最大能量

落下灰的放化组成随时间推移而改变，γ 光子平均能量和 β 粒子最大能量（按能谱取的平均值）也会随着改变，具体关系如表 6 - 1 - 9 所示。

表 6 - 1 - 9　γ 光子平均能量、β 粒子最大能量与爆后时间的概略关系

爆后时间/h	1	24	48	240	2400
光子均能量/MeV	1.2	1.0	0.9	0.7	0.5
β 粒子最大能量/MeV	2.4	1.5	1.3	0.9	0.8

8. 落下灰的放射性难以用人工改变

可以用消毒剂来破坏毒剂化学结构使之变成无毒，这就是"消毒"的原理。落下灰之所以具有放射性，原因在于组成落下灰粒子的某些核素的原子核不稳定。化学方法不能改变原子核的结构和组成，所以用化学方法不能消除落下灰的放射性。而一般的物理方法，如对落下灰加上强电场、磁场，加高压，加热，低温冷冻，也都无法改变放射性核素原子核的性质，所以同样无济于事。要想在核爆后消除放射性沾染，只能采用以下几种常用的方法：

（1）把落下灰从人们可能接触之处移走（如对衣服进行拍打、冲洗），或把它们集中收集起来埋于地下；（2）有些物体受中子照射后本身变成感生放射性物质，只能把它们（如受中子照射过的坦克、大炮等）拉到远离人们活动的场所隔离起来，等它自然衰减，直至其放射性活度降至允许重新启用标准时为止。

二、感生放射性物质

空爆时，火球不触地，爆区不会有大量裂变产物混入地面熔渣中而形成严重沾染。中比高以上的空爆，由于尘柱与烟云相接时，烟云中气态的裂变产物已经凝结成微小的放射性微粒，不会和尘柱中的地面物质相粘连。这样微小的颗粒，不会很快沉降在爆区地面形成爆区沾染。所以，爆区地面的沾染，基本上是由核爆中子流照射地面，使土壤产生感生放射性核素造成的。

小比高空爆，由于尘柱与烟云相接较早，此时烟云温度尚高，尘土就可能与裂变产物混合或粘连成较大颗粒，仍能在爆区地面沉降下来形成落下灰沾染。小比高空爆的比高越小，爆区沾染中落下灰沉降所占份额就越大，但地面沾染的主要贡献仍来自感生放射性核素沾染。爆区感生放射性的强弱与核爆中子流注量及土壤中 Al、Mn、Na、Fe 的含量有密切的关系。中子流注量越大、土壤中这四种元素的含量越高，地面感生放射性越强。表6-1-10列出了碱性土壤中这四种重要感生放射性核素的参数。

表6-1-10　土壤中四种感生放射性核素的参数表

核素	$^{27}_{13}Al$	$^{55}_{25}Mn$	$^{23}_{11}Na$	$^{58}_{26}Fe$
在天然同位素混合物中的丰度/%	100	100	100	0.31
热中子活化截面 σ/b	0.23±0.003	13.3±0.2	0.40±0.03	1.15±0.02
形成的感生放射性核素	$^{28}_{13}Al$	$^{56}_{25}Mn$	$^{24}_{11}Na$	$^{59}_{26}Fe$
半衰期 $T_{1/2}$	2.3 min	2.58 h	15 h	45 d
衰变常数 λ/h^{-1}	18	0.269	0.046	$6.4×10^{-4}$
每次衰变放出的 γ 射线能量/(MeV/衰变)	1.78	1.54	4.12	1.19
放出的 γ 射线的能量/MeV(份额/%)	1.78(100)	0.847(99) 1.81(29) 2.11(15) 2.52(1.1) 2.66(0.7)	1.37(100) 2.75(100)	1.29(44) 1.10(56) 0.13(3)
碱性土壤中各元素含量 C/%	8	0.08	1.5	4

从表中可以看出：Al 在土壤中含量很大，活化截面虽然不算大，但仍能产生很强的感生放射性，γ 射线的能量较大，半衰期较短，在爆后半小时内，地面辐射水平主要由 Al 的感生放射性所贡献；Mn 在土壤中含量很少，但活化截面较大，爆后几小时之内，^{56}Mn 对人的威胁比 ^{24}Na 还要大；Na 是最值得注意的元素，在碱性土壤中含量也不少，更由于生成的 ^{24}Na 半衰期适中，每次衰变除发射 β 粒子外还能放出两个能量相当高的 γ 射线，在爆后十几小时内 ^{24}Na 对感生放射性贡献很大；几十小时以后，感生放射性以 ^{59}Fe 为主，但此时

辐射水平已不高，对军队行动的影响已不大。

表 6-1-11 中列出了几种不同土壤的 Al、Fe、Mn、Na 的含量。

表 6-1-11 几种土壤中的 Al、Fe、Mn、Na 含量(%)

土壤种类	Al	Fe	Mn	Na
褐土	8.06	3.58	0.0062	1.16
黑垆土	8.46	3.81	0.0070	1.41
浅草甸土	7.67	3.45	0.078	1.25
沼泽土	12.7	4.63	0.085	1.12
戈壁沙土	4.68	2.93	0.077	2.26
红壤	5.67	3.46	0.023	0.16
黄壤	9.34	3.30	0.10	1.41
砖红壤	7.43	12.0	0.078	0.079

主要沾染组成为 Al、Fe、Mn、Na 感生放射性核素时，空爆爆区 γ 射线能量分布随时间变化情况见表 6-1-12。可以看出，空爆爆区感生放射性沾染的 γ 射线能量比落下灰造成的沾染场 γ 射线能量要高。

表 6-1-12 空爆爆区 γ 射线能量随时间的变化

爆后时间/h	0	1	4	12	24	100
γ 射线平均能量/MeV	1.78	1.57	1.72	1.98	2.03	2.05

在爆区，某些物体在核爆炸中子流的作用下会产生放射性沾染，其感生放射性的活度取决于热中子的注量、物体材料的成分及其含量。而热中子注量与核爆炸当量、爆高、离爆心投影点距离等有关。

大米、面粉、蔬菜、鲜肉、食用油、糖类的主要成分是碳、氢、氧、氮等元素，这些元素不易被中子激活，所以受中子照射后不易产生感生放射性。但各种干粮和鱼、肉、菜的腌制品中含钠、氯等元素较多，易产生较强的感生放射性。

水的感生放射性沾染浓度取决于水的成分和含量。淡水感生放射性很弱，海水的感生放射性则较强。空爆后经过 24 h 的水中感生放射性沾染浓度(Bq/L)列于表 6-1-13 中。

表 6-1-13 空爆后 24 h 水中感生放射的沾染浓度

单位：Bq/L

当 量	Q=8 kt			Q=30 kt		
离爆心距离	250 m	500 m	700 m	800 m	1100 m	1300 m
盐水	1100	53	163	65	13	2.5
河水	9.2	0.45	1.37	0.55	0.12	0

注：盐水成分：$MgSO_4 \cdot 7H_2O$—71 230mg/L，$Na_2SO_4 \cdot 7H_2O$—7680mg/L，$CaCl_2 \cdot 6H_2O$—6580mg/L，$CaSO_4 \cdot 2H_2O$—2840mg/L，NaCl—1000mg/L。

一般武器、装备是用钢或铝合金制成，感生放射性很弱。装甲车的合金钢，在核爆炸中子流的作用下，铁质部分感生放射性较弱，含 Mn 量高的部位（如坦克履带）的感生放射性则较强。30 kt 空爆时高空爆心投影点 350 m 处，特—34 坦克的感生放射性的 γ 剂量率 $\dot{D}$(cGy/h) 和剂量 D_∞(cGy) 的数值列于表 6-1-14 中。

表 6-1-14　特—34 坦克的感生放射性

爆后时间/h	位　　置							
	履带上		装甲表面上		车长座位上		驾驶员座位上	
	$\dot{D}$	D_∞	$\dot{D}$	D_∞	$\dot{D}$	D_∞	$\dot{D}$	D_∞
0.5	256	950	11	41	10.5	39	12	45
1.0	206	840	9.5	36	9.2	34	10.3	39
2.0	157	640	7.2	27	7.0	26	7.9	30
3.0	120	485	5.5	21	5.3	20	6.0	23
4.5	78	325	3.7	14	3.6	13	4.0	15
5.5	62	250	2.9	11	2.7	10	3.1	12
6.5	47	188	2.2	8	2.1	7.7	2.2	9.0
7.5	36	146	1.7	6.3	1.6	6.0	1.8	6.8
10.5	1.6	5.7	0.08	0.2	0.07	0.2	0.1	0.3

注：表中 $\dot{D}$ 指该处的 γ 剂量率(cGy/h)；D_∞ 为人员从某时刻坐在该处起，到感生放射性基本衰变完毕期间所接受的剂量(cGy)。

广泛用于制造飞机、仪器、设备的铝合金材料，受到中子流作用时，会产生很强的感生放射性，但由于 ^{28}Al 的半衰期只有 2.3 min，衰变是非常快的，即使核爆炸瞬间感生放射性很大，经过 1 h 后其感生放射性就会很小，如再经过几小时，便能下降到可忽略不计的程度。空爆爆区地面辐射水平的分布与地爆爆区相比有下列特点。

（1）空爆爆区沾染比地爆爆区要轻得多，沾染范围也较小。通常，地爆爆区的地面辐射水平比空爆大几百倍至几千倍。比高大于 150 m/kt$^{1/3}$ 的万吨级核爆炸，爆心投影点爆后 1 h 的地面辐射水平一般不会超过 10 cGy/h。

（2）空爆爆区沾染主要是因为核爆炸中子流作用于土壤产生放射性。中子流的发射是各向同性并随距离的增大而减弱，因此只要爆心投影点附近土壤成分无特殊的差别，空爆爆区地面沾染的形状（等辐射水平线图）基本上由几个同心圆组成（见图 6-1-3）。从图中可以看到，离爆心投影点相同距离处的地面辐射水平基本相同，而爆心投影点处的地面辐射水平最高。小比高空爆，尤其是比高接近 60 m/kt$^{1/3}$ 的空爆，尘柱与烟云相接较

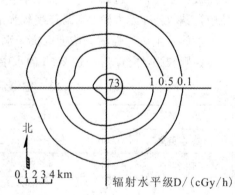

图 6-1-3　空爆爆区地面辐射水平分布图

早，可能有较大的落下灰粒子形成，并在爆区下风方向沉降。这样爆区下风方向的等辐射水平线便会相应地凸出。

（3）空爆爆区地面受核爆炸中子流产生的感生放射性影响，其最强点不在地表面而在地下一定深度处。这是因为中子与原子核作用时，$(n，\gamma)$ 反应的截面遵从 $1/v$ 规律（v 是中子的速度），中子能量在地表面时较高，经过一定深度后，中子能量减弱（v 减小），$(n，\gamma)$ 截面增大，因而容易被原子核俘获形成感生放射性核素。感生放射性最强点的深度与土壤的密度有关：土壤密度越大，出现最强点的深度越浅，一般在地下十几厘米以内，土壤感生放射性比地表要强，并且在 $3\sim10$ cm 深度处出现最大值，之后，又随深度增加而减弱。其原因是慢中子注量随深度的变化：中子流通过土壤时，一方面其中的慢中子被原子核俘获，注量减少，另一方面快中子被慢化，又使慢中子注量增加。在一定深度处，由快中子慢化而使慢中子注量增加的部分大于慢中子被俘获而减少的部分，所以在某个深度处慢中子注量会达到最大值，该处的感生放射性便出现峰值。深度继续增加，慢中子注量便越来越小，感生放射性也就随深度的增加而减弱了。具体情况见表 $6-1-15$ 和表 $6-1-16$。

表 6-1-15　压实土壤感生放射性随深度的变化

土壤深度/cm	0~1	3~4	5~6	7~8	9~10	19~20	29~30	39~40	49~50
放射性比值平均值/%	100	105	103	98.5	89.3	65.3	45.5	29.6	18.0

表 6-1-16　松软土壤感生放射性随深度的变化

土壤深度/cm	1.8	3.6	4.9	6.2	7.5	8.8	10.4
放射性比值平均值/%	100	108	111	113	107	117	114
土壤深度/cm	11.7	13.0	14.3	16.1	17.9	23.6	25.4
放射性比值平均值/%	114	110	101	96.9	96.5	81.9	72.8
土壤深度/cm	27.2	32.0	37.0	42.0	47.0	52.0	57.0
放射性比值平均值/%	74.1	57.6	51.8	44.9	33.6	28.2	18.1

从上述两表可以看出：感生放射性高出地面值的土壤深度与土壤密度有关，密度大则深度浅；密度小则深度大。对压实土壤，在地表下 $3\sim6$ cm 深度处感生放射性高出地表 4% 左右，在 8 cm 以下，感生放射性便随深度增加而减弱。松软土壤大约在地表下 $8\sim18$ cm 处感生放射性高出地面值 17% 左右；在 15 cm 以下，感生放射性随深度增加而减弱。

空爆爆区地面辐射水平虽然主要是由 Al、Fe、Mn、Na 的感生放射性所造成，但由于它们的含量、放射性核素的半衰期不同，在爆后不同时间，它们的贡献是不同的。

Al 在土壤中的含量较高，而 ^{28}Al 的半衰期为 2.3 min，因此它在爆后 0.5 h 内对地面辐射水平的贡献起主要作用。如果以它爆后 1 min（0.0167 h）的活度为 1 的话，那么在爆后 0.5 h 即降为六千分之一，在爆后 1 h 为四千万分之一，即使 Al 的感生放射性在爆炸瞬间很强，到 1 h 后也已经微不足道了。

在爆后 0.5～10 h，地面辐射水平的主要贡献来自 Mn 和 Na。在爆后 0.5 h ^{56}Mn 的贡献比 ^{24}Na 大 1 倍；在爆后 10 h ^{24}Na 的贡献比 ^{56}Mn 约大 5 倍；而 ^{28}Al，在爆后 0.5 h 的贡献约为 Mn 和 Na 的 1%，在爆后 10 h 已接近于零；^{59}Fe 的贡献在爆后 0.5 h 为 Mn 和 Na 的十万分之一，在爆后 10 h 为几万分之一。

在爆后 30 h，Na 的贡献是主要的，如果此时 Na 对地面辐射水平的贡献为 1，那么 Mn 的贡献此时只有 1/364，而 Fe 的贡献只有万分之一。

在爆后 200 h，经计算仍是以 Na 为主，但此时 Fe 的贡献已上升至 Na 的 1/5，而 Mn 已衰变殆尽了，此时的地面辐射水平已降至对人员无“危害”的程度(爆心投影点一般已只有 μGy 量级了)。

时间再延长，则会逐渐转化为以 Fe 为主，但那时的地面辐射水平实际上已微不足道。

将元素的感生放射性在不同时间的特性综合起来，地面辐射水平衰变的形式如图 6-1-4 所示。

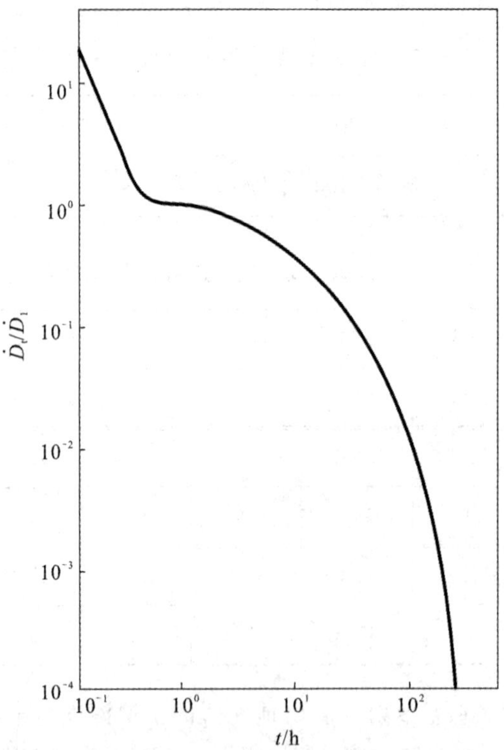

图 6-1-4　空爆爆区地面辐射水平随爆后时间衰减曲线

可以看出，空爆爆区地面辐射水平的衰减规律比较复杂，要估算爆后不同时间的地面辐射水平，不能像地爆爆区地面辐射水平衰减那样用一个衰减指数来计算。比较简单的方法有两种：一是直接根据各原始参数来计算爆后不同时间不同地点的地面辐射水平；二是查出不同时间的辐射水平与 1 h 后的辐射水平的比值再来推算。应明确不同成分土壤应采用不同的曲线。为了便于查找，可制成空爆爆区爆后不同时间辐射水平比值表，见表 6-1-17。

表 6 - 1 - 17 空爆爆区爆后不同时间辐射水平比值表

爆后时间/h	辐射水平比值	爆后时间/h	辐射水平比值
0.1	20.9	7	0.401
0.2	4.42	10	0.296
0.3	1.68	15	0.205
0.5	1.12	20	0.155
0.7	1.06	30	0.0954
1	1	40	0.0601
1.5	0.911	50	0.0379
2	0.833	70	0.0151
3	0.702	100	0.003 81
4	0.600	120	0.001 52
5	0.518	150	0.000 390
6	0.453	200	0.000 046 3

三、沾染区的形成

落下灰沉降通常可分为早期沉降和延缓沉降。两者的划分无绝对界限，通常以爆后 1 d 内沉降于地面的称为早期沉降，由于它一般降落到近区，故又称为近区沉降。核爆炸 1 d 后沉降的称为延缓沉降，因其可使广大地区，甚至全球受到沾染，故又称远区沉降或全球沉降。这种沾染一般较轻，不影响军事行动，但环境会受到污染。严格来说，凡受放射性物质污染的地区，都应称为沾染区。如果这样来定义，沾染区就极大，甚至全球大部分地区都可以称为沾染区了。因此在军事上只把地面受到较严重的沾染，从而迫使军事人员在该地区活动时必须采取防护措施的地区称为沾染区。我军规定地面受到沾染，地面辐射水平超过 2 cGy/h 的地区是沾染区。所谓地面辐射水平($\dot D$)，是指离地面 0.7～1 m 处的 γ 剂量率，单位为 cGy/h。在沾染区内，根据地面辐射水平的高低和对部队行动的影响又划分为轻微、中等、严重和极严重四个沾染区，见表 6 - 1 - 18。

表 6 - 1 - 18 沾染区的等级和对部队行动的影响

沾染区等级	地面辐射水平/(cGy·h⁻¹)	对部队行动的影响
轻微沾染区	2～10	适当注意控制活动时间，可徒步通过
中等沾染区	>10～50	需限制活动时间，可徒步或乘车通过
严重沾染区	>50～100	严格限制活动时间，应乘车通过
极严重沾染区	>100	避免在该区活动，应迂回通过或乘装甲车迅速通过

注：部队在 0.5 cGy/h～2 cGy/h 的沾染地面上活动时，无扬尘时可不采取防护措施，有扬尘时应对呼吸道防护，在该区内野炊和饮食时，需对地面采取消除沾染和防尘措施。

1. 爆区

在爆区火球触地的范围内，高温使地表土壤熔化，与裂变产物、感生放射性核素混合生成具有一定厚度、连成一片的黑色玻璃体熔渣；在火球边缘附近的地面，由于温度稍低，会形成焦炭熔渣的地表。由于冲击波的作用，这些熔渣又会被抛射、溅落到周围几百米的范围。离爆心更远处，主要是落下灰沉降造成的沾染。

爆区放射性沾染的地面辐射水平，主要是裂变产物放出的核辐射所造成。在爆心投影点附近虽会产生相当强的感生放射性，但与裂变产物的活性相比，仍不是主要因素（感生放射性在爆后 1 h 占总放射性的 1%～20%）；稍远处，感生放射性的份额便下降至 3%～6%；在爆区的下风方向，感生放射性占总放射性的比率一般小于 1%。

由于裂变产物和感生放射性核素的组成不同、衰变规律不同，随着时间的推移，感生放射性所占的份额会发生变化。表 6-1-19 为万吨级地面核爆炸离爆心 100 m 和 700 m 处的感生放射性情况。

表 6-1-19　土壤感生放射性份额随爆后时间变化

爆后时间/h		1	5	10	20	50	100	500	1000
感生放射性 份额/%	离爆心 100 m	10	33.6	48.3	55.2	46.2	19.5	0.152	0.233
	离爆心 700 m	5	19.3	30.9	36.9	29.1	10.2	0.0723	0.113

图 6-1-5 表示地面核爆炸爆区等辐射水平线，从图中可以看到爆区上风和侧上风方向上等辐射水平线形状近似半圆形。当爆区上空浅层风与高空风的风向变化很大时，上风、侧上风方向的沾染形状就可能不呈现半圆形，特别是小当量核爆炸时半圆形才更为明显。图 6-1-6 为万吨级触地爆爆区沾染图形，从图中可以看到：由于爆后高空风是西风，而离地面 1300 m 以下是偏北风（风向 16°～30°），风速为 3～4 m/s，使得爆区侧上风方向明显地向南扩展。

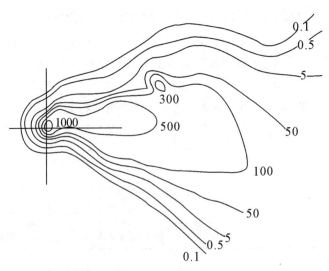

图 6-1-5　地面核爆炸爆区等辐射水平线（单位：cGy/h）

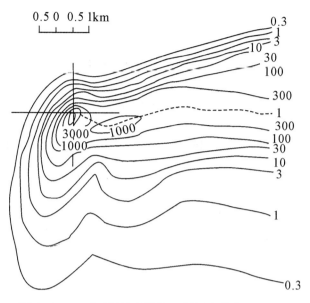

图 6 - 1 - 6　万吨级触地爆爆区沾染图(单位：cGy/h)

　　地爆爆区地面辐射水平分布的总趋势是：爆心附近的辐射水平最高，但分布不均匀；随着离爆心距离的增加，辐射水平急剧下降，而沾染仍很严重、辐射水平仍很高；离爆心更远时，辐射水平随距离的增加而缓慢下降，具体变化曲线见图 6 - 1 - 7。在离爆心同一距离上，上风方向的辐射水平比侧上风的低，比下风方向更低。

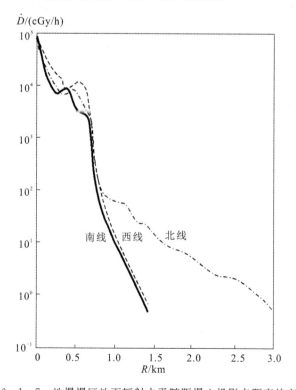

图 6 - 1 - 7　地爆爆区地面辐射水平随距爆心投影点距离的变化

为了进一步研究地爆爆区地面辐射水平分布的特点，可把爆区分成三个小区来讨论。

1) 不规则区（抛掷区）

不规则区是爆心附近的放射性熔渣被强冲击波抛射而形成的放射性沾染不均匀分布的地区，其辐射水平分布具有以下特点。

(1) 沾染极为严重，爆后 1 h 的地面辐射水平均为 10^3 cGy/h 量级，触地爆可达 10^4 cGy/h。

(2) 地面辐射分布极不规则，从爆心抛掷出来的熔渣，放射性活度极强，落到哪里，哪里的辐射水平便高于其四周，形成了热点。而核爆炸形成的弹坑，由于放射性活度极强的土壤、岩石等被抛出，辐射水平往往比其四周还要低。在不规则区的边缘还可能出现一个辐射水平高于其两边的环形高辐射水平的地段。

(3) 局部变化也极为强烈，某次万吨级地面核爆炸，爆后 168 h 在离爆心南 600 m 处（侧上风）道路上测得地面辐射水平 $\dot D$ 为 2.2 cGy/h，向东南方向走两步即增至 3.6 cGy/h，在该点附近几米范围内，测到的最高辐射水平为 5.5 cGy/h，最低为 1.5 cGy/h，相差达 3 倍多。

不规则半径 R_1 与核爆炸当量 Q、比高 h_B 有密切关系，可用下式粗略计算

$$R_1 = 15Q^{0.727} \mathrm{e}^{0.0093 h_B} \quad (\mathrm{m}) \tag{6-1-1}$$

2) 剧变区（过渡区）

剧变区沾染由从爆心抛掷出来的熔渣及早期从烟云、尘柱中落下的大颗粒落下灰所形成。这种双重沾染使得剧变区的辐射水平很高，通常 10^2 cGy/h 至 10^3 cGy/h 剧变区地面辐射水平分布的特点是：随着离爆心距离的增加，辐射水平急剧地下降，但有一定的规律性，所以剧变区可包括在规则区范围内。剧变区半径 R_2，可用下式粗略估算：

$$R_2 = 115Q^{0.416} \mathrm{e}^{-0.011 h_B} \quad (\mathrm{m}) \tag{6-1-2}$$

通过上式可以计算出 Q 为 120 kt、h_B 为 20 m/kt$^{1/3}$ 的地爆，其 R_1 等于 587 m、R_2 等于 824 m，这个距离可以从表 6-1-20 中得到。表 6-1-20 是假设 Q 为 120 kt、h_B 为 20 m/kt$^{1/3}$ 地爆上风方向不同距离的地面辐射水平（单位为 cGy/h）。

表 6-1-20　地爆上风方向不同距离爆后 1 h 地面辐射水平

R/m	0	50	100	150	200	250	300
$\dot D$/(cGy/h)	6.6×10^4	4.3×10^4	3.0×10^4	2.4×10^4	2.0×10^4	1.6×10^4	1.2×10^3
R/m	350	400	450	500	550	600	650
$\dot D$/(cGy/h)	8.8×10^3	8.5×10^3	1.0×10^4	11×10^4	1.1×10^4	8.0×10^3	4.1×10^3
R/m	700	750	800	900	1000	1200	1500
$\dot D$/(cGy/h)	800	230	100	30	12.8	2.8	0.33

从表 6-1-20 中可以看出：550 m 内 $\dot D$ 很高，而且很不规则；550～800 m 以内 $\dot D$ 变化很剧烈，650 m 处为 4100 cGy/h，750 m 处只有 230 cGy/h，R 相差 100 m，$\dot D$ 相差 18 倍。

3) 缓变区（沉降区）

缓变区的沾染主要由尘柱和烟云中沉降下来的落下灰所造成。其地面沾染的特点是：沾染比较均匀，随着离爆心距离的增大，地面辐射水平缓慢均匀地下降，起伏很小；上风方

向的分布更均匀些,侧风方向略有起伏。

当获得核观测哨在爆后几分钟报来的核爆炸当量和比高数据后,可用下式估算出爆区上风方向不同距离处爆后 1 h 的地面辐射水平 $\dot{D}$:

$$\dot{D}=3950F\eta Q^{0.43}\cdot \exp[-0.043h_\mathrm{B}-(1.72+1520Q^{-1.1})R^3]$$
$$+890F\eta Q^{1.1}\cdot \exp[-0.046h_\mathrm{B}-(9.3+0.9\mathrm{e}^{-0.2h_\mathrm{B}})R^{0.7}]\quad(\mathrm{Gy/h})\quad(6-1-3)$$

式中:F 为照射量与被照物质吸收剂量单位二者之间的换算系数。对于空气,$F=8.7\times10^{-3}(\mathrm{Gy/R})$;对于小块人体组织,$F=9.5\times10^{-3}(\mathrm{Gy/R})$;对于整个人体(体模),体模深度为 10 cm 时,$F=9.1\times10^{-3}(\mathrm{Gy/R})$,体模深度为 14 cm 时,$F=7.8\times10^{-3}(\mathrm{Gy/R})$;$\eta$ 为核武器爆炸时的裂变份额,通常假定原子弹 $\eta=1$,氢弹 $\eta=0.5$,随着核武器设计的不断改进,许多原子弹都加进了聚变成分,为了减少地面沾染的估算误差,不同当量的 η 见表 6-1-21。

表 6-1-21　不同当量的裂变份额 η 值

Q/kt	$\leqslant50$	$60\sim500$	$\geqslant500$
η	1	$3.25Q^{-0.3}$	0.5

爆心附近爆后 1 h 的辐射水平为

$$\dot{D}_1=6000F\eta Q^{0.7}\mathrm{e}^{-0.05h_\mathrm{B}}\quad(\mathrm{Gy/h})\qquad\qquad(6-1-4)$$

例　试求核爆炸当量为 120 kt、比高为 20 m/kt$^{1/3}$ 时爆区上风方向不同距离处的地面辐射水平。

解　已知 $Q=120$ kt,$h_\mathrm{B}=20$ m/kt$^{1/3}$,可以求出

$$\eta=3.25\times120^{-0.3}=0.7729$$

F 为 7.8×10^{-3} Gy/R。其结果列于下表中。

爆心投影点附近 $\dot{D}_1=3.8\times10^2$ Gy/h								
离爆心投影点距离/km	0.1	0.2	0.4	0.6	0.8	1.0	1.25	1.5
爆后 1 h 辐射水平/(Gy/h)	1.4×10^2	93	46	11	0.73	0.43	7.7×10^{-3}	17×10^{-4}

2. 云迹区

云迹区沾染是颗粒状落下灰造成的。根据落下灰所具有的特殊形态和颜色,有经验者可以用肉眼从地面的土壤、尘粒中辨认出来。但一般人往往较难从外观上发现云迹区的沾染,需用辐射仪测量后才能确定。

某处开始沾染的时间,通常都近似地用烟云到达时间 t_d 来表示。当云迹区某处离爆心投影点距离 R 小于等于烟云稳定时的半径 $r_\mathrm{m}(r_\mathrm{m}=1.1Q^{0.304}$ km)时,烟云到达时间为

$$t_\mathrm{d}\approx T_\mathrm{m}\approx0.18Q^{-0.117}\quad(\mathrm{h})\qquad\qquad(6-1-5)$$

当 R 大于 r_m 时,

$$t_\mathrm{d}=T_\mathrm{m}+(R-r_\mathrm{m})/v\quad(\mathrm{h})\qquad\qquad(6-1-6)$$

式中:T_m 为烟云稳定时间;v 为地面至烟云底高范围内的平均合成风速(km/h)。

云迹区沉降中,地面辐射水平达到峰值的时间 t_f 大约是 t_d 的 1.38 倍,即

$$t_{\mathrm{f}} = 1.38 t_{\mathrm{d}} \qquad (6-1-7)$$

地面辐射水平在 t_{f} 时达到峰值,之后空中虽仍有少量落下灰沉降,由于量小,增加的落下灰补偿不了地面落下灰活度的衰减,因此地面辐射水平呈下降趋势。

云迹区地面辐射水平分布的总趋势见图 6-1-8(a)。核爆炸烟云在随风飘移的过程中,由于风的扰动和气团的扩散,烟云体积不断膨胀,使得烟云中放射性粒子的密度分布发生变化:烟云中心密度最大,从中心向外密度逐渐减小,直至烟云边缘密度最小。与烟云中放射性粒子密度相对应,从烟云中向地面沉降的落下灰量:随着离爆心投影点距离的增大,逐渐减少;烟云中心经过处沉降量最大,辐射水平最高,其两侧随着沉降量逐渐减少,地面辐射水平也逐渐降低。烟云中心经过的路线,地面辐射水平总比其两侧高,不同距离上辐射水平最高点的连线,称为"热线"。图 6-1-8(b)显示的云迹区沾染的形状,是核爆炸时不同高度上风向变化不大时理想状态下的图形。

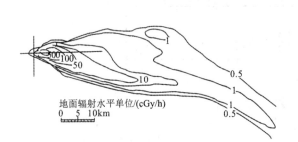 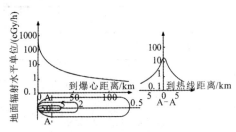

(a)地爆云迹区地面沾染等地面辐射水平线图　(b)云迹区内理想条件下地面辐射水平的分布规律

图 6-1-8　云迹区地面辐射水平分布总趋势

如果地面至各不同高度的风向变化很大,则沾染区可能出现各种不规则的形状,如图 6-1-9 所示;还可能出现两条甚至几条热线,如图 6-1-10。

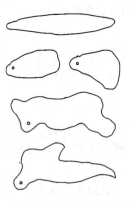

图 6-1-9　不同风情条件下的云迹区沾染图形

图 6-1-10 为美国 1955 年 3 月 7 日在内华达试验场、代号为"土耳其人"的塔爆(爆高 152.4 m,当量为 43 kt)形成的沾染图形。从图中可以看到有两条热线(用虚线标出),两条热线的方向几乎相差 180°,这是不同高度上风向变化很大造成的。在云迹区内,由于地形、气象条件等影响,使烟云中放射性粒子在沉降过程中相对地积聚在一处,可造成热区。热区处的辐射水平明显地高于其周围地区。

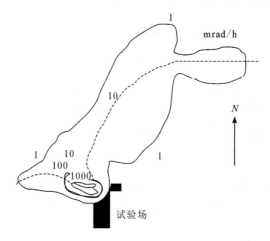

图 6 - 1 - 10　美国"土耳其人"核试验形成的沾染图

1）热线上爆后 1 h 参考辐射水平的估算

爆后 1 h 参考辐射水平是把爆后不同时间测得的辐射水平，统一换算到爆后 1 h 的数值，便于比较和绘制到同一张等辐射水平线图上。在云迹区，离爆心投影点远的地方，爆后 1 h 烟云还没有到达，当然还不可能有沾染，这时该处爆后 1 h 参考辐射水平只表示"假使"该处的落下灰都是爆后 1 h 内沉降下来的。

估算云迹区的沾染情况，除需要提供 Q、h_B、v 之外，还要提供风向切变角 $\Delta\theta$ 的数据。$\Delta\theta$ 的定义是地面至 2/3 尘柱高和烟云顶高范围内的平均风向的最大夹角（°），有了这些基本数据便可用下式算出 $\dot{D}_1$：

$$\dot{D}_1 = A \cdot \exp\{-B\left[\ln(1+R)\right]^{1.4}\} \quad \text{（Gy/h）} \tag{6-1-8}$$

式中

$$A = 1.09 \times 10^4 F\eta Q^{0.49} v^{-0.645}(1+0.1\Delta\theta)^{-0.51} e^{-0.025h_B}$$

$$B = 1.5 Q^{0.033} v^{0.097}$$

2）云迹区任意地点爆后 1 h 参考辐射水平的估算

如果要预估不在热线上的任意地点（图 6 - 1 - 11 上的 N 处）爆后 1 h 参考辐射水平 $\dot{D}_x$，则应首先算出该点垂直投影点 M 上的 $\dot{D}_1$。在已知 $\dot{D}_1$ 和 N 至 M 的垂直距离 x 后便可用下式算出 $\dot{D}_x$：

$$\dot{D}_x = \dot{D}_1 \cdot \exp\left[-0.75(\eta Q)^{-0.32} v^{0.93} R^{-0.97} x^{1.45}\right] \quad \text{（Gy/h）} \tag{6-1-9}$$

上式仅适用于 $R > 1$ km 的云迹区。

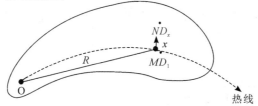

图 6 - 1 - 11　云迹区任意点爆后 1 h 参考辐射水平估算示意图

3）云迹区沾染最大长度和最大宽度的估算

要估算出某一 $\dot{D}_1$ 值的最大长度 R_m，可以用式（6-1-10）的逆运算，即

$$R=\exp\{[\ln(A/\dot{D}_1)/B]^{0.714}\}-1 \quad (km) \tag{6-1-10}$$

云迹区沾染的最大宽度 L_m 一般位于 $R_m/2$ 处附近，其计算公式为

$$L_m=7.2\times10^{-8}\eta Q^{0.41}(1+0.1\Delta\theta)\exp[-0.025h_B+2.3(4.7-\lg\dot{D}_1)^{0.8}] \quad (km)$$
$$\tag{6-1-11}$$

例　某次核爆炸当量为 12 kt 的触地爆，高空平均合成风速为 25.9 km/h，风向切变角为 15°，试求 5 km、10 km 热线上的爆后 1 h 辐射水平为多少？0.02 Gy/h 的最大长度和宽度各为多少？

解

（1）已知 $Q=12$ kt，$h_B=0$，$v=25.9$ km/h，$\Delta\theta=15°$，得 $\eta=1$。

（2）吸收剂量换算采用"中心线"剂量，取 10 cm 深度为体中心位置，可得

$F=9.1\times10^{-3}$ Gy/R。

$A=1.09\times10^4\times9.1\times10^{-3}\times1\times12^{0.49}\times25.9^{-0.645}(1+0.1\times15)^{-0.51}\times e^{-0.025\times0}$
$=25.75$

$B=1.5\times12^{-0.099}\times25.9^{-0.097}=0.855$

$\dot{D}_1(5\text{ km})=25.75\times\exp\{-0.855[\ln(1+5)^{1.4}]\}=2.57$ Gy/h

$\dot{D}_1(10\text{ km})=25.75\times\exp\{-0.855[\ln(1+10)]^{1.4}\}=1.40$ Gy/h

$R_m=\exp\{[\ln(25.75/0.02)/0.855]^{0.714}\}-1=38.9$ （km）

$L_m=7.2\times10^{-3}\times1\times12^{0.41}\times(1+0.1\times15)\times\exp[-0.025\times0+2.3(4.7-\lg0.02)^{0.6}]$
$=21.98$ （km）

故热线上 5 km 的 $\dot{D}_1$ 为 2.57 Gy/h；10 km 的 $\dot{D}_1$ 为 1.40 Gy/h。沾染边界 $\dot{D}_1$ 为 0.02 Gy/h 的最大距离达 38.9 km，最大宽度达 21.98 km。注意：平均风速为 25.9 km/h 时，38.9 km 处落下灰要在爆后 1.5 h 才到达，那时该处的实际辐射水平已不是 0.02 Gy/h，而是 $0.02\times1.5^{-1.25}=0.012$ Gy/h。

当地面沾染主要是裂变产物造成时，地面辐射水平随时间的衰减可用下式描述：

$$\dot{D}_t=\dot{D}_0\left(\frac{t}{t_0}\right)^{-n} \tag{6-1-12}$$

式中：$\dot{D}_0$ 为在爆后 t_0 时实测到的地面辐射水平；n 为衰减指数。地面辐射水平衰减指数 n，严格说不是常数，它随核装料种类、爆炸高度、离爆心距离远近、爆后时间等因素变化，其变化范围在 0.9～2 之间。为了方便起见，在爆后半年内可近似地将其视为常数，取 1.25。这样，式（6-1-12）可写为

$$\dot{D}_t=\dot{D}_0\left(\frac{t}{t_0}\right)^{-1.25} \tag{6-1-13}$$

如果已知的 $\dot{D}_1$ 为爆后 1 h 参考辐射水平 $\dot{D}_1$，则可简化成

$$\dot{D}_t=\dot{D}_1 t^{-1.25} \tag{6-1-14}$$

　　通常，中比高以上的空中核爆炸，由于烟云中的放射性粒子很细小，能较长时间飘浮在空中，被高空风吹到很远的地方，经过很长的时间才能逐渐沉降下来，所以它不可能造成有军事意义的地面沾染。

　　小比高空爆，随着比高的降低，云迹区地面会形成一定的沾染，其辐射水平随着比高降低而增高，对人员行动有一定影响的沾染范围也逐渐增大。比高接近 $60\ \mathrm{m/kt^{1/3}}$ 的空爆，云迹区沾染有时仍较严重，但沾染程度和沾染范围比地面核爆炸要小得多。

　　如果核爆炸后，放射性烟云经过雨云或处于雨云之内时，烟云中的放射性粒子将被雨水携带沉降到地面，造成局部范围内较严重的地面沾染，形成"热点"或"热区"。

　　空中核爆炸由于爆高较高，产生的落下灰粒径细小，所以不会形成像地爆那样云迹区与爆区下风方向连接的现象，而是在离爆心投影点一定距离后，才产生沉降形成云迹区沾染，在爆区、云迹区之间有一段基本上没有沾染的区域，见图 6-1-12。

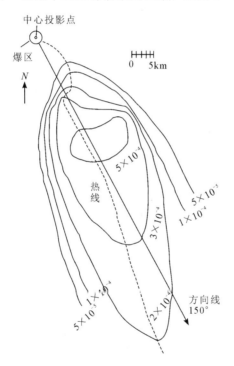

图 6-1-12　中比高空爆爆后 1 h 云迹区地面辐射水平等值线图形

　　空爆云迹区的地面沾染是由裂变产物形成的落下灰造成的，因此从理论上讲，地面辐射水平的衰减规律应该与地爆云迹区相同。但是，由于空爆烟云中混入的地面物质很少，会影响落下灰冷凝时分凝的变化，使得落下灰粒子中放射性核素的分布与地爆落下灰有所不同。根据少数实测数据推算，空爆云迹区落下灰粒子中与地爆云迹区落下灰粒子有一定的差别，建议在计算辐射水平时衰减指数 n 取如下值：

　　当 $t \leqslant 12\ \mathrm{h}$ 时，$n = 1.25$；

　　当 $12 < t \leqslant 300\ \mathrm{h}$ 时，$n = 1.42$。

　　核战争条件下，有的地方会受到多次核爆炸引起的地面辐射。由于几次核爆炸相隔一定时间，几次核爆炸落下灰沉降叠加于地面，就不能用一个简单的衰减指数来估计地面辐射水平的衰减，概略估算可用下列方法。

（1）简单叠加法。

遭敌首次核袭时，可根据观测的参数按单次核爆炸的程序估算出爆后 1 h 参考辐射水平，并画出等辐射水平线预报图。相隔一定时间后，又遭第二次核袭击，已沾染的地域又遭到第二次落下灰沉降。最简单的方法是把第二次核爆炸仍看作是单次核爆炸，按同样的方法估算出爆后 1 h 参考辐射水平，也画出等辐射水平线预报图。两幅等辐射水平线图都覆盖在军用地图上，见图 6 - 1 - 13。

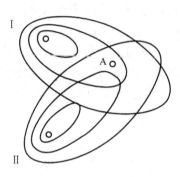

图 6 - 1 - 13　两次核爆引起的叠加沉降示意图

例　敌方于 8:30 对我方核袭击，根据估算结果，A 点（见图 6 - 1 - 11）的 $\dot{D}_1$ 为 10 cGy/h；11:00 又一次核袭击后，根据估算结果，A 点的 $\dot{D}_1$ 为 5 cGy/h。问 A 点在 14:00 时，地面辐射水平预计值是多少？

解　可以把两次核袭击分别作为单次核爆炸考虑，第一次核袭击对 A 点的沾染到 14:00 时（即 8:30 爆后的 5.5 h）的地面辐射水平是

$$\dot{D}_{0.5}=10\times 5.5^{-1.25}=1.19 \quad (\text{cGy/h})$$

对于第二次核袭击，A 点的沾染在 14:00 时的地面辐射水平为

$$\dot{D}_3=5\times 3^{-1.25}=1.27 \quad (\text{cGy/h})$$

两次沾染的结果相加便是 A 点在 14:00 时的地面辐射，即

$$1.19+1.27=2.46 \quad (\text{cGy/h})$$

（2）根据实测数据确定辐射水平衰减规律。

① 根据实测数据分别求出各次核爆炸地面沾染的衰减指数 n：

$$\dot{D}_t=\dot{D}_0\left(\frac{t}{t_0}\right)^{-n}=\dot{D}\left(\frac{t_0}{t}\right)^n$$

$$\frac{\dot{D}_t}{\dot{D}_0}=\left(\frac{t_0}{t^n}\right)$$

$$\lg\left(\frac{\dot{D}_t}{\dot{D}_0}\right)=n\lg\left(\frac{t_0}{t}\right)$$

$$n=\lg\left(\frac{\dot{D}_t}{\dot{D}_0}\right)/\lg\left(\frac{t_0}{t}\right) \qquad (6-1-15)$$

② 根据实测数据算出每次核爆炸地面沾染爆后某时刻的 $\dot{D}_0$，然后根据各自的 n 求 $\dot{D}_t$。

③ 把爆后同一时刻各次核爆炸沾染的辐射水平相加，即为该时刻可能的辐射水平值。

例 某后勤仓库在 10:30 测到了地面沾染为 10 cGy/h，据通报知这次沾染是敌方在 9:30 时核袭击所引起。接着在 11:00 测得地面辐射水平 6 cGy/h，11:30 为 4.2 cGy/h，12:00 测到了 8.55 cGy/h。这说明敌方实施的第二次核袭击（10:30 爆炸）的沾染已经到达，接着于 12:30 测得地面辐射水平 6.29 cGy/h，13:00 测得 4.95 cGy/h。求第二天 9:30 和第三天 9:30 的地面辐射水平将是多少？

解 思路：本题为两次核爆炸引起对后勤仓库的沾染，并有多次实测数据，可分别算出两次核爆炸沾染的衰减指数，然后计算出第二、三天的值，相加后便是答案。

（1）第一次核爆炸沾染的衰减指数 n_1 为

$$t_0 = 1 \text{ h}, \dot{D}_0 = 10 \text{ cGy/h}, t = 2 \text{ h}, \dot{D}_1 = 4.2 \text{ cGy/h}$$

$$n_1 = \lg\left(\frac{4.2}{10}\right) / \lg\left(\frac{1}{2}\right) = \frac{-0.377}{-0.301} = 1.252$$

（2）根据 $\dot{D}_1$ 和 n_1 求出 12:00 时无第二次核爆炸的叠加沾染时的辐射水平值。

$$t = 2.5 \text{ h}, \dot{D}_t = 10 \left(\frac{2.5}{1}\right)^{-1.25} = 3.18 \text{ cGy/h}$$

（3）求 12:00 时第二次核爆炸的贡献。

$$\dot{D}_{t(1.5)} = 8.55 - 3.18 = 5.37 \text{ cGy/h}$$

（4）求 13:00 时两次核爆各自的贡献。

对第一次核爆炸

$$\dot{D}_{3.5} = 0.1 \left(\frac{3.5}{1}\right)^{-1.252} = 2.08 \text{ cGy/h}$$

对第二次核爆炸

$$\dot{D}_{2.5'} = 4.95 - 2.08 = 2.87 \text{ cGy/h}$$

（5）第二次附爆炸衰减指数 n_2 为

$$n_2 = \lg\left(\frac{2.87}{5.37}\right) / \lg\left(\frac{1.5}{2.5}\right) = \frac{-0.272}{-0.222} = 1.225$$

（6）用 n_1、n_2 和 $\dot{D}_1$、$\dot{D}_{1.5}$ 分别求出第二天、第三天 9:30 时的辐射水平。

$$\dot{D}_{24} = 10 \left(\frac{24}{1}\right)^{-1.252} = 0.204 \text{ cGy/h}$$

$$\dot{D}_{48} = 10 \left(\frac{48}{1}\right)^{-1.252} = 0.087 \text{ cGy/h}$$

$$\dot{D}_{23'} = 5.37 \left(\frac{23}{1.5}\right)^{-1.252} = 0.189 \text{ cGy/h}$$

$$\dot{D}_{47'} = 5.37 \left(\frac{47}{1.5}\right)^{-1.252} = 0.079 \text{ cGy/h}$$

后勤仓库在第二天 9:30 地面辐射水平为

$$\dot{D}_1 = 0.204 + 0.189 = 0.393 \text{ cGy/h}$$

第三天 9:30 地面辐射水平为

$$\dot{D}_t = 0.087 + 0.079 = 0.166 \text{ cGy/h}$$

第二节　影响放射性沾染的因素

一、地面放射性沾染

1. 核武器类型的影响

核武器类型对地面放射性沾染有重大影响。原子弹主要靠重核裂变释放能量，每千吨当量能产生 $1.48×10^{21}$ Bq 的 γ 放射性活度、$3.7×10^{21}$ Bq 的 β 放射性活度的放射性物质（爆后 1 min）；而氢弹是靠"裂变—聚变　裂变"的方式释放能量，由于聚变反应基本上不产生放射性，因此比同当量的原子弹产生的放射性物质要少，但通常氢弹的当量很大，实际产生放射性物质总量则比原子弹要大得多；中子弹由于其当量很小，而且裂变份额也小，产生的放射性很弱；"感生放射性弹"中由于增加了容易产生感生放射性的 Co、Zn 等材料，爆后产生的放射性沾染比同当量的原子弹要大得多。

对于同类型核武器来说，爆炸威力越大，产生的放射性活度越强，地面沾染就越严重。

2. 爆炸方式的影响

爆炸方式不同，地面放射性沾染的差别非常大。地爆、浅层地下爆，由于大量环境物质的混入能产生大颗粒的放射性粒子，因此近区沉降份额能高达 $30\%\sim90\%$；而空中爆炸，尤其是比高为 120 m/kt$^{1/3}$ 以上的空爆，早期沉降的份额很小，不能形成对部队行动有较大影响的沾染区。

同样的爆炸方式，比高较低处的近区沾染要较重些；比高较高处的近区沾染相对较轻。

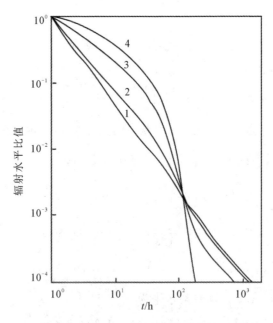

1—纯裂变产物；2—感生放射性产物占 10%；

3—感生放射性产物占 60%；4—纯感生放射性产物。

图 6-2-1　不同感生放射性产物份额的辐射水平衰减曲线

这种现象在小比高空爆时特别明显：比高接近 $120\ \mathrm{m/kt^{1/3}}$ 的空爆，爆区沾染以感生放射性为主，云迹区沾染可以忽略；比高接近 $150\ \mathrm{m/kt^{1/3}}$ 的核爆炸，爆区沾染除了感生放射性之外，落下灰也占一定的份额，云迹区沾染也能造成较高的辐射水平，基本上可按地爆来考虑。小比高空爆爆区由于地面辐射水平由感生放射性和裂变产物两种来源所造成，故衰减规律比较复杂，可根据具体情况分别采用图 6-2-1 或表 6-2-1 中的数据进行计算。

表 6-2-1　不同感生放射性产物份额的辐射水平比值表

爆后时间/h	感生放射性占 10%	感生放射性占 50%
1	1	1
2	0.417	0.611
3	0.283	0.468
5	0.17	0.349
7	0.109	0.266
10	0.0741	0.200
20	0.0362	0.109
30	0.0222	0.0675
50	0.0107	0.0279
70	0.005 66	0.0119
100	0.002 55	0.004 12
200	9.14×10^{-4}	5.47×10^{-4}
300	4.34×10^{-4}	2.44×10^{-4}
500	2.76×10^{-4}	1.55×10^{-4}
700	1.99×10^{-4}	1.12×10^{-4}
1000	1.28×10^{-5}	7.25×10^{-5}
2000	5.07×10^{-5}	2.89×10^{-5}
3000	2.90×10^{-5}	1.65×10^{-5}
5000	1.38×10^{-5}	7.77×10^{-6}

3. 爆炸环境和沉降环境的影响

核爆炸发生在地面或海面具有不同特点。

1）地面环境

在地面上爆炸时，落下灰粒子主要由土壤矿物质组成，裂变产物蒸气凝结在固体或熔融的土壤颗粒以及混入的其他物质颗粒上；裂变产物的蒸气也可与其他物质的蒸气混合后一起凝结成颗粒很小的固体粒子。在凝结过程中会出现分凝现象，使得不同大小的颗粒含有不同的放射性核素，而且大颗粒首先沉降在离爆心较近的地方，而较小的颗粒落在较远的地方，造成了不同距离处地面辐射水平的衰减规律不完全相同。由于形成的颗粒较大，近区沉降的份额也较大。

2）海面环境

在海面或近海面上发生大当量核爆炸时，凝结的颗粒均由海水中的盐和水组成，落下灰的分凝很小。原因是气态水只有等到火球冷却到摄氏 100 ℃ 以下时才能凝结，由于冷却时间长，并且有许多非常小的水滴，这便消除了裂变产物中的气态氪和氙的子体。在这种情况下，在距爆心投影点不同距离上的放射性沉降物（或降雨）的成分不会有多大变化。海面爆炸在天气干燥时形成的粒子通常比地面核爆炸要更小、更轻，故近区沉降的放射性沉降份额一般只有 20%～30%，比地面爆炸时的近区沉降份额要少得多。如果爆炸时空气湿度较高，海盐粒子吸湿的性质可以起催化云雾凝结的作用，这将导致放射性降雨，使得近区沉降的份额大大增加。

落下灰沉降到海面后，由于水流的稀释和沉降，放射性的衰减比地面快得多。但是，这种液体性的沾染沉降在舰船的甲板上，若不立即清洗，干后就很难消除。

3）地形影响

落下灰在降落过程中和落至地面以后，还会受到地形的影响。在爆区，由于携带放射性颗粒的冲击波在传播过程中遇到山丘、谷地时，会发生反射、涡旋等现象，使得低凹的地方能集中较多的放射性物质而沾染较重。山的朝向不同，积聚的落下灰也有较大的区别，因而使得地面的沾染分布很不均匀，严重时，相距不远的地方辐射水平可相差几倍甚至十几倍。在云迹区，由于地形能影响局部地区的风向、风速，因而也会影响到落下灰的分布。

4）沉降环境的地面粗糙度

用公式计算出来的地面辐射水平，都是假定被沾染的地面是光滑的，而实际上被沾染的地面不可能是光滑的，通常，地面是砾石、青草、沙土或者是耕作过的土壤。这些粗糙的地面对落下灰沉降至地面后发射的 γ 射线有局部屏蔽作用和散射作用，射线会受到一定程度的削弱，而且还影响到一定高度上辐射的能量分布和角分布，这一效应叫作地面的粗糙度效应。地面粗糙度对 γ 射线的减弱系数为 0.4%～0.9%，即实际的地面辐射水平可能只有预报值的 40%～90%。对各种地面粗糙度条件估计的减弱系数见表 6-2-2。

表 6-2-2　各种地形的粗糙度减弱系数

地　　形	减弱系数	地　　形	减弱系数
光滑面	1.00	铺砾石地面	0.66
沙土地面	0.83	普通耕地	0.55
草地	0.77	深耕地	0.47

4. 风情的影响

核爆炸时，气象条件，尤其是烟云、尘柱各高度上的风向、风速，对地面放射性沾染的形成会产生重大的影响。

高空合成风的风向决定放射性沾染区的方向，风向改变可以使放射性沉降从一个地区转移到另一地区。根据地面到稳定烟云底高的合成风向可以概略确定热线方向。但是，烟云在飘移途中，风向是随时间、地点变化的，若用爆区附近、爆炸前后某一时刻的合成风向来确定大范围内的热线方向，必然会出现　些偏差，甚至会出现很大的偏差，因此需要根据辐射侦察的结果来修正热线走向。

浅层风风向对爆区沾染也有影响。如果 1 km 左右的浅层风与高空合成风风向不一致，会使地爆爆区沾染偏离正常半圆形，低层风对空爆或有一定爆高的地爆，由于尘柱中含的放射性份额很小，影响就不大了。

风速大小会影响地面沾染分布。在爆区风速越大，烟云、尘柱中的放射性物质越是吹向下风方向，使得上风、侧上风的沾染半径相应地缩小。在云迹区，平均合成风风速对沾染的影响更大。表 6-2-3 为 1 kt 当量的核武器触地爆，在不同风速条件下（风向切变角假设为 0），不同距离的地面辐射水平值。从表中可以看出：当平均合成风速较小时，离爆心（或爆心投影点）近处辐射水平较高，随距离减少较快，在远处辐射水平则较低；当平均合成风速较大时，离爆心（或爆心投影点）近处辐射水平较低，随距离减少较缓，在远处则较高。这是因为风速大时，可使放射性物质相对均匀地分布在较大面积上，而风速小时，放射性分布较集中在近处，远处就相对少了。

表 6-2-3　1 kt 触地爆不同距离的地面辐射水平随风速变化情况

单位：cGy/h

r/km	v /(km/h)			
	5	10	25	100
5	716.7	456.5	214.2	104.1
10	73.92	67.06	45.94	28.25
25	3.67	5.28	5.99	5.07
50	0.38	0.77	1.29	1.38
100	0.039	0.112	0.275	0.375

风向切变角不但影响沾染区的形状，而且也直接影响到地面辐射水平分布。这是因为风向切变角增大时，放射性落下灰沉降在较宽的地域内，热线上同距离处单位面积上的沉降量就会较少，辐射水平相应地就低，沾染面积也增大，反之亦然。风向切变角对辐射水平的影响，可用风向切变角修正系数 α 表示，即

$$\alpha = (1 + 0.1\Delta\theta)^{-1.51} \qquad (6-2-1)$$

表 6-2-3 中所列数据是假设风向切变角为 0° 时的数据，如果风向切变角不是 0°，只要乘上 α，即是热线上的地面辐射水平值。

5. 降水的影响

降水影响地面沾染的一个必要条件是核爆炸烟云必须在雨云中或雨云之下，如果在雨云之上，降水对烟云就不会产生明显的沉降加速作用。

雨云顶的高度在 3～9 km 范围内，而小雨、小雪的雨云一般出现在较低高度，下雨的雨云底通常在 600～700 m 的高度上，但雷暴雨的雨云可以在高达 18 km 的高度上出现。对于地爆、小比高空爆烟云的云顶高度列于表 6-2-4 中。

表 6-2-4　核爆炸烟云顶高

当量/ kt	1	5	10	50	100	500	1000
烟云顶高/ km(h_B=0 m/kt$^{1/3}$)	3.90	6.85	8.73	12.3	13.4	16.6	18.2
烟云顶高/ km(h_B=60 m/kt$^{1/3}$)	3.96	6.95	8.86	12.5	13.7	17.1	18.8

从表中可以看出：对于当量小于 10 kt 的核爆炸，核烟云基本上可以被降水加速沉降下来；而对于当量为 10～100 kt 的核爆炸，至少烟云的一部分在雨云之中；而当量超过 100 kt 左右时，烟云能升至雨云之上，降水的影响就不大了。但是，当遇雷暴区时，当量为十万吨级的烟云全部、百万吨级烟云的一部分也可能受到降水的影响。

雨云的水平直径小于核烟云的直径时，则仅在雨云之下（中）的一部分烟云将被携带沉降；相反，如果雨云大，则整个烟云将被净化。核烟云受净化的时间长短取决雨云的大小和烟云的相对漂移速度及方向。

如果核爆炸在下大雨（雪）时进行，或核烟云稳定的时间爆炸地域开始下大雨，则放射性物质会立即被雨水携带沉降下来，使得地面沾染面积大大缩小，而且地面辐射水平要比烟云在后期遇到雨云的地面辐射水平情况高得多。但是，即便对于烟云早期遇到降雨的情况，爆心投影点处的辐射水平也将比地面爆炸的低。如果雨不大，净化作用的效率是不高的。如果核烟云在雨云中随风飘移，地面放射性沾染分布图将被拉长。

烟云中的放射性粒子被雨、雪带到地面以后，它们可能留在原地，也可能还要受水流的冲刷而流动。地面落下灰受雨水的冲泻，有可有集中在低洼处而形成热点；而其他地方，则由于落下灰被雨水冲走而使沾染减轻。有些落下灰中的成分可能被雨水溶解并渗入土壤中去，这样就能减少地面沾染，降低地面辐射水平。

二、地面空气的放射性沾染

核爆炸后，地面空气除了在核烟云经过、落下灰沉降下来时，会受到严重的沾染外，一般不会较长时间地达到或超过战时空气沾染浓度限值（$4×10^2$ Bq/L）。

1. 地面核爆炸时的地面空气沾染

爆区沉降下来的落下灰，颗粒大、沉降速度快，不会较长时间悬浮在空气中，因此在落下灰沉降结束后，空气的沾染是很轻的。在爆区，空气沾染浓度一般只有 $1×10^{-2}$ Bq/L 量级。地面辐射水平在 0.01～5 cGy/h 的范围内，空气沾染浓度不完全随地面辐射水平的高低而变化。有时，地面辐射水平高的地方，空气沾染浓度反而比地面辐射水平低处还要低，这种反常现象，可能是地面风造成的。地面辐射水平高处，沉降于地面的落下灰颗粒一般较大，不易被地面风吹起使空气重新沾染，而地面辐射水平较低处，落下灰颗粒一般较小，较小的粒子比较容易被风扬起，所以空气沾染浓度反而较高。但即使在大风扬尘的条件下，地爆空气沾染浓度仍大大低于 $4×10^2$ Bq/L 的战时限值。

触地爆时，云迹区落下灰沉降过程中，空气会被严重沾染，最大沾染浓度能达到

10^4 Bq/L量级，大大超过战时限值。热线上往往有多处空气沾染浓度大于 4×10^2 Bq/L，但持续时间一般不长（一个多小时）。落下灰沉降基本结束后，空气沾染浓度就会迅速下降到低于战时限值的水平，但持续时间较长。较轻的沾染浓度（1×10^{-2} Bq/L 量级的水平），甚至可维持几十个小时。

有一定比高的地爆，空气沾染浓度一般要比触地爆低几个量级，通常不会高于战时限值的水平。

要估算云迹区热线的地面空气沾染浓度随距离的变化很难，因为地面空气沾染浓度会随许多因素发生变化，例如地面环境、气象条件等，即使粗略地估算出来了，其不确定性也是很大的。总的来说，云迹区热线或热线附近地面的空气沾染，离爆心距离越远，沾染浓度通常越低，但也不排除某些地段的反常现象。

要粗略估算万吨级触地核爆炸云迹区热线或热线附近地面的空气沾染浓度 C 和离爆心距离 r 的关系，可用下式：

$$C=1.1\times10^2\times10^{-0.0246(t-34.253)}\quad(\text{Bq/L}) \tag{6-2-2}$$

公式适用范围为 2.73 km$\leqslant r\leqslant90$ km，不确定度不超过$\pm200\%$。

千吨级触地核爆炸时，云迹区热线或热线附近地面空气沾染浓度随离爆心的变化，可用下式近似估算：

$$C=7.96\times10^2\times10^{-0.01492(t-26.283)}\quad(\text{Bq/L}) \tag{6-2-3}$$

公式适用范围为 2.73 km$\leqslant r\leqslant90$ km，不确定度不超过$\pm100\%$。

因为空气沾染浓度与地面辐射水平的关系受很多因素（如距爆心距离、方位、爆炸方式、气象条件、有无扬尘、落下灰颗粒大小等）影响，所以很难以一个简单公式来估算。可以根据地面辐射水平粗略地估算地面空气的最大浓度：

$$C_{max}=K_a\cdot\dot{D}\quad(\text{Bq/L}) \tag{6-2-4}$$

式中：K_a 是空气最大沾染浓度与地面辐射水平的比值，其推荐值列于表 6-2-5 中。

表 6-2-5　$K_a(\text{Bq}\cdot\text{L}^{-1}/\text{cGy}\cdot\text{h}^{-1})$ 推荐值

沾染地区	上风地区	爆区	云迹区$\leqslant60$ km	云迹区$\geqslant100$ km
沉降过程中	1.85×10^4	—	1.48×10^3	3.7×10^4
沉降结束后	—	7.4	1.85×10^2	7.4×10^3

从表中可以看出：在云迹区，离爆心投影点越远，K_a 值越大，这是因为落下灰粒径越小越容易在空气中悬浮；爆区落下灰的粒径很大，易于沉降，故 K_a 值很小；在上风方向地区空气沾染的落下粒子，粒径一般都是很小的，能较长时间悬浮在空气中，所以即使地面辐射水平很低，但空气沾染浓度却相对较高，K_a 值很大。用表 6-2-5 和式（6-2-4）估算出的空气沾染浓度属最大值偏安全的估计。表中没有给出云迹区 $60\sim100$ km 范围内的 K_a 值，这是因为没有实测数据为依据，不便明确给出。如需粗略估算，可取两数之间的中值，即 $1.9\times10^4(\text{Bq/L})/(\text{cGy/h})$。

在云迹区的热线或热线附近地区，核烟云到达后，落下灰在沉降过程中，空气被沾染极为严重。烟云到达时，空气沾染浓度迅速上升到峰值，接着很快降低，然后空气沾染浓度随着时间的推移呈波浪式下降趋势，见图 6 - 2 - 2。

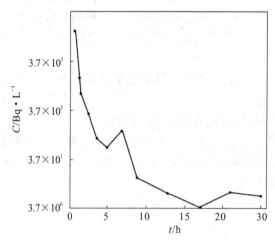

图 6 - 2 - 2　万吨级触地爆云迹区某处空气沾染浓度随爆后时间的变化

从图 6 - 2 - 2 中可以看出：空气沾染浓度在核烟云到达时最高，落下灰沉降使空气沾染浓度迅速上升到 1.59×10^4 Bq/L(峰值)，空气沾染浓度大于等于 3.7×10^2 Bq/L 的持续时间约为 2 h，随后呈波浪式下降。

从这个特点可以看到，即使像触地爆那样能使空气严重沾染的核爆炸，地面空气虽会遭到大大超过战时限值的严重沾染，但持续时间很短，一般只有 1~2 h。

以上算出的空气沾染浓度都是可能达到的最大浓度，而实际上空气沾染浓度最大值的持续时间很短。若要估计无防护的人员在沾染区呼吸沾染空气所造成的危害，只知道空气沾染浓度最大值是不够的，必须知道在爆后一段时间的空气沾染浓度的平均值。经验得到的空气沾染浓度最大值 C_{max} 与平均值 C_p 的关系可用下式表示：

$$C_p = 6.85 \times 10^{-3} C_{max}^{0.0169} \tag{6 - 2 - 5}$$

公式适用范围为 $C_{max} \geqslant 3.7 \times 10^1$ Bq/L，不确定度不超过 $\pm 50\%$。

2. 空中核爆炸时的地面空气沾染

空爆时，地面空气沾染主要是由土壤中的感生放射性物质被扬起所致的，因此爆区地面空气沾染浓度极轻。中比高的万吨级以上当量的空爆，爆后半小时以后，在爆区活动的人员即使不采取呼吸道防护措施，也不会造成有害的内照射损伤。即使是小比高空爆，爆区空气沾染仍然是很轻的。

空爆形成的落下灰的粒径极小，沉降于近云迹区的不多，空气沾染浓度很低。人员在近云迹区活动时，不采取呼吸道防护也不致带来明显的附加内照射损伤。

3. 人为因素和气象条件对地面空气沾染的影响

人员、车辆在沾染区活动，能使地面的放射性落下灰再次扬起，使空气重新沾染。在中外核试验中，做过不少扬尘试验。试验结果证明了扬尘可使空气沾染浓度增大几倍至几十倍。但由于空爆爆区、近云迹区地面空气的沾染浓度本来就极低，即使增大几十倍，甚至上百倍，仍然不会达到战时空气沾染浓度限值。

1）高空风的影响

核爆时，烟云和尘柱高度上的各层风向、风速对地面空气的沾染有很大影响。如高空风的平均风速大，各层风的风向变化不大时，爆区和上风方向的空气沾染就轻，反之，空气沾染就较重。

在烟云所处的高度上，若各层风的风向不同，烟云就会沿不同的方向飘移，使几个方向上的地面空气受到沾染。

2）地面风的影响

较大的地面风会把干燥地面上的落下灰和尘土扬起，使空气的沾染加重。当风速很大，达到 7～8 m/s 时，地面干燥、落下灰的粒径又较小的云迹区地面，扬起的尘土能使空气沾染增大几十倍甚至一百多倍，但仍不会超过战时空气沾染浓度限值。

3）降水的影响

下雨、下雪时，空气中悬浮的落下灰微粒和尘土被冲洗下来，净化了空气。雨能润湿地面，使尘土不易扬起；雪能覆盖地面，雪融化后能使地面潮湿，尘土很难扬起。因此，下雨、下雪后，空气中的沾染浓度明显降低，一般可降低一个量级，甚至能使空气的放射性活度接近本底值。

三、海面和水下核爆炸的沾染

如果核爆炸发生在海面或水下时，放射性沾染情况与发生在地面时最重要的差别在于环境物质不同。发生在海面环境的核爆炸，进入核烟云和水柱中的环境物质是海水，亦即含有各种盐类的水，所以形成的落下灰粒子主要由海盐和水滴组成。这种粒子通常比由土壤、岩石熔化后冷凝形成的熔渣、玻璃体落下灰更小和更轻。

美国 1954 年 3 月 1 日在比基尼（Bikini）珊瑚岛上进行的一次热核装置爆炸试验，是研究海上核爆炸的重要实例。该次试验据称用的是"裂变—聚变—裂变"装置，重 20×10^3 kg，实际爆炸当量为 $15\,000 \times 10^6$ kg。在珊瑚礁的地面上约 2.1 m 处爆炸。爆后，在卜风方向的放射性沾染延伸约 530 km，宽度超过 7 km，放射性粒子直径为 250～500 μm，在上风方向的严重沾染区伸展达 32 km。受沾染的总面积超过 18\,000 km^2，在这个区域内除非撤出或者采取防护措施，否则就不能避免死亡或受到辐射损伤。

为了估计这次核试验爆炸后 96 h 内不同地方的总累积剂量，资料给出了等剂量线图，见图 6-2-3。图中线条为等剂量线，凡在等剂量线上的各处，人员在该处从核爆炸开始，停留到爆后 96 h 便会受到该等剂量线标明的剂量照射；在两等剂量线间，人员将受到大于外等剂量线、小于内等剂量线的某剂量的照射。除此以外，有居民的岛上，不同地点注明了不同值，朗格拉普（Rongelap）珊瑚岛西北部 3300 rad（约 33 Gy）是一个探测点。由于广阔的海面无法进行实测，因此除有居民岛上的数据外，图 6-2-3 的等剂量线基本上是估算的。然而离爆心下风方向 483 km 或更远的距离上有明显的放射性沾染，这个事实是肯定的。

朗格拉普珊瑚岛的西北端，离爆心约 160 km 处，放射性沉降在爆后 4～6 h 开始，连续沉降几个小时的"雪"样粉状物。如果人在沉降开始到爆后 96 h 内没有防护，会受到 33 Gy 剂量的辐射。在该点以南 40 km（或离爆心 185 km）处同样时间的累积剂量只有 220 rad（约

2.2 Gy)，居民就住在那个地区，他们是在沉降开始后 44 h 时，受到了 1.75 Gy 剂量的照射后才撤离的。表 6-2-6 列出了该岛的两处在爆后不同时间间隔内所受到的最大累积剂量值。表中数值是给定位置上的最大累积剂量，是人员每天 24 h 都在户外，不采取任何防护措施，而且也不考虑天气的变化或大风把放射性粒子吹走的情况来估计的。事实上，在爆后 25 d，对有的地方进行了测量，测得的剂量只是预测值的 40%，这很可能是第二个星期曾下过雨，放射性粒子有一些被雨水冲走的缘故。

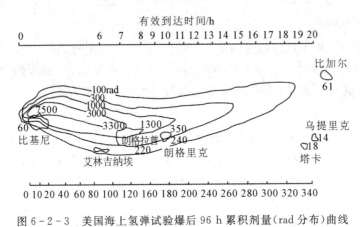

图 6-2-3　美国海上氢弹试验爆后 96 h 累积剂量（rad 分布）曲线

表 6-2-6　朗格拉普岛两处的最大累积剂量

爆后受辐照的时间间隔	居住区受辐照的累积剂量/Gy	非居住区受辐照的累积剂量/Gy
爆后 96 h 内	2.2	33
96 h～7 d	0.35	5.3
7 d～30 d	0.75	10.8
30 d～1 a	0.75	11.0
爆后 1 a 内	共 4.05	共 60.1
1 a 后至无穷	约 0.08	约 1.15

　　美国 1964 年 6 月 30 日在比基尼岛海面上空 300 多米进行了当量为 20 kt 的核试验，试验目的是研究核爆炸对海军舰队的破坏效应。爆后 2 h，辐射侦察人员即进入珊瑚岛海面以查明目标地区是否有严重的放射性沾染。经辐射侦察，仅发现小部分地区有一定程度的沾染。随后观察舰队即进入珊瑚岛海面，在日落前人员已登上 18 艘目标舰只，并着手进行对各种科学仪器和试验用动物的回收工作。

　　这次试验表明，海面上空爆炸与陆地上空爆炸一样，放射性沾染对军事行动的影响不大。水下核爆炸，能使基浪传播范围内的爆炸区域遭受严重的放射性沾染；从基浪和花菜状云雾落下的降水，在其游动方向上形成放射性沾染的云迹区。水下核爆炸的沾染，主要是裂变产物造成的，落入爆炸区域水中的放射性物质数量占整个裂变产物的一半以上。感生放射性、未裂变的核装料与裂变产物的放射性相比，是微不足道的。

水下核爆炸时，放射性云雾、基浪和放射性沾染的发展可分为以下三个阶段。

第一阶段，裂变产物形成的花菜状云雾蒸气和小水滴处在强大的涡流运动中，花菜状云雾的温度大大超过周围介质的温度。云团的迅速扩展，也会阻碍花菜状云雾气溶胶微粒的沉降。在这一阶段，水域没有受到沾染。第二阶段，它的特征是空心水柱被破坏并在其基部形成基浪；基浪的形成，会产生降水，开始是水流，尔后是雨水，结果使爆炸区域遭到严重沾染，裂变产物中约30%落在基浪中，这个阶段从花菜状云雾中落下的雨水是放射性沾染的主要来源。在涡流运动能量消失之后，大部分裂变产物将在第三阶段才能从基浪中降落，因此爆炸区域的沾染极为严重，大约一半的裂变产物降落在这个区域。第三阶段，基浪和水面脱离以后形成基浪放射性云雾，这种云雾在外观上像一般的层积云，其厚度可达几千米。基浪放射性云雾内开始降落的是雨水，尔后则是气溶胶状的微粒(毛毛雨)。

水下爆炸时，除基浪放射性云雾以外，上层还浮现出残留的放射性云，这种云是由爆炸产生的气状雾穿过气团进入大气层中形成的，它始终飘浮在基浪放射性云雾上面。已经证实：残留的放射性云中携带的裂变产物占15%～20%，云中的含水量也不大，约占爆炸后抛出水量的2%。因此，在残留放射性云径迹上不会出现大量的降水和严重的沾染。

由于水对中子的吸收，故水面中子辐射强度不大，舰船结构材料通常不会产生明显的感生放射性。水吸收中子后，会使水中许多盐类(钠、溴、碘、钙、镁等元素)形成感生放射性同位素。但是，实际上有相当数量的中子是被水中的氢元素俘获形成了非放射性同位素，因此海水的感生放射性也是非常低的。

水下核爆炸后，水域的放射性沾染也像地面爆炸那样分为两个部分：近区(爆区)和远区(云迹区)。近区是以基浪传播深度和降落放射性雨的范围为界；远区则以放射性云迹区为界。表6-2-7列出了小威力水下核爆炸水域放射性沾染的特征。

表6-2-7 小威力水下核爆炸水域放射性沾染的特征

爆后时间/h	沾染区的界限	沾染区的长度/m	沾染区深度/m	辐射水平/(cGy/h)	
				平均值	最大值
0.25	在基浪传播界限内	2500	—	400	3000
4	顺风延伸的和水流移动的面积	5000	—	1.2	9
24	某些沾染水层	7000	40	—	0.2
48	平均沾染的深度和面积	7000	40	—	0.02
72	平均沾染的深度和面积	7000	40	—	—

从表6-2-16中可以看出：水的放射性沾染在爆后最初1～2 h最为严重，爆炸4 h后，水的放射性沾染对人员就不会造成较严重的外照射损伤；而水的沾染浓度仍超过工业用水的沾染浓度限值。计算水下核爆炸水面表层水的放射性沾染浓度 C 有概略计算公式：

$$C=1.48\times10^{11}\cdot Q^{1/2}\cdot t^{-1.8} \quad (Bq/m^3) \qquad (6-2-6)$$

式(6-2-6)适用于浅水下核爆炸爆后3～100 h，水面空气层风速约8 m/s，Q 单位为kt，t

单位为 h。

　　海面和水下核爆炸时，放射性沉降物是由含有固体粒子和海盐结晶溶液的水滴所组成的。这种沉降物沾染物体后，能够渗入物体的细孔和缝隙，干后能与表面紧紧地粘在一起。倘若物体受到这种水滴沾染后，不立即洗掉，干后就很难除尽。如果舰船甲板受到这种沉降物沾染后不进行洗消，在甲板上活动的人就会受到大剂量的辐照。为此，对于沾染海水所引起的沾染，必须及时用大量水流冲刷。美国在比基尼"面包师"核爆试验中，在沉降物停止降落后，即开始不断地用水冲刷船只并暴露表面，以便及时将沉降物冲刷掉。

第三节　放射性沾染的杀伤作用

一、放射性沾染对象

1. 粮食、蔬菜

　　在沾染区内暴露的和未掩盖好的粮食、蔬菜都可能受到落下灰的沾染。在爆区受到中子流照射的含盐食品还可能产生感生放射性核素，形成感生沾染。

　　在多数情况下，包装完好的粮食、饲料、食品（如罐头、瓶装饮料等），只是容器或包装表面被落下灰所沾染，一般只要消除容器外表的沾染或去掉包装后，就可食用。无包装的堆放储存的粮食，放射性落下灰一般只能沾染其表面层 5～7 cm，通常除去沾染表层并经过沾染检查合格后即可食用。

　　粮食、蔬菜等受到的沾染，一般是由于食物露天存放而遇到地爆或小比高空爆烟云经过，遭到落下灰沉降所致的。中、外核试验中曾对此做过不少试验，试验结果表明：即使受到沾染，也只不过影响食物表层，大多数也只是包装受到沾染，略加处理即可食用。中比高以上的空爆，一般不会引起粮食、蔬菜的沾染，即使沾染也是比较轻微的。

　　人员在落下灰沉降结束后，携带进入沾染区的粮食、蔬菜，一般只受到扬尘沾染。粮食、蔬菜的沾染水平取决于沾染区地面的土质、沾染程度、气象条件以及暴露于扬尘中的时间等因素。一般只是表面沾染，经过清洗后可以食用。有人在地爆后 1 d，携带粮食、蔬菜、肉、鸡蛋、水等在地面辐射水平为 2.5 cGy/h 地区做饭，全过程 1 h 内完成，并对饭菜进行了测量，其沾染比度：米饭为 7.4×10^3 Bq/kg、炒菜为 1.8×10^4 Bq/kg、鸡蛋汤为 1.3×10^4 Bq/kg。这样的饭菜，一餐饭吃入的放射性物质不会超过 1×10^5 Bq，低于战时落下灰食入量限值 1×10^7 Bq 的水平。

2. 水

　　有盖的水源和地下水，通常不易受到放射性沾染。而在沾染区内的露天水源（河、湖、井、泉等），以及暴露的、未掩盖好的储存的水容易受到落下灰的沾染。水的沾染浓度，主要取决于落入水中的落下灰量或进入水中的感生放射性土壤的量；其次还与水的深浅、流动性以及落入水中放射性粒子的密度、溶解度等有关。

通常水的沾染比地面沾染轻，也比物体表面沾染轻，这是因为落下灰在水中的溶解度很小，而且密度较大，能沉入水底。由于水对 γ 射线的削弱作用，在水面上的辐射水平也不会高。少量落下灰溶解于水，分配到较大体积的水中后，水的沾染浓度是很低的。如果是活水，已沾染了的水，还能流走，水的沾染就更轻了。若烟云经过时发生降雨、降雪，水的沾染浓度便会增大。尤其是下大雨时，雨水能把空气中、地面上的放射性落下灰溶解或冲刷进入水源，水的沾染浓度就会增大许多倍。在这种情况下，地下水也可能受到一定量的沾染。

若想饮用沾染区的水，首先应考虑的是井水（尤其是有盖子的井），泉水和河水若是活水也是较好的。饮用前，应对水进行必要的处理，如用絮凝剂沉淀或离子交换树脂过滤等都能取得较好的效果，并进行沾染检查，低于战时饮水放射性食入限值时才能饮用。

3. 生活用品

生活用品是指军人和居民日常生活中所需的吃、穿、用等物品，包括炊具、做好的饭、衣服、床上用品以及随身携带的水壶、挎包等。这些生活用品有的放在室内、有的放置于室外、有的随身携带，在核爆炸的下风方向都可能受到沾染，但沾染情况是不同的。放置在室内的生活用品，如衣服、炊具等受到的沾染是由放射性落下灰透过不密闭的房屋而引起的，沾染程度一般较轻；放置在室外的生活用品，如衣服之类受到的沾染是由于烟云过境时落下灰直接沉降物品在上面造成的，沾染程度要比室内的高两个量级；随身携带的用品受到的沾染是随着人员进入沾染区受到扬尘沉降在身上而引起的，或者是接触了沾染物体所造成的，沾染水平一般比放置在室外受到直接沉降的要轻得多。

中、外核试验表明，民房内的物品如家具、衣物、炊具和食品，受到的沾染都不重，均不会超过战时物体表面沾染水平限值。而设置在民房外的物品如晾晒在外的衣服、露天存放的粮食、蔬菜等，由于受到直接的落下灰沉降，沾染较重，可能超过战时物体表面沾染水平限值。若是衣服之类生活用品被落下灰沉降，沾染较重，采用拍打、洗涤的方法是能够使沾染降低到可以重新使用的程度的。

4. 武器、装备

1）地面爆炸

暴露配置在爆区、云迹区的武器、装备、车辆等在受到放射性落下灰直接沉降时，会受到较严重的沾染，沾染水平将大大超过战时限值。

在沾染区运动的车辆和大型兵器会受到扬尘沾染，其表面沾染程度与很多因素有关：在辐射水平较高地方运动的车辆和兵器，沾染比较重；通过干燥、松散路面的车辆和兵器，表面沾染比较重；通过泥泞路面的车辆和兵器，下部沾染比较重；运动时间长的比运动时间短的沾染要重；被牵引的火炮比牵引的车辆沾染要重。在通过云迹区，由于云迹区沉降的颗粒较小，较容易黏附在物体表面，因此沾染较重。在通过爆区车辆和兵器，由于大颗粒的落下灰或放射性熔渣可能沉积在车辆、武器、装备的凹槽、缝隙等"死角"里，会造成个别部位的严重沾染。

在万吨级触地爆后的第二天，解放 30 汽车 4 辆、122 榴弹炮 4 门，进入云迹区 10 km处，做占领阵地、展开射击、撤出返回等战术动作，在阵地上停留 25 min，演习车辆、火炮表面的沾染程度列于表 6-3-1 中。

表 6-3-1　演习车辆、火炮的表面沾染水平

名　称	数　量	最高辐射水平/(cGy/h)	沾染水平/(Bq/cm²)	平均沾染水平/(Bq/cm²)
解放 30 汽车	4 辆	2.6	200～417	342
122 榴弹炮	4 门	2.5	267～4170	1608

注：沾染水平均值取各车、炮的最大沾染水平，平均沾染水平为各车、炮最大沾染水平的平均值。

2）空中核爆炸

空爆时，车辆、武器、装备等的表面沾染比地爆时要轻得多。在爆区，当量大于 10 kt、比高大于 150 m/kt$^{1/3}$ 时，沾染较轻，但会因受中子流照射而产生感生放射性沾染；在云迹区，车辆、武器、装备等的表面沾染都比较轻。

空爆时，车辆、武器、装备通过沾染区时，其表面沾染程度也较轻；但进入辐射水平较高的地区时，其表面沾染可能较重。例如在万吨级中比高空爆后立即进入爆心投影点处的装甲车，大部分车体表面的沾染水平超过了 $1×10^4$ Bq/cm²，沾染较重，接近了战时装备表面沾染水平限值。

（1）车辆、武器、装备，地爆和小比高空爆时，不论在爆区或云迹区都能受到严重沾染；中比高以上的空爆，在爆区会受到一定的感生放射性沾染，在云迹区，装备、车辆、武器等的沾染就微不足道，可以忽略。

（2）对于进入沾染区的车辆、武器、装备，地爆时会受到较重的沾染；小比高空爆时，也会受到一定沾染；而中比高以上的空爆，只能受到轻微沾染，一般可不进行洗消。

（3）进入沾染区的车辆、武器、装备等，各个部位的沾染水平是不相同的，通常车外比车内、下半部比上半部、后边比前边、靠近车轮处比远离车轮处、人员上下车部位比非上下车部位的沾染要严重。车辆、武器、装备等表面沾染较重的部位列于表 6-3-2 中。

表 6-3-2　通过沾染区的车辆、武器、装备等表面沾染较重的部位

名　称	沾染较重的部位
车辆	前轮、后轮、冀子板、踏板、前钢板、发动机盖、驾驶室 车外：冀子板死角处，车体后部，履带调整器及其他油垢多、缝隙多的部位。 车内：传动室
地面火炮	瞄架，下架，大架，接头，轮胎及其他油垢多、缝隙多、表面粗糙的部位
高射火炮	车前体减震器、瞄准具、装坝机、方向齿环、高低齿弧、高低机传动箱、驻退机、复进机、电瓶、后车体箱盖

（4）一般来说，核爆炸前就车辆、武器、装备等最大沾染水平约等于地面的沾染水平，但通常表面沾染水平总比地面的沾染水平低，装甲车辆表面沾染水平约是地面沾染水平的 1/10；被牵引火炮约是地面沾染水平的 1/100；牵引汽车则只有地面沾染水平的 1/1000。

（5）降雨、下雪天进入沾染区，虽可大大减轻由于地面扬尘引起的车辆、装备的上部沾染水平，但地面泥土湿润，车轮上会沾上大量混有落下灰或感生放射性物质的泥浆，故会使轮子、履带、车底板和后部的沾染加重。

5．人员

人员暴露于核烟云之下，会受到落下灰沉降沾染；在沾染地域活动，会受到扬尘沾染和接触沾染。落下灰沉降时造成的沉降沾染比人在沾染地域活动时受到的扬尘沾染、接触沾染要严重得多。

美国原子能委员会报告（TID—5358）报道了美国 1954 年 3 月 1 日在马绍尔群岛爆炸实验性热核装置（当量为 15 000 kt，地爆）时，由于风向突然变化，放射性落下灰沉降在有居民的岛上和参加核试验的第七联合特遣部队船只上的事件，以及日本小型渔船"福龙丸五号"船员遭受落下灰沾染的情景。

（1）放射性落下灰沉降时是可见的。

严重的放射性落下灰沉降是可见的，美国原子能委员会的报道："大约在热核装置爆炸后 4～6 h，放射性落下灰开始沉降于有居民的岛上。在受沾染最严重的朗格拉普岛（距爆心 169 km）上，据称落下灰为粉状物并能黏附在皮肤上，呈雪状，持续降落了数小时，人的头发上也蒙上了白色。在艾林吉纳埃岛（距爆心 161 km）和朗格里克（距爆心 242 km）上，落下灰没有那么稠密，据称呈雾状。乌提里克岛（距爆心 480 km）仅受到轻度沾染，沉降物不易看清。""1954 年 3 月 1 日清晨 3 点钟，当渔民正在撒网时，看见西方海面上有一束微弱的红光，7～8 min 后听到一声沉闷的巨声，3 min 后又听到两次像爆炸一样的尖锐声。他们捕了 3 个小时的金枪鱼和鲨鱼后，头顶上出现一片浮云，有白色的粉末像'春雨'般地落在船上。落下灰浮在海面上，也铺在渔船的甲板上，一片白灰，像'白霜'一样。白灰连续不断地沉降了五个钟头。"这是离爆心 145 km 的渔船上的实际情况。

（2）沾染后的处理情况不同，则后果不同。

马绍尔群岛的居民们由于缺乏防护知识，在落下灰沉降时，他们基本上没有躲避，全身受到了严重的沾染。当地居民头发上涂有很厚的椰子油，因此落下灰粘上后，很难清洗。在太平洋公海上捕鱼的渔民，也由于缺乏防护知识，加之船上缺乏足够的淡水，所以头发和暴露的皮肤上沾染的落下灰没有及时洗掉，受到了严重的损伤。落下灰从领口落到身上，并积累在腹部皮带处，导致头、面、手、腹、腰部都出现了急性放射性皮炎，接着水疱破裂，呈糜烂和溃疡状，症状十分严重。

而同样处于严重沾染地域的美军人员，由于处理得及时，损伤大为减轻。他们在发现落下灰沉降时，迅速地穿上了附加的衣服以保护皮肤，非必要户外工作人员被许可躲到了铝屋中，而大多数居民则仍然留在户外，所以同处一岛的美军人员所受到的损伤比当地居民要轻得多。在落下灰沉降时，有许多小孩在玩水，他们皮肤上的许多落下灰无意中被洗去，损害也就大大减轻了。

人员在沾染区活动，沾染水平的高低与人员的活动方式、活动内容有关。地面无扬尘时，人员沾染水平很低，受到车辆掀起的扬尘污染时，沾染水平就会很高。接触沾染地面的部位（如鞋底），其沾染水平就比别的部位要高。

　　落下灰沉降结束后进入沾染区执行任务的人员,身上受到的沾染比受落下灰直接沉降时要轻得多,一般不会超过人员体表战时沾染水平限值。例如,某次由16人组成的小分队,5人穿橡皮防毒衣,6人穿白卡其布防尘服,5人穿单军衣,于地爆后8 d乘车进入爆区。在离爆心投影点1 km处下车,向爆心方向做步兵战斗动作,包括步行、匍匐前进、卧倒等,具体情况见图6-3-1。出沾染区后,16人都做了详细的沾染检查,检查结果列于表6-3-3中。

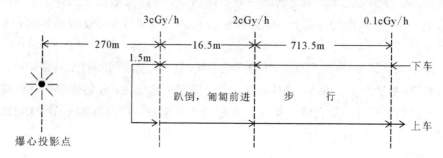

图6-3-1　小分队在沾染区的活动情况

表6-3-3　16人的服装沾染水平

沾染水平/（Bq/cm²）	点数分布		人次分布	
	测量点数/个	百分数/%	测量人数/个	百分数/%
≤20	24	35.8	1	6.26
21～80	21	31.4	4	25
81～170	6	8.95	1	6.25
171～800	10	14.9	4	25
801～1.7×10³	4	5.95	4	25
1.7×10³～3.3×10³	—	—	—	—
>3.3×10³	2	3	2	12.5
合计	67	100	16	100

　　另一次,炮兵12人,6人穿雨衣,6人穿军衣乘炮车进入云迹区,在地面辐射水平为2.5 cGy/h的地区做占领阵地、展开射击、撤收转移等战术动作。撤出沾染区做了详细的沾染检查,测量结果如下:脚上的沾染水平为155 Bq/cm²,手上为242 Bq/cm²,大大低于战时沾染水平限值,身上的沾染极轻。而在该处的车辆、武器、装备被落下灰直接沉降引起的沾染,沾染水平却高达$1×10^4 ～2×10^5$ Bq/cm²。

二、放射性沾染对人员的杀伤

　　放射沾染对人员的杀伤作用与核爆炸冲击波、光辐射、早期核辐射有区别,与军用毒剂、生物战剂的杀伤作用也有较大的不同。

1. 放射性沾染杀伤的特点

放射性沾染的杀伤作用具有下列特点：

（1）对人员的杀伤需要作用较长的时间。

冲击波、光辐射、早期核辐射在核爆炸的瞬间先后作用于人体，作用时间很短，一般不会超过 1 min。在作用时间内，人员受到冲击、抛掷、烧灼、大剂量照射等，会在极短时间内受到损伤。

放射性沾染对人体的辐射致伤作用，取决于人员在沾染区受到照射的剂量，而不单纯取决于地面辐射水平的高低，更不是人员进入沾染区就会受到损伤。人员在沾染区停留时，只有在受到 1 Gy 以上的照射后，才有可能患急性放射病。因此，在地面辐射水平为 5 cGy/h 的地区，需要停留 20 h 以上，才会受到足以发生急性放射病的剂量照射；即使人员进入地面辐射水平高达 100 cGy/h 的严重沾染地段，也不是进去就会遭到严重损伤，而是需要在那里停留 1 h 以上的时间，才可能受到 1 Gy 的剂量照射并可能得急性放射病。

放射性沾染对人员的杀伤既不像瞬时杀伤因素那样"立刻见效"，也不会迅速"烟消云散"，而是只要人员在沾染区，就会继续受到照射，不断加重受损伤程度，只有离开沾染区才能避免遭受到放射性沾染的继续杀伤。

（2）受放射性沾染的核辐射照射时无自我感觉。

冲击波袭来时，能听到狂风怒吼，看到尘土滚滚，飞沙走石，树倒屋塌等情况，人员会出现断臂伤腿、头破血流等，感觉明显；光辐射作用时，强光耀眼，皮肤感到烧灼、冒烟，衣服发烫燃烧，感觉也是明显的。而放射性沾染是通过看不见、摸不着的射线起杀伤作用的，受照射时人员一般无自我感觉，易造成超剂量照射，导致严重损伤。因此，要及时将爆后有沾染的区域标志出来，做好应对措施。

（3）受放射性沾染伤害后不立即发病。

人员在沾染区即使受到了足以引起急性放射病的剂量照射，一般不会马上出现症状，不至于立即失去战斗力。根据事故病例的分析表明：受到 1～2 Gy 照射后，大约有 1/3 的人无明显症状，一般在 3～6 h 后出现轻微的头痛、头晕等；受照 2～4 Gy 的人多在 2～3 h 后出现症状；受照 4～6 Gy 的人多在 1～2 h 后出现症状；大于 6 Gy 的极重度急性放射病患者才立即出现明显的初期症状。整个趋势是：受照射的剂量越大初期症状发生得越早，也越严重。而冲击波对人造成中度冲击伤以上的损伤时，会头破血流、摔伤、骨折；中度烧伤以上的损伤的症状是皮肤发红起疱，焦头烂额，伤势明显的会立即失去战斗力。

（4）地面核爆炸的放射性沾染的杀伤范围，大大超过瞬时杀伤因素的致伤半径。

2. 放射性沾染与军用毒剂、生物战剂的比较

（1）杀伤的速效性比军用毒剂差。军用毒剂作用于人体，能使人员迅速中毒甚至死亡，而放射性沾染的作用很慢。

（2）不像生物战剂那样有传染性。生物战剂不但能使接触上的人生病，而且病人又是一个传染源，会继续扩大疾病的传染效果，使更多的人得病，而放射性沾染没有传染性。

（3）放射性无法改变和消灭。军用毒剂和生物战剂都能用消毒剂消除其毒性，使其失去对人员的危害能力。而放射性沾染是放射性原子核按其特有的衰变规律放出射线所引起的危害。无法用一般的物理、化学或其他方法改变其固有的衰变规律，更无法消灭其放射性。洗消只是把放射性沾染的落下灰或感生放射性粒子转移到另一个地方，使其不能对人发生作用。对于物体本身受中子照射后产生的感生放射性，只有把它置于远离人员的地方，让它自然衰变到规定标准以下，再重新启用。

（4）穿戴个人防护器材不能完全免除伤害。军用毒剂、生物战剂可以用防毒面具、口罩等防护器材来防护，使人员免受其害，而在沾染区活动。穿戴防护器材只能防止放射性沾染物沾染皮肤和侵入体内，却无法阻止其放出的γ射线穿透人体而对其造成损害。

3. 放射性沾染对人员杀伤的途径

放射性沾染对人员杀伤有三种途径。

1）体外照射

人员在沾染区活动或者接近严重沾染的物体时，人体即使没有直接与放射性物质接触，也会由于放射性物质放出的射线作用于人体而受到损伤，这就是放射性沾染对人员体外照射的伤害。

放射性沾染通过体外照射途径对人体造成损害，主要是由放射性物质放出的γ射线造成的。β射线虽也有一定的伤害作用，但份额不大。这是因为虽然沾染地域地面β辐射比γ辐射量要大，但是β射线的贯穿本领比γ射线要弱得多，大部分β射线都能被鞋、服装和空气层所吸收，所以我们对体外照射途径引起的伤害一般只考虑γ射线的贡献，而对β射线忽略不计。只有当人员卧倒在严重沾染的地面，地面上的β射线才会对人员暴露皮肤或薄层衣服覆盖下的皮肤产生一定的附加伤害。

放射性沾染通过体外照射对人员造成杀伤主要有以下方式：

（1）人员徒步或乘车通过地面辐射水平较高的地段，受到了超过战时体外照射剂量限值的γ射线照射。

（2）人员在没有屏蔽或屏蔽不良的情况下，在沾染地域停留时间过长，会受到 1 Gy 以上的吸收剂量照射。

（3）在严重沾染的物体(如受到强烈感生放射性沾染的坦克、火炮等)内或其附近停留时间过久，也能因过量的γ射线照射而受到伤害。

放射性沾染放出γ射线对人员造成的体外照射伤害，最终的表现形式与早期核辐射对人的杀伤相似，也是发生急性放射病。根据人员在沾染区所接受的吸收剂量大小，放射性沾染引起的急性放射病也可以像早期核辐射所引起的急性放射病那样分成轻度、中度、重度、极重度四级，各级放射病的症状和对战斗力的影响已列于第四章。

放射性沾染引起的辐射损伤与早期核辐射相比还有一些特点，如：

（1）核辐射类型有差别。放射性沾染引起人员急性放射病的致伤因素主要是全身性的γ射线体外照射。周围环境中放射性物质放出的高能β射线，有时也可构成全身性的体外照射(有人形象地称此为"β浴")，但因β射线穿透能力弱，仅作用于体表，造成皮肤β射线灼伤。而早期核辐射的成分则包括γ射线和中子流两部分。一般来说，当量为 500 kt 以上的核爆炸，在致伤的剂量范围内，主要是γ射线，随着当量减小，中子成分所占的比例逐渐增大，至千吨级时，中子剂量可占总剂量的 50% 以上。即使都是以γ射线为主的损伤，由于γ射线能量不同，效应也有所差别。

（2）放射性沾染辐射致伤的作用时间较长。早期核辐射是瞬间作用于人体，主要能量集中在爆后 1～2 s 内放出，而放射性沾染的作用是长期的，剂量累积的进程较慢。

（3）照射时的几何条件不同。早期核辐射是从爆心的一侧作用于人体，而放射性沾染是由地面发出的 γ 射线从四周作用于人体的。这种不同的照射几何条件导致了体内吸收剂量的分布不同。放射性沾染的照射条件导致人体内吸收剂量的分布呈近似同心椭圆形（人体躯体中部截面为椭圆形），以躯体中心的吸收剂量最低；早期核辐射的照射方式导致吸收剂量分布呈侧向性，面向爆心一侧最高，背向爆心一侧最低。人体吸收剂量最低值与最高值之比，放射性沾染为 84%，早期核辐射为 62%，这是由于 γ 射线能量、照射几何条件，以及躯体本身对射线的屏蔽作用等因素不同所致。

由于这种体内吸收剂量分布上的差异，若用体表胸前佩戴的个人剂量计测得的读数来估计人员吸收剂量时，应该引入不同的修正系数，才能根据读数估计出机体可能受到的损伤程度。以骨髓吸收剂量为计量标准时的修正系数 K_g 和以躯体中心线吸收剂量为计量标准时的修正系数 K_q 可用下式表示：

$$K_g = \frac{D_j}{D_g} \tag{6-3-1}$$

$$K_q = \frac{D_j}{D_q} \tag{6-3-2}$$

表 6-3-4 为用佩戴在胸前测得的剂量计读数 D_j，求骨髓吸收剂量 D_g 和躯体中心线吸收剂量 D_q 时的修正系数 K_g 和 K_q 值。

表 6-3-4 K_g 和 K_q 值

受照时几何条件	胸前佩戴位置朝向	K_g	K_q
一侧照射	朝向爆心	0.79	0.91
一侧照射	背向爆心	0.53	0.62
四周照射	朝向不限	1.28	1.44

（4）复合作用不同。受到早期核辐射作用的人员，通常会受到光辐射、冲击波的伤害；而受到放射性沾染 γ 射线体外照射的人，则有时可能还伴有皮肤 β 射线灼伤和体内照射。美国 1954 年 3 月 1 日的氢弹装置试验，受到放射性沾染伤害的人员均受到了 γ 射线体外照射、皮肤 β 射线灼伤和体内照射的伤害。放射性沾染的复合作用见表 6-3-5。

表 6-3-5 放射性沾染的复合作用

受害者分类	人数	离爆心距离/km	照射开始和结束时间/h(爆后)	γ 射线体外照射/cGy	皮肤 β 射线灼伤伤情/度	估计体内沾染的剂量/(Bq×10⁷)
日本渔民	23	145	3.4～336	270～440	Ⅰ～Ⅲ	5.55～46.3
朗格拉普岛居民	64	169	5～50	175	Ⅰ～Ⅲ	11.1
艾林吉纳埃岛居民	18	161	5～58	69	Ⅰ～Ⅱ	5.55
朗格里克岛美军	28	242	6.8～(28～34)	78	Ⅰ	2.78
乌提里克岛居民	157	480	22～(55～78)	14	—	—

2）皮肤 β 射线灼伤

人员在沾染地面上活动时，放射性尘土或落下灰沉积于体表或皮肤，受到 β 射线的直接作用所造成的皮肤辐射损伤，称为皮肤 β 射线灼伤。

决定能否发生皮肤 β 射线灼伤的主要因素是皮肤受照的剂量，它取决于体表的沾染水平和皮肤的受照时间。其他如沾染粒子的理化性质、人员活动情况与体表状态（皮肤厚薄、部位、是否有伤口、湿度等）对皮肤 β 射线灼伤也有一定影响。

在落下灰沉降过程中引起的人体沾染，其沾染水平通常十分严重。沾染水平与落下灰在该地区的沉降量有关，通常爆后 1 cGy/h 的地区，落下灰的沉降量为 3.7×10^9 Bq/m²，它相当于 3.7×10^5 Bq/cm²。但由于落下灰沉降在人的暴露的皮肤上，不可能全部滞留在皮肤上而不掉落，故皮肤上的沾染量必然大大低于 3.7×10^6 Bq/cm² 的值。而且落下灰颗粒越大，落在皮肤上的落下灰越容易掉落，故即使地面辐射水平相同，在爆区、云迹区等不同的地方，沾染水平也不会完全相同。

一般认为，颗粒大的不易滞留，颗粒小的则较易滞留。在离爆心同一距离的云迹区上，热线附近落下灰沉降时，大颗粒多一些；而离热线较远的地方，小颗粒则多一些，故体表沾染水平高，这是因为小颗粒落下灰在体表滞留的百分数要大些，滞留的时间也长些。

表 6-3-6 列出了在正常温度和湿度条件下，50～1000 μm 的落下灰粒子在人体皮肤表面上预计滞留的时间。由于未给出其他条件，所以仅供参考。

表 6-3-6　粒子在人体皮肤表面预计滞留时间

粒子直径/μm	50	100	300	600	750	1000
滞留时间/h	6.8	3.5	2.7	2.2	2.1	2.0

在落下灰基本沉降完后再进入沾染区活动时，人体也会受到沾染，但沾染水平要比沉降过程中引起的沾染轻得多。

人员皮肤沾染水平达 3×10^8 Bq/cm²，持续照射 1 d，皮肤吸收剂量将超过 6 Gy，就会引起皮肤 β 射线灼伤。

皮肤 β 射线的灼伤程度的划分，与一般热烧伤类似，也采用"三度四分法"，但二者有本质上的差别：普通热烧伤，在受热力作用后皮肤立即出现病变，而皮肤 β 射线灼伤则有潜伏期，潜伏期长短与皮肤受照的吸收剂量有关。

（1）皮肤灼伤的症状。

皮肤 β 射线灼伤的主要症状如下：

皮肤受到严重沾染后最初 1～2 d 内，感到皮肤刺痒和灼热感，亦可波及眼睛引起流泪。损伤较重处可见红斑，也可能被自然肤色所掩盖。初期症状一般在几天内消失，潜伏期自数天至数周不一，与皮肤吸收剂量有关：剂量越高，潜伏期越短。一般在照射后 10～20 d 症状加重，出现第二次红斑，有明显的色素沉着，形成斑疹和丘疹等。轻度病变仅引起瘙痒和灼热，浅表性脱屑由中心向外扩展，形成色素脱落区，一周左右后色素又逐渐再沉着，并转愈。吸收剂量大的可产生水疱和溃疡、疼痛感，可引起继发性感染，需较长时间才能愈合，并留下不同程度的皮肤萎缩和疤痕。这些疤痕薄、软、发痒，而且有反复感染化脓的趋势，但不会形成光辐射烧伤引起的那种疤痕疙瘩。随着病变发展，可发生毛发脱落。头发比其他毛发对射线更为敏感。脱发始于照射后两周左右，约一个月发展成斑秃。如果毛囊吸收剂量不很高，照后二至三个月毛发开始再生。新生毛发多为主干，粗硬，周围无绒毛，色变白。照后五至六个月有的可恢复到正常的色泽、纹理和密度。若此时不能恢复，就可能发生永久性脱发。

创面受大剂量 β 射线照射后，或者长期反复溃烂感染可导致难以愈合。真皮内血管的损伤可引起血液循环障碍、皮炎复发或慢性顽固性溃疡。通常可见皮肤萎缩、角化亢进、疤痕形成和血管壁增厚等现象。

参考美国氢弹试验事故中马绍尔群岛居民受落下灰沾染后皮肤 β 射线灼伤临床表现的材料，可以了解到人体体表各度皮肤 β 射线灼伤的临床特点，见表 6-3-7。通常皮肤受到 β 射线照射的剂量为 8～16 Gy 时，可发生Ⅰ度损伤，16～25 Gy 可发生Ⅱ度损伤，25 Gy 以上可发生Ⅲ度损伤。

表 6-3-7 各度皮肤 β 射线灼伤的临床特点

分度	初期反应	假愈期	反应期	恢复期或慢性期
Ⅰ	多在受照后 48 h 内出现红斑、肿胀、麻木、灼热、疼痛等，但应注意初期红斑有时不出现或暂时性出现，也可不伴其他症状	2 周以上	出现棕褐色毛囊丘疹，毛发脱落，红斑再现。自觉肿胀、麻木、疼痛	持续 2～4 周。可有色素沉着，皮肤脱屑角化等，愈后良好
Ⅱ		1～2 周	形成水疱，重者可融合成大疱，水肿明显，红斑再现，深浅不一，汗腺和皮脂腺分泌减少，自觉疼痛剧烈。伴有轻度全身症状	持续 1～2 个月，水疱逐渐吸收，创面愈合，脱屑角化，色素沉着，一般愈后良好。但也可稳定一段时期后转入慢性期，出现毛细血管扩张、角化、疤痕或皲裂等病变
Ⅲ		1 周内或无明显假愈期	在红斑、水疱基础上，创面出现溃疡甚至坏死，汗腺及皮脂腺破坏，患部疼痛剧烈，全身症状较重	持续半年或更长时间。皮肤损伤有所恢复，但表现为相对稳定后转入慢性期变化，如明显的毛细血管扩张、不同程度的出血斑、角化过度、疤痕、皲裂、皮肤变薄、渗液或反复出现溃疡

（2）皮肤被 β 射线灼伤的损伤特点。

皮肤 β 射线灼伤的损伤特点如下：

① 由于人的皮肤直接受到落下灰沾染，或者接触了严重沾染的物体才能引起皮肤 β 射线灼伤，因此这种皮肤损伤通常出现在人体的暴露部位，如手、面部、颈部、易积垢、多汗的部位（如头部、腰部、腋窝、肘前窝等处）。如果赤脚在沾染地面上行走，脚部也会受到严重伤害，但若穿鞋，鞋子能挡住 β 射线，所以脚部的损伤就不会太严重。

落下灰落到皮肤上后，它的放射性活度会迅速衰减，故皮肤所受到的 β 射线吸收剂量主要来自最初一段时间的照射，因此如果在沾染区行动，能够经常对暴露皮肤和易积垢的部位进行及时洗消（或掸拂）就能很好地防止皮肤 β 射线灼伤。

② 受照后不立即发病。皮肤 β 射线灼伤有潜伏期，在潜伏期内症状虽然暂时消失，但

病变仍在继续，不可忽视。

③ 损伤虽较浅，但辐射损伤不易愈合。落下灰的 β 射线，平均能量为 0.1 MeV 的 β 粒子数占辐射粒子总数的 50%～80%。这种能量的 β 射线，在人体组织中的半值层厚度约 0.08 mm，其能量均为表皮所吸收，可引起表皮灼伤，因此皮肤 β 射线灼伤一般是浅表的。其余 20%～50% 平均能量为 0.6 MeV 的 β 粒子，在组织中的半减弱厚度为 0.8 mm，因此也可以引起真皮损伤。但因毛囊对射线较为敏感，即使在表皮和真皮浅层组织已遭破坏，深层组织尚正常时，毛囊仍可全遭破坏。而烧伤要达到 Ⅲ 度烧伤时，毛囊才能全部被毁。皮肤 β 射线灼伤虽较浅表，但由于血管损伤引起营养障碍，若再继发感染，则可反复发生溃疡，经久不愈，并累及皮下组织、肌肉甚至骨膜。

④ 皮肤 β 射线灼伤程度与落下灰成分有关。

由于落下灰形成过程中的"分凝"现象，使得爆后不同时间、大小不同的颗粒中所含的放射性核素不同。落下灰中可溶性成分占 10%～20%，如果遇到出汗的皮肤，落下灰就能较牢固地粘在皮肤上，可溶性的放射性核素被汗液溶解，被正常皮肤吸收。例如，^{131}I、^{32}P 可透过未损伤的皮肤，而 ^{89}SrCl 溶解后被皮肤吸得更快，可达沾染量的 10%，而且主要是在沾染后的最初 10～30 min 内吸收的。如果皮肤受到外伤，落下灰中的某些放射性核素就更易被溶出、吸收而进入血液中去。

有的放射性落下灰还会对皮肤或黏膜起刺激作用和腐蚀作用。例如前述美国在珊瑚岛上的核爆炸，产生的落下灰是氧化钙，对皮肤、黏膜有明显的刺激、腐蚀作用，可引起皮肤、黏膜刺痛，眼睛流泪，加重了皮肤 β 射线灼伤的程度。

3）体内照射

人员在沾染环境中活动时，由于没有采取必要的防护措施，吸入了沾染的空气、饮食了有沾染的食物和水都能使放射性物质侵入人体内部；有时大量放射性物质落在皮肤的伤口上，放射性物质中的某些核素被溶解、吸收进入血液，也可进入人体。这种放射性物质通过不同途径进入人体，沉积于某些特定器官分布全身，在体内发出射线对人员造成的损伤，就是放射性沾染的体内照射损伤。

体内照射的损伤主要是放射性物质放出的 β 射线引起的，这是因为射线的电离本领比 γ 射线要强，β 射线能使内部组织造成严重损伤。α 射线的电离本领虽然比 β 射线强得多，但由于落下灰中未能裂变的核装料含量很少，而且半衰期很长，放射性活度极小，可略而不计。

通过饮食造成的体内沾染是体内照射的主要原因。因为通过饮食进入体内的沾染量，一般要大于通过呼吸和通过皮肤、伤口吸收进入体内的沾染量。

地面核爆炸时，下风云迹区暴露存放的粮食、蔬菜、水果等沾染都很严重，如果不经洗消或洗消不彻底就食用，就会造成体内沾染。如果食物和饮水是从沾染区外带入的，由于包装较严密，沾染一般不会很严重。前述内容是在云迹区 2.5 cGy/h 地区野炊的试验，明确了按陆军一类灶标准，吃入放射性沾染物量不会超过 3.7×10^4 Bq，所以是"允许"的。

空爆时，地面沾染较轻，扬起的尘土，其放射性比度很低，即使误食也不能达到对人致伤的程度。例如某次万吨级空爆时，坦克通过爆后 1 h 地面辐射水平为 7.3 cGy/h 的爆心投影点，扬起的尘土，其放射性比度仅为 1.3×10^7 Bq/kg，每克只有 1.3×10^4 Bq 的活度。可以设想，一顿饭中不可能吃下去几克尘土，而且扬入饭菜中的尘土粒子直径达到几百微米时，在咀嚼过程中很容易感觉到而被吐出，所以估计可能食入量时只考虑小粒子的放射性比度。

放射性核素落下灰或感生放射性尘粒经口食入后，在胃肠道内的吸收率取决于放射性核素的物理状态及其放化组成中阴离子（I、Mo、Te 等）的含量。落下灰的放化组成及其在胃肠道的吸收率和尿排出率见表 6－3－8。

表 6－3－8 落下灰的放化组成及其在胃肠道的吸收率和尿排出率

落下灰种类	占总放射性活度的百分数/%			胃肠吸收/%	尿排出率/%
	阴离子	Zr、Nb、稀土	Sr、Ba、碱土		
地面沉降灰	28	64	8	6	2
空中灰	35	49	16	15	7
空中灰水溶液	53	38	8	30	15

阴离子中 I 和 Mo 在胃肠道内的吸收率高，分别为 100% 和 80%；碱土元素中 Sr 和 Ba 的胃肠道吸收率分别为 30% 和 5%；而 Zr、Nb、稀土等元素在胃肠道内很难被吸收，其吸收率仅为 0.01%。

被机体吸收的放射性核素在体内分布是不均匀的，这是由它们的化学性质上的差异和机体组织器官代谢的特点所决定。早期落下灰主要蓄积在甲状腺、骨骼、肝脏等器官，但几乎所有组织均能检出放射性。表 6－3－9 列出了大鼠口服落下灰水溶液后体内的存留量，从表中可以看出：落下灰在胃肠道内存留量低，因而在体内的存留量较低，一般仅占百分之几。其中存留在骨骼中的核素主要是 ^{89}Sr 和 ^{140}Ba，甲状腺内主要是 ^{131}I、^{132}I、^{133}I，肝脏中主要是 ^{99}Mo。由于落下灰的组成中放射性 I 的含量比较高，落下灰中被溶出的 I 在胃肠道可全部被吸收，在正常人吸收后 24 h 大约有 30% 的 I 沉积于甲状腺，而甲状腺的体积小（正常人为 20 g），所以此处的浓度最高。目前认为，甲状腺是摄入早期落下灰后可能遭受损伤最严重的器官。随着时间的推移，体内沉积的主要成分将是那些半衰期较长的核素。美国某次氢弹试验中，有两只猪在朗格拉普岛上停留了一个月才移出，再经两个月后活杀，发现猪体内绝大部分放射性集中于骨骼，其中 62% 来源于 ^{89}Sr，9.7% 来源于稀土元素，6.8% 来源于 ^{140}Ba，见表 6－3－10。动物实验还证明，食入裂变产物水溶液后 1a～1.5a 期间死亡的狗，体内器官的比放射性活度以骨骼为最高，甲状腺已严重萎缩，90% 的放射性集中于骨骼内。

表 6－3－9 大鼠口服落下灰水溶液后体内存留量

器 官	骨 骼	甲 状 腺	肝 脏
（存留量/食入量）/%	2.87±0.91	1.00±0.04	0.63±0.12

表 6-3-10　受落下灰污染的猪体内的放射性

器　官	β放射性活度/Bq			
	总 β	^{89}Sr	^{140}Ba	稀土元素
骨骼	$1.46×10^5$	$8.97×10^4$	$9.92×10^3$	$1.42×10^4$
肺	21.7	4.0	3.67	9.5
胃	26.7	4.3	10.3	13.3
大肠	233	83	46.7	66.7
小肠	41.7	12	11.5	11.5
肝	483	7.83	4.5	98.3
肾	53	3.0	5.0	10.2
身体其余部分	$7.68×10^3$	—	—	—

　　落下灰食入后 10 d 内随粪便的排出量占食入量的 80% 以上，主要在食后 1～2 d 内排出。随尿排出的放射性总量与食入的落下灰性质有关。食入落下灰水溶液后 8～12 d 前随尿排出的放射性总量为食入量的 5%～16%，而食入近距离落下灰后 10 d 内随尿排出的放射性总量仅为食入量的 1.8% 左右。经鉴定，尿中主要核素是 ^{131}I 与 ^{99}Mo 等。

　　前面对于地面空气的放射性沾染已做过专门的分析。空爆时，地面空气的沾染浓度很低，爆区一般不会超过 370 Bq/m³(0.37Bq/L)，云迹区不会超过 740 Bq/m³(0.74 Bq/L)，加上持续时间不长，故即使不采取呼吸道防护对人员也不会引起明显的损伤。地爆时，由于爆区沉降的落下灰粒径较大，不易在空气中悬浮，所以空气沾染浓度极低，一般在 $1×10^{-2}$ Bq/L 量级，爆区上风方向的空气沾染浓度更低，一般在 $1×10^{-8}$ Bq/L 量级，短时间内有可能达到 $1×10^{-2}$Bq/L～$1×10^{-1}$ Bq/L 量级，云迹区内空气沾染较严重，短时间内有可能达到 $1×10^3$ Bq/L 量级，个别情况甚至会更高，但持续时间最多几小时。所以即使在地面爆炸的情况下，只要注意在落下灰沉降过程中及时采取呼吸道防护措施，一般由吸入空气而造成的体内沾染量是不大的。

　　沉降完毕后，人员、车辆在沾染区活动时，扬起的尘土虽然能使地面空气沾染浓度增大几倍至几十倍，但沾染浓度仍不会很高。从辐射防护的角度来说，人员"允许"在沾染空气中暴露的时间主要取决于 γ 体外照射控制量。这就是说，只要体外照射吸收剂量不超过控制量，不采取呼吸道防护也不致引起严重的伤害。执行体力消耗极大的战斗任务时，可以在控制体外照射吸收剂量不超过战时限值的条件下不采取呼吸道防护，以减轻体力消耗，增强战斗力。

　　人员在呼吸沾染空气时，小于 10 μm 的尘粒才可能通过呼吸被吸入肺内，并产生较多的沉积。大的尘粒在人的鼻咽部最初可沉积较多，但很快通过咳痰、流鼻涕等而被排出。所以落下灰粒径分布是估计吸入性危害的一项重要指标。中比高以上的空爆，10 μm 以下的小颗粒落下灰所占的比例极大，但由于空气沾染浓度很低，可以不去管它；地爆的空气沾染浓度虽高，但粒径为 10 μm 以下的落下灰粒子所占的比例很小，所以通过呼吸进入肺内的放射性物质也不会太多。

虽然一般都认为体内照射损伤的发病原理和本质与体外照射损伤相同，但是，由于体内照射作用的射线种类、能量以及放射性核素在体内所参与的生物代谢过程的特点和机体反应性不同，它和 γ 体外照射相比具有下列特点：

（1）放射性沾染体内照射主要是 β 射线对组织的电离作用，所以主要作用在该核素所沉积的部位。

（2）体内照射持续作用于它所沉积的部位，直至放射性核素被全部排出体外，其作用才停止。

（3）体内照射剂量积累的时间较长。对于相同的剂量，体内照射所产生的机体生物效应比体外照射要小得多，例如，用 γ 射线或 X 光照射所造成的甲状腺损伤要比 [131]I 体内照射所造成的损伤大 10～25 倍。

（4）体内照射的剂量分布是不均匀的。这是由于落下灰中不同放射性核素在体内吸收、分布及排泄等情况是不同的。例如 [131]I 在甲状腺中的剂量要比血浆至少大 1000 倍以上。就主要危害器官而言，分布也是不均匀的，在器官中会形成局部剂量很高的"热点"。由于这个特点，体内照射损伤常表现为主要危害器官的损伤，其他器官很少被累及。例如放射性 I 可严重破坏甲状腺组织，而与甲状腺组织相邻的其他组织却正常。

（5）在生物学上能产生有效作用的放射性核素质量极为微小。落下灰进入人体后，其作用主要取决于它的放射性活度，而与核素的化学毒性关系不大。放射性活度达到 1×10^4 Bq 量级的水平即足以引起生物效应，而具有这样活度的放射性核素的质量却极为微小，见表 6-3-11。

表 6-3-11　某些放射性核素的活度与质量的关系

核　素	半衰期	3.7×10^4 Bq 活度的放射性核素的质量/kg
[131]I	8.06 d	2.16×10^{-15}
[226]Ra	1600 a	2.70×10^{-26}
[24]Na	15 h	3.11×10^{-17}

（6）体内沾染时，体内的放射性核素有些可用药物使其加速排出，而沉积在骨骼中的放射性核素就很难排出。

在核战争条件下，如一次进入人体的放射性落下灰数量较大，可出现与早期核辐射外照射相似的急性放射病。而多数情况是进入人体的放射性物质的量不大，但多次积累，表现为慢性放射病，并具有下列特点。

（1）病程缓慢，分期不明显，无初期反应，没有自觉症状，经过一定潜伏期后，即开始出现症状。潜伏期长短取决于进入体内放射性物质的量，从动物试验和 1954 年美国氢弹试验受害者的资料来看，如果进入体内的量很少，潜伏期便很长，从几个月至数年不等。

（2）可造成明显的局部损伤，常发生在放射性核素积存部位以及进入、排出的途径：眼部沾染，可引起眼结膜炎；经呼吸道进入时，常并发支气管炎、支气管肺炎及肺脓肿等；经消化道进入和排出时，常伴有胃肠道机能失调、口黏膜溃烂、溃疡性胃炎、肠炎及胃肠道出血等，特别是大肠下段及盲肠部分，由于未被机体吸收的放射性物质停留时间较长（18 h～31 h），损伤可能更明显；经表面伤口进入时，会延缓伤口的愈合过程，易并发感染，严重时亦可伤及周围深部组织，形成坏死；经皮肤表面吸收进入时，可引起皮肤β射线灼伤。

（3）可造成明显的选择性损伤。放射性物质进入体内后选择性地蓄积于某些组织器官中，不同核素作用于不同的器官，尤其在慢性内照射损伤时更为突出。例如放射性 I 对甲状腺的损伤，在早期全身症状不明显或很轻微，而在晚期，明显表现为甲状腺机能低下引起的黏液性水肿症状（用于试验的狗，其症状是反应迟钝、不爱活动、食欲减退、毛发粗糙无光泽、颜面水肿、大便干燥等）。美国氢弹事故后 9 a 发现第一例女性甲状腺病变，于事故后 11 a、12 a 甲状腺病变发病率达到最高峰，这些人在当时曾受外照射 175 cGy，落下灰进入胃肠道 1.11×10^7 Bq，其中 ^{131}I 为 2×10^5 Bq ～8.3×10^5 Bq。

落下灰中，亲骨性核素 Sr 能对骨髓造血功能及骨骼造成损伤，亲网状内皮系统组织的核素铈可能引起肝、肺、淋巴结等损伤；亲肾性的核素钌，可引起肾脏的损伤。但是，由于这些核素在落下灰中所占的比例较少，由胃肠道进入时，体内吸收率较低，在体内蓄积的器官体积较大。因此，关于落下灰进入体内而引起的甲状腺以外的其他器官的损伤，尚未见过报道。

（4）体内照射能使机体抗感染能力下降，晚期易并发呼吸道及肺部感染。

根据上面的分析可见：放射性沾染引起的人体体内照射，早期落下灰中所含有的放射性 I 占总放射性活度的 5%～10%，进入人体后，约有 30%I 聚集在体积很小的甲状腺内，使甲状腺受到损伤。由于儿童的甲状腺较小，I 的聚集浓度就更高。放射性沾染引起的体内照射，早期全身症状不明显或很轻微；而远期效应中，目前发现的主要是甲状腺损伤（包括甲状腺萎缩、良性结节和癌）和其他系统的改变轻微。对于体内沾染的人员，如对儿童的观察和防护特别重要。

第四节　对放射性沾染的防护

一、战时核辐射剂量限值规定

战时核辐射剂量限值，不同于平时职业性照射的剂量限值，也不同于战时供民防使用的限值。它是根据军事行动的指导原则，在保证完成军事任务条件下，既要发扬我军指战员一不怕苦、二不怕死的革命精神，又要尽可能使参战人员免受过量的和不必要的照射，以最大限度地保持部队战斗力。

战时核辐射剂量限值按下列要求来制定：（1）受到这种剂量照射后，一般情况下对作战能力无明显的影响；（2）受到这种剂量照射后的人员，可能产生一些轻微的自觉症状和反应，这些症状和反应不需处理，能自行恢复；（3）在一般情况下，不致遗留明显的后遗症。

1. γ射线全身外照射的剂量限值

人员一次（7 d内）全身外照射一般不得超过0.5 Gy，受到0.5 Gy照射以后的30 d内，不得再次接受照射。多次全身外照射的年累积剂量一般不得超过1.5 Gy。

目前，关于小剂量γ射线外照射对人的效应，资料表明：受一次小剂量（通常指1 Gy以下）体外照射后，可能出现以自主神经系统功能紊乱为主的早期临床症状，受照0.25 Gy以下者，一般症状不明显；受照0.5 Gy以上者，少数可能出现头晕、乏力、失眠、食欲下降、口渴等症状，这些症状一般见于照射后几天内，不经治疗可自行恢复。要使一半受照者出现食欲不振、恶心、疲劳、呕吐等症状所需的剂量为1.5～2.2 Gy。血液学改变较为敏感，从群体上看，小于0.1 Gy的受照者一般无血象的改变；0.1～0.2 Gy，淋巴细胞数可能出现波动；0.25 Gy，白细胞和淋巴细胞数低于正常值，但很快恢复；0.5 Gy，白细胞数变化不稳定，要经30～45 d才恢复到照射前水平。要使血小板、淋巴细胞和嗜中性粒细胞等这些血液有形成分计数降低25％，所需的一次照射剂量为0.5～0.8 Gy，降低50％需1.2～1.9 Gy。

国外资料报道的核事故中受2 Gy以下照射后随访观察结果显示，15 a以上，在成年人中尚未发现因辐射作用而引起的晚期造血功能障碍或恶性病患。日本在1945年原子弹受害者受照剂量为0.41～0.8 Gy的48 798人中发现3例白血病，仅比日本全国自然发病率高1倍多。因此可以认为，战时一次受照0.5 Gy后，一般可以继续参加战斗。所以，战时一次γ射线外照射剂量限值定为0.5 Gy是安全的。

由于军事任务的特殊需要，部队或个人所接受的照射不能按剂量限值执行时，指战员可参照表6-4-1中所列的核辐射剂量与损伤效应之间的关系，权衡得失，作出判断，选择适当的剂量水平进行控制，同时应采取相应的医学防护措施。

关于重复照射的问题，动物实验结果表明，接受重复照射1～2次的狗，每次剂量不超过1.5 Gy，两次照射间隔的时间在0.5 a以上，在重复照射后，与单次照射的狗（其剂量与重复照射的狗的最后一次照射剂量相同）相比，其血象变化并不明显。机体对辐射损伤有修复能力，例如，一次受0.5 Gy照射后，早期出现的血象变化，在30 d后已基本恢复正常，再次受到0.5 Gy照射时，一般不会使辐射损伤加重。所以，规定受到0.5 Gy照射后，30 d内不宜再次受到照射。

规定多次照射的年累积剂量限值为1.5 Gy，这主要是根据一次受照1.5 Gy的狗的生物效应和国外核事故人员的临床观察资料提出的。受此剂量后，部分人员可发生轻度放射病，早期外周血象可出现一定程度的降低，如不加处理，以后也可自行恢复到正常，据报道，对受照这样剂量者的观察，有的已达15 a以上，并未见到明显的晚期损伤反应。实验证明，在一定时间内，分次照射的辐射损伤反应较一次受同样剂量照射的反应为轻。所以根据现有资料可以认为一年内多次受照累积剂量限值1.5 Gy，对作战能力不会有影响。

核战争条件下，一般居民受照量不应超过0.1 Gy，孕妇及12岁以下儿童受照量不应超过0.03 Gy。

表 6－4－1　人体受到不同剂量水平 γ 射线照后的反应及医学处理要求

受照剂量/Gy	<0.25	0.25~0.5	0.5~1	1~1.5	1.5~2	2~4	4~6	6~10	10~50	>50
损伤类型	—	放射反应	放射反应	骨髓型轻度急性放射病	骨髓型轻度急性放射病	骨髓型中度急性放射病	骨髓型重度急性放射病	骨髓型极重度急性放射病	肠型急性放射病	脑型急性放射病
早期症状	无明显症状	可能有短暂的头昏、疲乏、恶心、食欲减退等症状，但程度很轻	短时间的头昏、疲乏、恶心、食欲减退等轻微症状	头昏、疲乏、失眠、恶心、呕吐、食欲减退等	头昏、失眠、乏力、恶心、呕吐、食欲减退等	恶心、呕吐、食欲减退、头晕、疲乏、失眠等	较严重的恶心、呕吐、腹泻、食欲减退、头昏、疲乏、失眠等	严重恶心、呕吐、腹泻、全身衰竭、剂量较大时会发烧	长时间严重恶心、频繁呕吐和腹泻（血便），甚至有血水便，全身衰竭	除有前述的症状外，还有共济失调、肌体震颤、抽搐，判断力减退、虚脱或神志不清
照后出现症状时间/h	—	<6	3~6	3~6	<3	2~3	1~2	<1	<0.5	数分钟内
早期症状发生率（受照人数的%）	—	<5	~5	5~50	50~100	100	100	100	100	100
假愈期开始时间/d	—	—	—	≤1	≤1	1~2	1~2	≤2	≤1	—
持续时间/d	—	—	—	>30	>30	20~30	15~25	<10	0~7	—
整愈时间	—	—	—	数周	数周	数月	数月	长期	—	—
丧失战斗力的人数及开始时间	无	无人或极少数人员（不超过5%）作战能力受影响	无人或极少数人员（不超过25%）作战能力受影响，5%人员可能丧失战斗力	半数人员（不超过50%）作战能力受影响，或丧失战斗力	半数人员（不超过50%）作战能力受影响，或丧失战斗力	全部或大部分人员（75%~100%）丧失战斗力	全部人员在第一昼夜内丧失战斗力	全部人员在4h内丧失战斗力	全部人迅速丧失战斗力	全部人员迅速丧失战斗力
预后	良好	良好	良好	不合并其他损伤的人员，一般不发生死亡	不合并其他损伤的人员，一般不发生死亡	不经治疗，在45~60d内，少数人发生死亡	不经治疗，在45~60d内约有半数以上人员发生死亡	不经治疗，在45d内约有80%人员发生死亡	不经治疗，在7~14d内全部人员发生死亡	全部人员立即丧失战斗力，在1~3d内，全部人员发生死亡
医学处理要求	不需处理	不需特殊处理，可自行恢复	不需特殊处理，可自行恢复	症状明显者可对症治疗，个别人需住院治疗	大部分人对症治疗，少数人需住院治疗	大部分人需住院治疗	全部人员需住院治疗	全部人员需住院治疗	全部人员需住院治疗	全部人员需住院治疗

2. 早期放射性落下灰食入量限值

早期放射性落下灰(包括感生放射性物质)通过饮水、食物和药物进入体内的总活度不应超过 1×10^7 Bq。由于军事任务需要，人员在食入 1×10^7 Bq 放射性落下灰后，间隔 30 d 可再次食入 1×10^7 Bq 的放射性落下灰。

人员在沾染地域内较长时间(数天)停留时，空气中放射性落下灰的吸入起始浓度一般不应超过 4×10^2 Bq/L。人员在沾染地域内短时间(数小时)通过或停留时，空气中放射性落下灰浓度限值为 8×10^3 Bqh/L 除以吸入时间(h)的商。

有关早期放射性落下灰经口食入后动物的损伤表现，以及国外对受落下灰意外食入人员长期观察的结果，可以认为：早期落下灰经口食入后引起狗甲状腺功能和器质性改变的食入量可能在 1.11×10^8 Bq 左右，甲状腺受照剂量估计在 10 Gy 以上；食入早期落下灰估计为 1.11×10^8 Bq 的人员，照后 15 a，受照时年龄小于 10 岁者(甲状腺受照剂量为 5~14 Gy)，甲状腺异常化明显地高于对照组，而受照时年龄大于 10 岁者(甲状腺受照剂量为 1.6 Gy)，尚未见此类病变有明显增加。

根据战时核辐射剂量限值的使用对象和要求，规定通过食物、饮水进入人体内的早期落下灰总量应限制在 1.11×10^7 Bq 以下，至少有 10 倍的安全系数。由于狗的甲状腺比人的小，在食入量相同的条件下，人的甲状腺受照剂量要比狗的小数倍；并且实验用的放射性落下灰是水溶液，其放射性核素被吸收的百分率高于固体落下灰，这与实际遇到的落下灰粒子也有差别，故安全系数实际上还会更大。

对于一般居民，核爆炸后 10 d 内的落下灰总食入量不应超过 5×10^8 Bq，孕妇及 12 岁以下儿童的落下灰食入量不应超过 5×10^5 Bq。

剂量限值规定没有专门提及晚期落下灰的食入量限值，这是因为在爆后较长的时间内，放射性活度大大衰减，通过食物、饮水进入体内的落下灰量要达到 1×10^7 Bq 的可能性不大。因而，为便于执行，可不考虑晚期落下灰食入量的限值。

3. 各种物体表面放射性沾染水平限值

放射性落下灰在人员和物体表面上的沾染水平限值见表 6-4-2。

表 6-4-2　放射性落下灰在人员和物体表面上的沾染水平限值

物体名称	β 表面沾染水平限值(Bq/cm²)	γ 剂量率①/(μGy/h)
人体皮肤、内衣	1×10^4	40
手	1×10^4	—
人体创面	3×10^3	—
炊具、餐具	3×10^2	—
服装、防护用品、轻型武器	2×10^4	80
建筑物、工事和车船内部	2×10^4	150
大型武器、装备	4×10^4	250
露天工事	4×10^4	250

注：①为爆后 10 d 内的放射性落下灰沾染；爆后 10~30 d，为表内数值的 2 倍。

一般认为：引起皮肤 β 射线 I 度灼伤（红斑或干性脱屑）所需的阈值剂量为 6 Gy。根据有关资料推算，体表受到 8.14×10^4 Bq/cm² 的早期落下灰无限薄层（即源本身无自吸收）沾染后，表皮基底层（皮下 0.07～0.12 mm 处）受持续照射 1 d 的剂量达 6 Gy。取这个数的 1/10，即约 1×10^4 Bq/cm² 作为皮肤沾染水平限值。事实上，沾染皮肤的落下灰不是无限薄层，而是颗粒状源，其致伤剂量为几分之一至二十几分之一，所以 1×10^4 Bq/cm² 有较大的安全系数。内衣与皮肤采用同一限值，是因为内衣与皮肤紧密相贴。

手的沾染水平限值以手上的沾染物经口进入体内的可能性来考虑。采用落下灰食入量限值的 3%（即 3.3×10^4 Bq）作为制订手表面沾染水平限值的依据。

一般服装、防护用品、轻型武器、建筑物、工事和车船内部，它们不是与体表紧密接触，但与人体接触的机会又较多，沾染物体放出的 β 射线作用于体表前常被空气、衣服等吸收而显著地减弱，因此取人体皮肤沾染水平限值的一倍作为这些物体沾染水平限值具有相当的安全系数。大型武器、装备、露天工事表面与人体接触的机会较少，一般每天只有数小时，直接接触的部位主要是手，这类物体表面固着性沾染通常只占原始沾染水平的 20%～30%，所以取相当于人体皮肤四倍的沾染水平作为其限值是适宜的。

核爆炸后，在沾染区的人员可能会同时接受各种方式的内、外复合照射。由于在制订各种方式照射的限值时均留有相当大的安全系数，因此尽管人员同时受到了各种方式的照射，只要每种照射方式均不超过限值，复合照射就相对安全。

二、γ 射线体外照射伤害的防护

从放射性沾染对人体伤害的几种途径分析已知人员辐射致伤的主要因素是 γ 射线的体外照射。如果 γ 射线体外照射不足以致伤的话，体内照射和皮肤 β 射线灼伤的因素也不致产生明显损伤，所以人员在沾染区活动，最重要的是防止人员受到 γ 射线体外照射的伤害。对体外照射防护的基本原则：减少接触放射性物质的时间；加大与放射性物质的间隔距离；在人体与放射性物质之间设置屏蔽以削弱核辐射。

部队对于体外照射的防护措施具体如下：

1. 实施辐射侦察，做到心中有数

核爆炸后，首先可根据核观测哨所得的参数，结合当时的气象条件估算、预测放射性沾染的情况，组织防护。但放射性沾染的预测受气象条件影响极大，具有较大的不确定性，所以要真正掌握核爆后的放射性沾染情况，必须进行实地的辐射侦察。辐射侦察的任务是及时发现放射性沉降，查明地面、水域、空间和重要军事目标的沾染水平和范围，为指挥员组织部队防护和在沾染区的行动提供依据。

实施辐射侦察，应该在已掌握的核爆炸情况基础之上进行。对核爆炸地域的辐射侦察，一般应知道核爆炸方式、当量和爆心投影点的位置，这些参数均可从核爆观测哨获得。对云迹区实施辐射侦察时，应该根据预测的沾染方向，在放射性烟云形成的沉降基本结束后进行。侦查前应根据上级给予的辐射侦察任务，结合已掌握的情况及当地的地形特点，在地图上初步确定侦察的路线和预计测点位置。

辐射侦察的具体实施，一般是通过一条路线上若干点的测量，来获取部队行进道路上的沾染情况；通过对若干条路线的辐射侦察，来获取部队行动地域内的沾染分布情况。当

保障部队通过时，主要是查明和标志行进路线上的沾染前界和后界、各交叉路口、明显目标、重要目标的地面辐射水平（注明测量时间）。当辐射水平高于任务规定值时，应该寻找辐射水平低的路线以避开高辐射水平地区。当保障部队在行动地域辐射侦察任务时，除了查明和标志道路的辐射情况外，还应该对不在道路附近的重要目标、最高辐射水平进行查明和标志，必要时可下车实施徒步侦察，以便进一步查明情况。

辐射侦察一般是乘坐汽车（防化侦察车、吉普车、卡车等）实施，对高辐射水平地域的侦察应乘坐坦克或装甲输送车进行。由于车体对 γ 射线的削弱，仪器在车内测出的地面辐射水平会低于徒步测量值，故乘车辐射侦察应该求出"车体削弱系数 K_c"进行校正。

实测车体削弱系数 K_c 的方法具体为：在沾染区内选择地面辐射水平 $\dot{D}$ 为 $2 \sim 5$ cGy/h，地形比较开阔的地方停车。先在车内测一次，得 $\dot{D}_c$，然后下车，让车开走，再在无车体屏蔽条件下测一次，得 $\dot{D}$。两次测量结果之比，即为 K_c：

$$K_c = \frac{\dot{D}}{\dot{D}_c} \qquad\qquad (6-4-1)$$

求得 K_c 后，以后就不必每次下车测量了，只要把车内测得的辐射水平 $\dot{D}_c$ 乘以 K_c 即得该处的地面辐射水平

$$\dot{D}_c = \dot{D} \times K_c \qquad\qquad (6-4-2)$$

如果辐射侦察是使用防化侦察车或专用的侦察车实施时，由于这种专用侦察车的探测器（探头）是装在车体外的，所以测得的车外辐射水平不必乘以车体削弱系数。

为了迅速查明大面积的放射性沾染情况，有时要派出乘坐飞机的航空辐射侦察组或使用无人机进行辐射侦察，航空辐射侦察具有侦察速度快、灵活机动、能减少侦察人员的受照剂量等优点，适宜于完成大面积快速辐射侦察任务。但是，由于航空辐射侦察是在天空中测量，在每个测点的"定位"不如地面乘车侦察那么准，高度校正也比较复杂，所以航空辐射侦察所得的测量结果，精度比地面乘车辐射侦察要低。

辐射侦察时应对沾染区进行标示，不论用制式的标志器材或简便标志器材，必须标明：（1）辐射水平；（2）测量日期和时间；（3）核爆炸日期和时间。标志牌正面应朝向非沾染区或沾染较轻（地面辐射水平较低）的方向，在城市、居民地侦察时，也可用油漆、颜料、石灰水等把测得的辐射水平，测量日期、时间，核爆炸日期、时间等写在显眼的广告牌上或墙壁上。由于放射性物质的活度会不断衰减，测出的辐射水平在标志好以后，随着时间的推移，辐射水平会逐渐下降。因此，负责该地区的部队，要定期修改标志或挪动标志器材。

认为不标志放射性沾染区对军事行动有利时，则不标志。但一定要采取积极措施，向有可能进入沾染区的部队和友军发出通报，避免有人误入沾染区。

2. 控制吸收剂量，避免严重的辐射损伤

根据辐射侦察结果，对进入沾染区的部队明确每次任务的控制剂量。控制剂量是根据进入沾染区执行任务的目的和重要性，被派入沾染区执行任务的部队或个人过去受照的情况（已经受过多少照射），后续任务是否会受到照射，部队当前的健康、休整情况等综合考虑后提出。控制剂量是每次任务所容许接受剂量的限额，一般不得大于战时核辐射剂量限值。

提出控制剂量值，只是控制进入沾染区人员吸收剂量的第一步，要确保人员不受超剂

量照射的关键在于实施剂量监测。实施剂量监测的工作，通常有：（1）发放剂量器材（剂量笔、剂量玻璃、热释光片等）；（2）登记吸收剂量；（3）统计并上报；（4）保存剂量档案等。

3. 避开高辐射水平地区，推迟进入沾染区的时间

遇到辐射水平很高的地区，如爆区的不规则区、剧变区或近云迹区内的"热区"、"热点"，应找出绕行路，宁可多走路也不要穿过它。因为辐射水平很高的地区，通常面积不大，剧变区的半径也不过 1 km 左右，通常是可以绕过的。对于不能绕行的高辐射水平地区，在不影响执行战斗任务的条件下应该尽量推迟进入时间，等辐射水平衰减到一定程度后再进入。

4. 尽量缩短在沾染区停留的时间

人员在沾染区停留的时间越长，受到的 γ 剂量越大。人员在沾染区停留时受到的 γ 吸收剂量叫作停留剂量。停留剂量 D_d 的大小与进入沾染区时的地面辐射水平$(\dot{D}_0)$和在沾染区停留的时间有关，可用下式表示：

$$D_d = \int_{t_1}^{t_2} \dot{D}(t)\,dt \tag{6-4-3}$$

由于地面辐射水平$(\dot{D}_0)$是随时间衰减的，故在爆后时间 t_1 进沾染区、爆后时间 t_2 出沾染区的时间内，所受到的停留剂量 D_d 为

$$D_d = \int_{t_1}^{t_2} \dot{D}(t)\,dt = \int_{t_1}^{t_2} \dot{D}_0 \left(\frac{t_2}{t_1}\right)^{-1.25} dt$$

$$= 4\dot{D}_0 t_1 \left[1 - \left(\frac{t_1}{t_2}\right)^{0.25}\right] \tag{6-4-4}$$

从式(6-5-4)可以看出：在沾染区停留的时间越短$(t_2$ 与 t_1 相差越小)、$\dot{D}_0$ 值越小，则 D_d 值必然越小。如果在沾染区停留的时间不长，计算 D_d 也可用下式估计

$$D_d = \dot{D}_0 (t_2 - t_1) \tag{6-4-5}$$

执行一项需较长时间停留在沾染区才能完成的任务时，为了减少人员的受照剂量，应适当地组织换班。但换班作业，不等于要均摊吸收剂量。如果少数人能够完成的任务，绝不要让更多的人员换班去执行这项任务。只有在用一批人员去执行这项任务时会超过战时核辐射剂量限值时，才组织换班，让几批人员去完成这项任务，使之不发生急性放射病。

5. 屏蔽、削弱 γ 射线

任何物质的屏蔽，都能在不同程度上削弱 γ 射线。由于地面放射性沾染放出的 γ 射线，平均能量低于早期核辐射的 γ 射线，所以屏蔽效果会更好。一些常用的屏蔽材料削弱放射性沾染 γ 射线的半值厚度列于表 6-4-3 中。

表 6-4-3 对放射性沾染 γ 射线的半值厚度

材　料	木　材	塑　料	土　壤	砖	混凝土	钢	铅
半值厚度/cm	21.5	10	8.5	7.0	5.5	1.8	1

屏蔽体对放射性沾染的 γ 射线的削弱效果较好，通过沾染区，最好能乘坐具有一定防

护效果的车辆，如果乘装甲输送车、坦克通过，就能大大减少受照剂量；在沾染区执行任务时，尽可能利用地形的掩蔽性能及掩体、地下掩蔽部、山洞、建筑物等来防护。

如果在部队驻地，事先没有接到预报，突然遭到严重的放射性沾染，指挥员在没有弄清情况前，应该立即要求全体人员就地掩蔽，有工事的立即进入工事；如无工事可利用，则应立即挖掩体、崖孔等简易掩蔽体，并逐步加深，切忌乱跑。因为地面辐射水平很高时，在地面上多耽误几分钟也是危险的。例如，地面辐射水平为 60 cGy/h 时，停留 1 min 便会接受 1 cGy 的照射。更因为情况不明时盲目行动，可能会误入辐射水平更高的区域。所以，遇到这种情况，首先是掩蔽，并及时派出辐射侦察分队，弄清情况后再行动；无能力派辐射侦察组时，应一边组织掩蔽，一边向上级汇报情况。

掩体因为低于地面四周且有防护层，所以能够削弱 γ 射线，减少人员在沾染区内受照的剂量。用电子计算机(蒙特卡罗法)计算了均匀分布的沾染地面 γ 辐射场，离地面高约1 m处 γ 辐射水平的能谱—角分布(爆后 1 h)，见图 6-4-1。

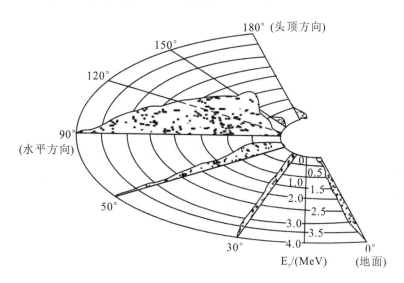

图 6-4-1　离地面约 1 m 处地面辐射水平的 γ 能谱—角分布

从图中可以看出：在 90°方向(水平方向)到达的 γ 射线份额最大；在水平线的 20°内占 80%，80°~90°内约占 50%，主要是直射的 γ 射线；在小于 90°内，γ 射线能量在(0~3.5)MeV 的范围，主要是落下灰具有复杂能谱，而来自水平线以上(大于 90°)，则是经过散射软化的 γ 射线，因为散射角越大，γ 射线散射后损失的能量越大，到达受体的能量便越小，从图中可以观察到随角度增大，能量有所降低。

在落下灰场内，单人掩体(半径 0.61 m，深度 1.5 m)中心处 γ 射线辐射水平的能谱—角分布，见图 6-4-2。

从图中可以看到主要的 γ 射线来自头顶(180°附近)，这些 γ 射线都是散射后射来的，主要能量在 0.5 MeV 以下；在 120°~150°间有一些高能成分，是穿透掩体表面直射进来的 γ 射线，但份额很小。单人掩体内的辐射水平约为离地面 1 m 处的百分之一。

表 6-4-4 列出了地面核爆炸时爆区、云迹区内各类掩蔽物对 γ 射线的削弱系数。

表 6 - 4 - 4 　各类掩蔽物对 γ 射线的削弱系数

掩蔽物种类	削弱系数	掩蔽物种类	削弱系数
掩蔽部(覆土 1.2～1.5 m)	1000 以上	平房、砖房	3～10①
多层(三层以上)建筑物地下室	1000 以上	木房及其他轻型建筑物	3 以下
重型砖石结构住宅的地下室	250～1000①	有覆盖物的土沟和堑壕	40
木屋和砖石结构住宅的地下室	50～250①	除沾染后的土沟和堑壕	20
两层楼房	20	土沟和堑壕	3

注: ① 数值范围中,小的数值表示靠近入口、窗户等位置的削弱系数,大的数值是指离通道、窗口较远的地方,以及中心部位的削弱系数。另外,由于建筑物结构、墙的厚度不同,削弱系数也有一定的变动。

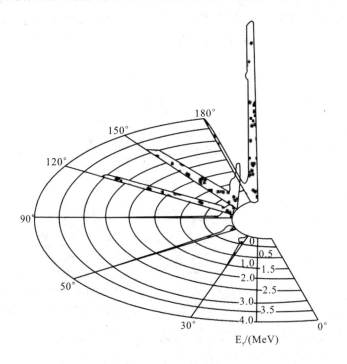

图 6 - 4 - 2 　单人掩体中心处 γ 射线辐射水平的能谱—角分布

车辆的底盘、车壳一般都是钢铁材料制成,对 γ 射线有一定的削弱能力。不同车辆由于壳体的材料、厚度、结构不同,对 γ 射线具有不同的防护能力。

6. 铲去人员停留地点周围的表层土壤

人员在开阔地面上所受到的 γ 射线照射,主要是由近处地面的落下灰释放出来的。位于开阔地面 1 m 高处的辐射,其中 50% 是来自半径 8～15 m 范围内的地表沾染物;75% 来自 30～70 m 范围内的地表沾染物。若将这些沾染物除去,便会降低该处的辐射水平。

从地面辐射水平角分布理论计算可知,离地面 1 m 处的 γ 射线辐射有 50% 来自以此点为中心的 6 m 半径范围内(80.5°),75% 来自半径 2 m 范围内(88.6°),90% 来自半径 130 m 范围内(89.6°)。所以,可以认为:辐射水平的主要贡献来自附近 6～10 m 内地表沾染物。

我国核试验的具体实践也证实了这点:某次万吨级触地爆,试验了云迹区火炮阵地地面消除沾染(局部铲土)的效果。在爆后 21.7 h，铲土小分队(6 人和一台车组成)进入离爆心 10 km 的云迹区，辐射水平为 2.5 cGy/h 的地域，当地的特点是砂砾土质，微风，风向西南，铲土时先由上风到下风，铲(6×6) m²，深度为 3 cm，铲土后测得辐射水平为 1.3 cGy/h，沾染物铲除率达 48%；尔后又扩大铲土，铲去(10×10) m² 的表层土，测得辐射水平为 1.25 cGy/h，沾染物铲除率为 50%。作业时，铲得比较均匀，整个作业时间只用 20 min。

这种铲土法对野战工事内人员的防护效果更好。将工事周围 1 m 以内的沾染表层铲除后，工事内的辐射水平可降至 50%～70%。将露天工事侧壁和底部的表层土仔细铲除后，单人掩体内的削弱系数可由原来的 2 升高到 10～15，堑壕内可提高到 8～10。

7. 外照射损伤的药物预防

如因军事任务需要，人员必须接受超过战时核辐射剂量限值才有可能完成任务时，应该在进入沾染区前服用核辐射损伤预防药。从目前已有的研究成果看，核辐射损伤预防药通常只能减轻核辐射损伤，还不能完全防止核辐射损伤的发生。

三、皮肤 β 射线灼伤的防护

要防止皮肤受到 β 射线灼伤，一是要尽量防止落下灰粒子直接沾在裸露的皮肤上，二是发现皮肤被沾染后，尽可能快地进行局部洗消。

在核战争条件下，核观测哨或其他任何人，发现核烟云到达，放射性沉降开始时，应立即报告指挥员，并立即发出警报。听到警报后，除少数值班员或因工作不能进入房屋、工事者外，其余人均应进入房屋、工事或其他掩蔽物下，防止落下灰直接沉降引起人体沾染。户外值班人员则应立即穿上雨衣、斗篷、防护服或使用其他任何可遮盖自己的用具，如雨伞、草帽等，防止落下灰沉降在身上。为了防止吸入沾染空气，应戴上呼吸道防护器材(面具、口罩等)。

在落下灰沉降结束后进入沾染区的人员，为了防止皮肤被沾染，应该穿防护服、戴口罩；搭载坦克行动时，还应披雨衣或斗篷防止扬尘直接沉降。如无这些器材，可在进入沾染区前采取"扎三口"(把领口、袖口、裤脚口等扎紧)和戴口罩等简单防护措施。

在沾染区内行动，一般不要在地上坐、卧，也应避免接触沾染严重的物体。如果是战斗需要，可以做卧倒、匍匐前进、滚进等战术动作，但应抓紧战斗间隙尽快进行局部洗消。及时消除沾在身上、暴露皮肤上的放射性尘土，这对防止皮肤 β 射线灼伤有明显的效果。

在受到落下灰沉降沾染后，撤出沾染区或进入防护工事前，人员都应该进行彻底清洗、更换衣服。人员洗消最好在洗消站或浴室中进行。对于头发、耳朵、脖子等易藏灰尘的地方要注意洗净。洗后，应进行沾染检查，不彻底的应再一次洗消。

四、体内照射伤害的防护

要防止体内照射伤害的发生，关键是切断放射性落下灰或感生放射性核素进入体内的途径。

1. 防止吃入

如果在沾染区停留的时间不长，应该禁止在沾染区吃东西或喝水。如果在沾染区停留时间较长，必须饮食的话，最好吃沾染区外带入的食品。食品包装要密封，外面要用塑料袋包好，在食用时，应不让包装外的尘土沾染食品，在食用前应漱口、洗手，防止手上的尘土带入。对于原先存放在沾染区的食物，应进行沾染检查，经检查确认无沾染，才可食用；若检查发现食物已被沾染，应消除沾染后再食用。在 $2\sim5$ cGy/h 地区，对地面采取铲土法消除沾染后，在帐篷内允许做饭和吃饭。任何活动都必须在没有扬尘条件下进行。离开沾染区后，尽可能进行人员全面洗消，务必使用干净的水漱口，把阻留在鼻咽部的尘土清除掉。

2. 防止吸入

人员在空气沾染的环境中活动时，应该采取呼吸道防护，防止吸入沾染空气。另外，应在人员经常活动的沾染地面上洒水，以防尘土飞扬；通过沾染区时，队形应疏散、侧风行进；车队开进时，车与车之间要加大距离，尽可能并排、侧风行驶，防止前车扬起的尘土落在后车上。

一般的口罩，只要戴得合适，口罩与面部紧密贴合，对防止沾染物被吸入是有较好效果的。几种口罩的防护效率，列于表 6-4-5 和表 6-4-6 中。

表 6-4-5　口罩对地爆近云迹区沉降过程中沾染空气的防护效率

口罩种类	两层纱布夹棉花	两层纱布夹两层军布	两层纱布夹两层毛巾
平均防护效率/%	85	81	77

表 6-4-6　口罩对地爆爆区、云迹区扬尘条件下沾染空气的防护效率

口罩种类	四层纱布夹棉花	十八层纱布	四层纱布夹过滤布	两层毛巾	两层平布	六层纱布
平均防护效率/%	94	92	89	85	80	72

有滤毒通风设备的地下工事或人防工事，能够过滤掉绝大部分空气中的放射性尘粒，因此能够使工事内的人员避免吸入沾染空气。

普通野战工事或民房等建筑物，只要是密闭或基本上密闭的（关好门窗），对空气沾染也具有一定的防护效果（室内空气的沾染浓度一般要比室外低 $1\sim2$ 个量级），但是，当门、窗没有关好时，防护效果就较差（室内空气沾染浓度为室外的 $1/4\sim1/2$）。

行驶中的装甲车辆，车内空气沾染一般较轻，有较好的防护效率，见表 6-4-7。

表 6-4-7　在行驶状态下各型坦克对空气沾染的防护效率

车　　型		防护效率/%
59 式中型坦克	装有滤毒罐	95
	装有增压风扇	80
	无防护装置	65
62 式轻型坦克（无防护装置）		75
63 式水陆两用坦克（无防护装置）		90
T0 水陆两用中型坦克（无防护装置）		60

如无口罩，用手帕、毛巾甚至布条之类的物品捂住口鼻也有一定防护效果。当然，也可用防毒面具来防尘，但最好不要用。因为戴上防毒面具后，虽然对防止沾染空气的吸入和防面部沾染有较好的效果，但戴上面具后视野减小、呼吸阻力增大，对于执行消耗体力的战斗行动影响很大，会大大降低战斗力；其次，防毒面具是防毒必需品，用来防尘后，吸入的大量尘埃能使滤烟层微孔迅速堵塞，呼吸阻力迅速增大，以致使滤毒罐报废。当然，如果确无其他合适的防护器材，临时用一次防毒面具也无不可，但切勿经常用它来防尘，以致要真正用它来防毒时，供给不足。

3. 防止从伤口和皮肤进入

关键是不要让放射性粒子落到伤口和皮肤上。为此，应该及时包扎伤口，披雨衣防止放射性落下灰或感生放射性核素从伤口或皮肤进入人体内，扎"三口"，脖子上也可以围上毛巾等防止尘土沾污内衣和皮肤。发现伤口或皮肤沾有尘土时，应迅速清洗，没有水时，也应该用干擦法局部消除沾染。撤出沾染区后，应去洗消站或天然水源(河、江、海)中洗澡(但应注意水的流向，人在下游进、上游出)，彻底清洗。对于眼、鼻、口等黏膜应特别重视清洗。因黏膜湿润，容易将放射性核素溶出并吸收。

4. 服用碘化物阻断放射性碘在甲状腺体中沉积

当估计可能有体内沾染时，或在进入沾染区前，可服用碘化物(KI等)，一次用药量以100 mg 为宜。用药量少于 2 mgI 时，实际上无效；碘药量为 10 mg 和 50 mg 时的防护效率分别为 $81\pm11\%$ 和 $84\pm7\%$；当碘药量为 100 mg 或更大时，可得到稳定且高水平的防护效果。1.31 mgKI 含碘 1 mg，用药量为 100 mgI 时，防护效率为 $97.5\pm1.5\%$，再增加药量防护效率增加不明显。服用碘化物只能阻断放射性碘在甲状腺体中转化为有机物的过程，而不能阻止放射性碘从血液进入到甲状腺体中，因而防护效率最大只能达到 99%(用药量为500 mgI)，用药量超过 500 mgI 时，可能引起服药者消化不良，所以是不合适的。

五、放射性沾染的消除

1. 对人员全身洗消

对人员全身洗消前，应先实施沾染检查，弄清沾染较重和超过沾染限值标准的部位，以便重点洗消。洗消时先用净水淋浴全身，再用肥皂或洗涤剂擦洗 $1\sim2$ 遍，对手、头、颈、指甲、毛发处要仔细洗刷，还应注意漱口、洗鼻腔和耳窝，最后用净水冲洗全身。洗完后，应进行沾染检查：如仍有未洗净部位，应再次重点洗消，直至合格为止。人员全身洗消通常在洗消站内进行，也可在浴室内进行，夏季可在河流湖泊里洗消。

2. 对服装、装具的沾染消除

1) 干法消除沾染

人员背风或侧风而立，提起受沾染的服装，用力向下甩抖。上提要轻，下甩要重，先轻后重的甩几遍，可将大部分沾染物消除掉。如果有条件，可把衣服等挂在树叉或绳子上，用树枝、细棍等一件件拍打。拍打法比抖拂法效果更好。穿在身上的衣服可自行扫、刷、拍打，可两人一组互相帮助。扫、刷、拍打时应注意风向，并按照先上后下，先外后里的顺序进行。

2）湿法消除沾染

就是用水来清洗受染服装，可以手洗也可用洗衣机洗。为了防止操作人员受到沾染，应戴带袖的橡胶手套、塑料围裙和口罩进行。为了提高清洗效果，可在干式消除沾染后进行。

3. 对车辆、武器、装备的消除沾染

1）扫除、擦拭法

用扫帚、毛刷、布团、草把、树枝等就便器材对沾染车辆、武器、装备进行扫除、擦拭，以降低其沾染程度。如有条件可用水或其他溶剂擦拭表面，效果更好。扫除、擦拭应按从上到下，从上风到下风的顺序进行，并要及时更换擦拭工具。不要用太粗、太硬的树枝来扫，以免损伤装备表面和影响消除效果。

2）水射流冲洗法

利用自动喷洒车或民用水泵，经喷枪喷出具有一定压力的水柱冲洗沾染表面。此法的优点是省时、省力，消除效果较好；污水污物容易控制、处理。缺点是耗水量大，冬季喷枪管道易冻结影响操作；被冲洗的金属部件如不及时擦油保养容易生锈，对于怕水浸的器材（如电器设备）等不能用此法消除沾染。

3）压缩空气吹尘法

利用空气压缩机产生具有一定压力的空气流，经胶管喷枪喷出，清除物体表面的放射性灰尘。此法的优点是消除对象广泛，适用于缺水地区和寒区冬季。缺点是当降水或气候潮湿时消除效果显著降低，而且吹尘易造成洗消场空气和作业人员的沾染。

4）气液射流冲洗法

用淋浴车的蒸气作动力抽水，再混以蒸气，从喷枪喷出蒸气和水的混合射流对物体洗消。优点是对油垢表面的消除效果较好；比水射流冲洗省水，可在严寒冬季实施洗消。缺点是对金属表面冲洗后，如不及时擦油保养，极易生锈；在冬季易造成蒸气弥漫，暴露目标。

5）吸尘器消除法

对于武器、装备中的精密仪表可以用吸尘器来清除放射性灰尘。

6）刷洗法

利用自动喷洒车将水或洗涤剂溶液经喷刷喷到受染物体上，边喷边刷。因物体表面沾染不均匀，洗消时对局部沾染较重的部位重点进行刷洗，可收到较好的效果。如遇大颗粒放射性灰尘卡在槽缝等处经反复刷洗去不掉时，可以对沾染重的凹槽、缝隙采用抠、挖、敲等方法把颗粒弄出来，如仍超过限值，只可暂时不消除，待其自行衰减。

4. 对粮食、蔬菜、水的沾染消除

1）对粮食的沾染消除

可以采用过筛的办法把粮食过筛除去沾染尘粒；加工脱壳的办法适用于受沾染的原粮，如在加工脱壳前过筛，消除率可达99%；用风车吹尘或用簸箕扬尘等消除效果也很好；将粮食在食用前过筛再用水洗，消除率可达98%；对于面粉之类，可采用去掉包装、铲去表层的办法。

2）对蔬蔬、水果、副食等的沾染消除

可用水洗、削皮等方法对蔬菜、水果进行消除沾染；对肉类可用水冲洗，用热水洗效率更高，对沾染部分可采取切除表层后再冲洗，消除率很高。

3）对水的沾染消除

饮水受到沾染后的消除沾染的方法与通常净水的方法类似：用净水剂和絮凝剂促使水中悬浮、飘浮的放射性灰尘沉淀到水底，经澄清后，除去沉淀物，可大大减轻水的沾染；为了提高消除率，可在絮凝沉淀之后，用过滤法除去沉淀，消除率可达 85% 以上；如用野战医院装备的离子交换纯水器对进行水处理，消除沾染率可达 100%，但由于作业量有限，这种设备主要用于制取注射用水；"三防"净水袋是一种较好的净化饮水的器材，其过滤速度为 $10\ \mathrm{L/min} \sim 20\ \mathrm{L/min}$，净化率达 $80\% \sim 90\%$。

粮食、蔬菜、水果、副食和饮水等在食用前必须进行沾染检查，低于限值后，才能食用。如无沾染检查仪器，为了保证安全，应多次反复洗消，以提高消除率，并控制食用量。

5. 对地面、工事的沾染消除

一般只对重要目标才进行地面沾染消除。对没有铺路面的，可用铲土或扫除表层土的办法；对水泥或沥青路面则可用喷洒车或其他设备进行冲洗。工事的沾染消除一般由使用工事的人员实施；如作业量太大，时间紧迫，可以只对出入口、人员长期接触处等个别部位消除沾染。对于空爆爆区，由于沾染是由中子流形成感生放射性所致，则不能采用铲土法消除地面沾染。如果取得到未被沾染的土则可用覆盖土层的办法来屏蔽射线和隔开沾染物，但作业量太大。鉴于感生放射性沾染的面积不会很大，沾染程度也不会很高，对于空爆爆区地面可以不进行地面沾染消除作业。

本 章 习 题

6-1　什么是放射性沾染？为什么说放射性沾染是核爆炸特有的杀伤效应之一？

6-2　放射性沾染有哪些来源？

6-3　试简述落下灰的形成过程。

6-4　什么是分凝现象？落下灰形成过程中的分凝现象会给放射性沾染带来什么后果？

6-5　核爆炸放射性落下灰一般具有什么样的形态(外形、状态和颜色)？

6-6　核爆炸落下灰粒子的大小与哪几种因素有关？

6-7　裂变产物有好几百种放射性核素，为什么研究落下灰放化组成时，只研究碘、钼、钡、锶、铈等若干种元素的放射性同位素？爆后不同时间，落下灰的放化组成是否变化？

6-8　落下灰溶解度的定义是什么？为什么落下灰较易溶于酸而不溶于水？

6-9　为什么说落下灰的放射性是无法用一般物理、化学的方法来改变和消除的？为什么我们却可以用一定的办法来进行洗消，以消除物体上的放射性沾染？

6-10　落下灰沉降分哪两种类型？早期沉降、延缓沉降是根据什么原则划分的？

6-11　在军事上，沾染区是怎样规定的？根据对军队行动的影响程度又把沾染区划分为几个等级？

6-12　地面核爆炸的放射性沾染、地面辐射水平具有什么特点？

6-13　核爆炸当量为 100 kt，比高为 10 m/kt$^{1/3}$，爆区沾染的不规则区和剧变区的半径各为多少？

6-14　试计算当量为 50 kt、100 kt 的触地爆炸，地爆爆心附近、上风方向离爆心 2 km、4 km 处爆后 1 h 的辐射水平各为多少 cGy/h？

6-15　名词解释：(1)地爆爆区；(2)云迹区；(3)热线；(4)热区；(5)爆后 1 h 参考辐射水平；(6)风向切变角。

6-16　试计算当量为 50 kt、100 kt 触地爆云迹区热线 4 km、10 km、50 km 各点的爆后 1 h 参考辐射水平各为多少 cGy/h？（高空平均合成风速 $v=50$ km/h，风向切变角 $\Delta\theta=10°$）

6-17　试计算出题 6-16 中 10 km 线离热线 2 km 处的爆后 1 h 参考辐射水平为多少。

6-18　试计算出题 6-16 中 2 cGy/h 的最大长度和宽度各为多少 km。

6-19　甲在爆后 1 h 进入阵地丙，乙在爆后 10 h 进入阵地丁时，测得的地面辐射水平都是 15 cGy/h，如果甲和乙在丙地和丁地长期停留下去，哪个人受到的剂量大一些？能算出甲与乙各受到多少 cGy 的照射吗？

6-20　未裂变核装料也是放射性沾染的来源之一，计算 10 kg^{238}U、1 kg^{235}U 的放射性总活度为多少。

6-21　辐射侦察组于爆后 1 h 测得某处的辐射水平为 50 cGy/h，根据战斗需要，我军将于爆后 10 h 进驻该处，问到那时候该处辐射水平为多少 cGy/h？如果要想在该处辐射水平降至 2 cGy/h 部队才进驻该处，问要等到爆后几小时？

6-22　比高大于 120 m/kt$^{1/3}$ 的空爆爆区，放射性沾染主要来自何种物质？爆区地面辐射水平的大小，主要取决于土壤中哪几种元素的含量？

6-23　空爆爆区地面辐射水平在爆后 0.5 h 内，γ 辐射主要来源于何种感生放射性核素？爆后 0.5~10 h 主要来源于何种感生放射性核素？爆后 10 h~10 d 以何种感生放射性核素来源为主？爆后 10 d 以后又以何种为主？为什么？

6-24　空爆爆区地面辐射水平分布有何特点？

6-25　试计算当量为 10 kt，比高为 120 m/kt$^{1/3}$，爆心投影点 500 m、1000 m 处爆后 1 h 的地面辐射水平为多少 cGy/h（爆区海拔高度为 100 m，土壤种类为褐土）。

6-26　某次大比高空爆（比高 200 m/kt），测得我军炮兵阵地地面辐射水平在爆后 1 h 是 7 cGy/h，问经过 3 h 后，该处地面辐射水平是多少？

6-27　空爆云迹区的地面放射性沾染与地爆云迹区相比有何特点？

6-28　为什么说核武器类型对爆区、云迹区的放射性沾染有重大影响？

6-29　影响近区地面放射性沾染的诸因素中，为何以爆炸方式的影响最大？理由是什么？

6-30　爆炸环境与沉降环境对放射性沾染有什么影响？

6-31　风向、风速、风向切变角对云迹区沾染形状会产生什么影响？请具体说明。

6-32　为什么地面核爆炸爆区地面空气放射性沾染浓度并不完全随地面辐射水平高低而变化？

6-33　落下灰沉降形成的地面空气放射性沾染浓度随着时间的推移会发生什么变化？

6－34　暴露于地面、受到落下灰沉降而沾染的汽车以及爆后由于任务需要而通过严重沾染的云迹区的汽车，各有哪些部位可能沾染较重？两种情况相比，哪种情况的汽车沾染得要严重些？

6－35　为什么暴露放置在同一地点遭受落下灰沉降而受到沾染的粮食、物体、水中，以水的沾染最轻？

6－36　试简述放射性沾染对人员的杀伤特点。

6－37　放射性沾染对人员杀伤有哪些途径？有哪些针对性的防护措施？

6－38　放射性沾染的消除一般可通过哪几个方面？

参 考 文 献

[1]　GLASSTONE S , DOLAN P J. The Effects of Nuclear Weapons[M]. 3rd. Washington: The United States Department of Defense and the United States Department of Energy，1977.

[2]　Report of the Defense Science Board Task Force on Nuclear Weapon Effects Test, Evaluation，and Simulation[M]. Washington: Office of the Under Secretary of Defense for Acquisition，Technology，and Logistics，2005.

[3]　ANDRE G，JEAN-PIERRE H. The Physical Principles of Thermonuclear Explosives, Inertial Confinement Fusion，and the Quest for Fourth Generation Nuclear Weapons[M]. Switzerland: Independent Scientific Research Institute，2009.

[4]　JOSEPH C. The History and Future of Nuclear Weapons[M]. New York: Columbia University Press，2007.

[5]　AARON K，REGINA K. Nuclear Weapons and International Security[M]. New York: Routledge Global Security Studies，2015.

[6]　ROBERT C H. Inaccurate Prediction of Nuclear Weapons' Effects and Possible Adverse Influences on Nuclear Terrorism Preparedness[J]. Monterey: Naval Postgraduate School, 2009, 5(3).

[7]　ALEXANDER G. Effects of Nuclear Weapons[M]. New Jersey: Princeton University Press，2007.

[8]　TERRENCER F，GOSLING F G. Atmospheric Nuclear Weapons Testing 1951— 1963[M]. Washington: The United States Department of Energy，2009.

[9]　卢希庭. 原子核物理[M]. 北京：原子能出版社，2000.

[10]　王坚，李路翔. 核武器效应及防护[M]. 北京：北京理工大学出版社，1993.

[11]　BATTELLE E A. Strategies，Protections，and Mitigations for the Electric Grid From Electromagnetic Pulse Effects[M]. Washington: The United States Department of Energy，2016.

[12]　中国人民解放军北京 59172 部队. 防原医学与放射卫生学基础[M]. 北京：原子能出版社，1978.

[13]　CHRISTINE M L. The Consequences of American Nuclear Disarmament Strategy and Nuclear Weapons[M]. Connecticut: American Foreign Policy in the 21st Century，2017.

[14]　HANS G，YASUYUKI H，KAZUYOSHI T. Experimental Methods of Shock Wave Research[M]. New York: Springer International Publishing Switzerland，2015.

[15]　CHARLES S S. Atmospheric Nuclear Tests Environmental and Human Consequences [M]. San Francisco: Department of Physics , University of San Francisco，1992.

[16]　VOGEL H. Rays As Weapons[J]. European Journal of Radiology，2007，63: 167 - 177.

[17] GARY W P, DAVID J N, TIMOTHY C. A Primer on the Detection of Nuclear and Radiological Weapons [M]. Washington: Center for Technology and National Security Policy National Defense University, 2005.

[18] TREVOR H. Modelng, Simulation, and Mitigation of the Impacts of the Late Time (E3) High-altitude Electromagnetic Pulse on Power Systems [D]. Urbana-Champaign: University of Illinois, 2016.

[19] LESTER R M, NORMAN M, EDELSTEIN J F. The Chemistry of the Actinide and Transactinide Elements[M]. 4th. The Netherlands: Springer, 2010.

[20] MICHAEL M, ZACHARY H. Effectiveness of Nuclear Weapons Against Buried Biological Agents[J]. Science and Global Security, 2004, 12: 91 - 113.

[21] FRANK B. Plutonium and Security: The Military Aspects of the Plutonium Economy [M]. New York: Frank Barnaby, 1992.

[22] STEPHEN M Y. Nuclear Weapons in the Twenty-first Century[M]. New Mexico: Los Alamos National Laboratory, 2000.

[23] RICKETTS L W, BRIDGES J E, MILETTA J. EMP Radiation and Protective Techniques[M]. New York: Wiley, 1976.

[24] NANEVICZ J E, VANCE E F, RADASKY W, et al. EMP Susceptibility Insights from Aircraft Exposure to Lightning[J]. IEEE Trans on EMC, 1988, 30 (4): 463 - 472.